现代电气控制系统安装与调试

主　编　张小波　胡利军　方　掩
副主编　刘　山　徐国岩

北京理工大学出版社
BEIJING INSTITUTE OF TECHNOLOGY PRESS

内 容 简 介

本书以模块式的思路进行设计编制，根据现代电气控制技术包含的典型技术，主要分为以下 5 个模块：PLC 控制技术，主要介绍西门子 S7-200 SMART PLC 的结构、工作原理及编程指令；触摸屏控制技术，主要介绍 MCGS 触摸屏的界面设计、典型控件应用、脚本语言设计；变频器的应用，主要介绍 MM420 和 G120C 两种变频器的具体使用；步进/伺服电动机应用控制，主要介绍步进/伺服电动机控制系统电路和 PLC 程序设计；西门子 S7-200 SMART PLC 的通信及其应用，介绍了自由口通信、以太网通信、Modbus 通信、PROFIBUS 通信这 4 种通信方式。同时，为满足实训教学要求，配套了实训指导书，在实训指导书中有针对性地设计了 9 个任务，这些实训任务以电动机的运动控制为核心，设计的任务从简单到复杂，从单一到综合，符合高等院校和高职院校学生的认知和学习规律。

图书在版编目（CIP）数据

现代电气控制系统安装与调试 / 张小波，胡利军，
方掩主编. -- 北京 ：北京理工大学出版社，2025.1.
ISBN 978-7-5763-4851-4

Ⅰ. TM921.5

中国国家版本馆 CIP 数据核字第 2025TU7498 号

责任编辑：王玲玲	**文案编辑**：王玲玲
责任校对：刘亚男	**责任印制**：李志强

出版发行 / 北京理工大学出版社有限责任公司

社　　址 / 北京市丰台区四合庄路 6 号

邮　　编 / 100070

电　　话 / （010）68914026（教材售后服务热线）
　　　　　　（010）63726648（课件资源服务热线）

网　　址 / http://www.bitpress.com.cn

版 印 次 / 2025 年 1 月第 1 版第 1 次印刷

印　　刷 / 涿州市京南印刷厂

开　　本 / 787 mm×1092 mm　1/16

印　　张 / 23

字　　数 / 515 千字

定　　价 / 96.00 元

前　　言

本书针对高等职业教育的特点及培养高素质应用型专门人才的需求，积极贯彻党的二十大精神，落实立德树人根本任务。立足企业岗位需求，以模块式的思路进行设计编制，根据现代电气控制技术包含的典型技术，主要分为以下 5 个模块：PLC 控制技术，主要介绍西门子 S7-200 SMART PLC 的结构、工作原理及编程指令；触摸屏控制技术，主要介绍 MCGS 触摸屏的界面设计、典型控件应用、脚本语言设计；变频器的应用，主要介绍 MM420 和 G120C 两种变频器的具体使用；步进/伺服电动机应用控制，主要介绍步进/伺服电动机控制系统电路和 PLC 程序设计；西门子 S7-200 SMART PLC 的通信及其应用，介绍了自由口通信、以太网通信、Modbus 通信、PROFIBUS 通信这 4 种通信方式。同时，为满足实训教学要求，配套了实训指导书。在实训指导书中，有针对性地设计了 9 个任务，这些实训任务以电动机的运动控制为核心，设计的任务从简单到复杂，从单一到综合，符合高职学生的认知和学习规律。

本书编写具有以下特点：

（1）紧跟国家产业发展，强化院校专业建设的必要需求

根据国务院下发的职业教育改革方案总体要求，按照"管好两端、规范中间、书证融通、办学多元"的原则，严把教学标准和毕业学生质量标准两个关口。深化复合型技术技能人才培养培训模式改革，借鉴国际职业教育培训普遍做法，制订工作方案和具体管理办法，推动院校在智能制造智能控制方向的发展。江西环境工程职业学院机电一体化技术专业在新形态教材建设方面稍显不足，亟须在这方面加强教材建设，从而更好地为课堂教学做好服务。

（2）双高计划专业群建设的必要需求

教育部、财政部发布《关于实施中国特色高水平高职学校和专业建设计划的意见》，将打造技术技能人才培养高地、打造高水平专业群、提升校企合作水平、提升服务发展水平等列为改革发展任务。本项目为江西环境工程职业学院打造环境工程技术专业群的子项目之一，是打造技术技能人才培养高地、提升校企合作水平、提升服务发展水平的关键，是实现双高计划建设的必要需求。

本书由江西环境工程职业学院张小波、胡利军及格力电器（赣州）有限公司方掩担任主编，江西环境工程职业学院刘山、徐国岩担任副主编。在编写教材的过程中参考了一些同类教材、网站资源和相关产品说明书，在此对这些资料的作者及厂商一并致谢。

由于编者水平有限，书中不足之处难免，欢迎广大读者提出宝贵意见。

编　者

目　　录

知识模块 1　PLC 控制技术

1.1　PLC 基础知识

1.1.1　PLC 是什么

PLC 是可编程序逻辑控制器（Programmable Logic Controller）的英文缩写，称为可编程序控制器（PC）。为了与个入计算机（Personal Computer）相区别，故仍将可编程序控制器简称为 PLC。几种常见的 PLC 如图 1-1 所示。

图 1-1　几种常见的 PLC

1985 年，国际电工委员会（IEC）把 PLC 定义为："可编程序控制器是一种数字运算操作的电子系统，专为工业环境下应用而设计。它作为可编程序的存储器，用来在其内部存储执行逻辑运算、顺序控制、定时、计数和算术运算等操作指令，并通过数字式、模拟式的输入和输出，控制各种类型的机械或生产过程。可编程序控制器及其有关设备，都应按易于使工业控制系统形成一个整体、易于扩充其功能的原则设计。"

PLC 具有编程简单、容易掌握，功能强、性价比高，硬件配套齐全，用户使用方便，适应性强，可靠性高，抗干扰能力强，系统的设计、安装、调试及维护工作量少等一系列特点，使 PLC 自问世以来，在机械、冶金、化工、轻工及纺织等行业得到了广泛的应用。

1. PLC 的分类

PLC 发展很快，类型很多，可以从不同的角度进行分类。

① 按控制规模，分为微型、小型、中型和大型。

微型 PLC 的 I/O 点数一般在 64 点以下，其特点是体积小、结构紧凑、质量小和以开关量控制为主，有些产品具有少量模拟量信号处理能力。

小型 PLC 的 I/O 点数一般在 256 点以下，除了有开关量 I/O 外，一般都有模拟量控制功能和高速控制功能。有的产品还有多种特殊功能模板或智能模块，有较强的通信能力。

中型 PLC 的 I/O 点数一般在 1 024 点以下，指令系统更丰富，内存容量更大，一般都有可供选择的系列化特殊功能模板，有较强的通信能力。

大型 PLC 的 I/O 点数一般在 1 024 点以上，软、硬件功能极强，运算和控制功能丰富。具有多种自诊断功能，一般都有多种网络功能，有的还可以采用多 CPU（中央处理器）结构，具有冗余能力等。

② 按结构特点，分为整体式、模块式。

整体式 PLC 多为微型、小型，特点是将电源、CPU、存储器及 I/O 接口等部件都集中装在一个机箱内，结构紧凑、体积小、价格低、安装简单，输入/输出点数通常为 10~60 点。

模块式 PLC 是将 CPU、输入和输出单元、电源单元以及各种功能单元集成一体。各模块结构上相互独立，构成系统时，则根据要求搭配组合，灵活性强。

③ 按控制性能，分为低档机、中档机和高档机。

低档 PLC 具有基本的控制功能和一般运算能力，工作速度比较慢，能带的输入和输出模块数量及种类也比较少。

中档 PLC 具有较强的控制功能和较强的运算能力，它不仅能完成一般的逻辑运算，也能完成比较复杂的数据运算，工作速度比较快。

高档 PLC 具有强大的控制功能和较强的数据运算能力，能带的输入和输出模块数量很多，能带的输入和输出模块的种类也很全面。这类 PLC 不仅能完成中等规模的控制工程，也可以完成规模很大的控制任务。在联网中一般作为主站使用。

2. PLC 的应用

（1）数字量控制

PLC 用"与""或""非"等逻辑控制指令来实现触点和电路的串联、并联，代替继电器进行组合逻辑控制、定时控制与顺序逻辑控制。

（2）运动量控制

PLC 使用专用的运动控制模块，对直线运动或圆周运动的位置、速度和加速度进行控制，可以实现单轴、双轴、三轴和多轴位置控制。

（3）闭环过程控制

闭环过程控制是指对温度、压力和流量等连续变化的模拟量的控制。PLC 通过模拟量 I/O 模块，实现模拟量和数字量之间的相互转换，并对模拟量实行闭环 PID 控制。

（4）数据处理

现代 PLC 具有数学运算、数据传送、转换、排序、查表和位操作等功能，可以完成数据的采集、分析与处理。

（5）通信联网

PLC 可以实现 PLC 与外设、PLC 与 PLC、PLC 与其他工业控制设备、PLC 与上位机、PLC 与工业网络设备等之间通信，实现远程 I/O 控制。

1.1.2 PLC 的结构与工作过程

1. PLC 的组成

PLC 一般由 CPU（中央处理器）、存储器和输入/输出模块 3 部分组成，PLC 的结构框图如图 1-2 所示。

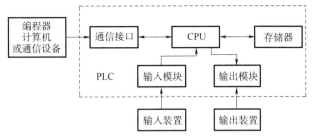

图 1-2　PLC 的结构框图

（1）CPU

CPU 的功能是完成 PLC 内部所有的控制和监视操作。中央处理器一般由控制器、运算器和寄存器组成。CPU 通过控制总线、地址总线、数据总线与存储器、输入/输出接口电路连接。

（2）存储器

在 PLC 中有两种存储器：操作系统程序存储器和用户程序存储器。

操作系统程序存储器是用来存放由 PLC 生产厂家编写好的系统程序，并固化在 ROM 内，用户不能直接更改。存储器中的程序负责解释和编译用户编写的程序、监控 I/O 口的状态、对 PLC 进行自诊断、扫描 PLC 中的用户程序等。用户程序存储器用来存放用户根据控制要求而编制的应用程序。系统存储器属于随机存储器（RAM），主要用于存储中间计算结果和数据、系统管理，主要包括 I/O 状态存储器和数据存储器。

（3）输入/输出接口

PLC 的输入/输出接口是 PLC 与工业现场设备相连接的端口。PLC 的输入和输出信号可以是开关量或模拟量，接口是 PLC 内部弱电信号和工业现场强电信号联系的桥梁。接口主要起到隔离保护作用和信号调整作用。

2. PLC 的工作过程

PLC 采用循环扫描的工作方式，其工作过程主要分为 3 个阶段：输入采样阶段、程序执行阶段和输出刷新阶段。PLC 的工作过程如图 1-3 所示。

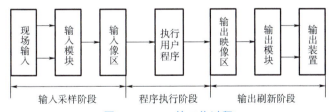

图 1-3　PLC 的工作过程

（1）输入采样阶段

PLC 在开始执行程序之前，首先按顺序将所有输入端子信号读入寄存输入状态的输入映像区中存储，这一过程称为采样。PLC 在运行程序时，所需的输入信号不是取现在输入端子上的信息，而是取输入映像寄存器中的信息。在本工作周期内，这个采样结果的内容不会改变，只有到下一个输入采样阶段才会被刷新。

（2）程序执行阶段

PLC 按顺序进行扫描，即从上到下、从左到右地扫描每条指令，并分别从输入映像寄存器、输出映像寄存器以及辅助继电器中获得所需的数据进行运算和处理。再将程序执行的结果写入输出映像寄存器中保存。但这个结果在全部程序未被执行完毕之前不会送到输出端子上。

（3）输出刷新阶段

在执行完用户所有程序后，PLC 将输出映像区中的内容送到用于寄存输出状态的输出锁存器中进行输出，驱动用户设备。

PLC 重复执行上述 3 个阶段，每重复一次的时间称为一个扫描周期。PLC 在一个工作周期中，输入采样阶段和输出刷新阶段的时间一般为毫秒级，而程序执行时间因用户程序的长度而不同，一般容量为 1 KB 的程序扫描时间为 10 ms 左右。

1.1.3　PLC 的编程语言

PLC 有 5 种常用编程语言：梯形图（Ladder Diagram，LD，西门子公司简称为 LAD）、指令表（Instruction List，IL，也称为语句表（Statement List，STL））、功能块图（Function Block Diagram，FBD）、顺序功能图（Sequential Function Chart，SFC）、结构文本（Structured Text，ST）。最常用的是梯形图和语句表。

1. 梯形图

梯形图是使用最多的 PLC 图形编程语言。梯形图与继电器控制系统的电路图相似，具有直观易懂的优点，很容易被工程技术人员所熟悉和掌握。梯形图程序设计语言具有以下特点：

① 梯形图由触点、线圈和用方框表示的功能块组成。

② 梯形图中，触点只有常开和常闭状态，触点可以是 PLC 输入点连接的开关，也可以是 PLC 内部继电器的触点或内部寄存器、计数器等的状态。

③ 梯形图中的触点可以任意串联、并联，但线圈只能并联，不能串联。

④ 内部继电器、寄存器等均不能直接控制外部负载，只能作中间结果使用。

⑤ PLC 按循环扫描事件，沿梯形图先后顺序执行，在同一扫描周期中的结果留在输出状态寄存器中，所以输出点的值在用户程序中可作为条件使用。

2. 语句表

语句表使用助记符来书写程序，又称为指令表，类似于汇编语言，但比汇编语言通俗易懂，属于 PLC 的基本编程语言。它具有以下特点：

① 利用助记符号表示操作功能，容易记忆，便于掌握。

② 在编程设备的键盘上就可以进行编程设计，便于操作。

③ 一般 PLC 程序的梯形图和语句表可以互相转换。

④ 部分梯形图及另外几种编程语言无法表达的 PLC 程序，必须使用语句表才能编程。

3. 功能块图

功能块图采用类似于数学逻辑门电路的图形符号，逻辑直观，使用方便。

该编程语言中的方框左侧为逻辑运算的输入变量，右侧为输出变量，输入、输出端的小圆圈表示"非"运算，方框被"导线"连接在一起，信号从左向右流动，图 1-4 的控制逻辑与图 1-5 相同。图 1-4 为梯形图与语句表，图 1-5 为功能块图。

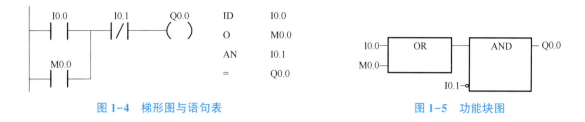

图 1-4　梯形图与语句表　　　　　　　　　　　图 1-5　功能块图

功能块图程序设计语言有如下特点：

① 以功能模块为单位，使控制方案的分析和理解变得容易。

② 功能模块是用图形化的方法描述功能，它的直观性大大方便了设计人员的编程和组态，有较好的易操作性。

③ 对控制规模较大、控制关系较复杂的系统，由于控制功能的关系可以较清楚地表达出来，因此，编程和组态时间可以缩短，调试时间也能减少。

4. 顺序功能图

顺序功能图也称为流程图或状态转移图，是一种图形化的功能性说明语言，专用于描述工业顺序控制程序，使用它可以对具有并行、选择等复杂结构的系统进行编程。顺序功能图程序设计语言有如下特点：

① 以功能为主线，条理清楚，便于对程序操作的理解和沟通。

② 对大型程序可分工设计，采用较为灵活的程序结构，这样能节省程序设计时间和调试时间。

③ 常用于系统规模较大，程序关系较复杂的场合。

④ 整个程序的扫描时间较使用其他程序设计语言编制的程序扫描时间大大缩短。

5. 结构文本

结构文本是一种高级的文本语言，可以用来描述功能、功能块和程序的行为，还可以在顺序功能流程图中描述步、动作和转换的行为。结构文本程序设计语言有如下特点：

① 采用高级语言进行编程，可以完成较复杂的控制运算。

② 需要高级程序设计语言的知识和编程技巧，对编程人员要求较高。

③ 直观性和易操作性较差。

④ 常被用于采用功能模块等其他语言较难实现的一些控制功能的实施。

1.1.4　S7-200 SMART 硬件

S7-200 SMART 是 S7-200 的升级换代产品，它继承了 S7-200 的诸多优点，指令与 S7-200 基本相同。S7-200 SMART 增加了以太网端口与信号板，保留了 RS-485 端口，增加了 CPU 的 I/O 点数。S7-200 SMART 共有 10 种 CPU 模块，分为经济型（2 种）和标准型（8 种），以适合不同应用现场。

S7-200 SMART PLC 硬件主要有 CPU 模块、数字量扩展模块、模拟量扩展模块及信号板等。

1. CPU 模块

CPU 模块如图 1-6 所示。模块通过导轨固定卡口固定于导轨上，上方为数字量输入接线端子、以太网通信端口和供电电源接线端子；下方为数字量输出接线端子；左下方为 RS-

485 通信端口；右下方为 Micro SD 卡插槽；正面有选择器件（信号板或通信板）接口、多种 CPU 运行状态指示灯（主要有输入/输出指示灯，运行状态指示灯 RUN、STOP 和 ERROR，以太网通信指示灯等）；右侧方有插针式连接器，便于连接扩展模块。

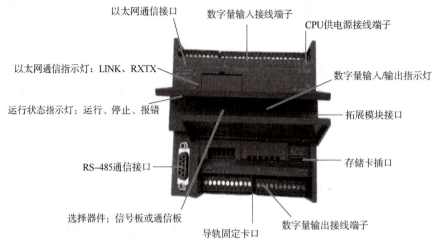

图 1-6 CPU 模块

（1）CPU 模块的技术规范

S7-200 SMART 各 CPU 模块的简要技术规范见表 1-1。经济型 CPU CR40/CR60 的价格低廉，无扩展功能，没用实时时钟和脉冲输出功能。其余的 CPU 为标准型，有扩展功能。脉冲输出仅适用于晶体管输出型 CPU。

表 1-1 S7-200 SMART 各 CPU 模块的简要技术规范

CPU 特性	CR40/CR60	R20/ST20	SR30/ST30	SR40/ST40	SR60/ST60
I/O 点数	CR40：24DI/16DO CR60：36DI/24DO	12DI/8DO	18DI/12DO	24DI/16DO	36DI/24DO
用户程序区	12 KB	12 KB	18 KB	24 KB	30 KB
用户数据区	8 KB	8 KB	12 KB	16 KB	20 KB
扩展模块数	—	6	6	6	6
通信端口数	2	2~3	2~3	2~3	2~3
信号板	—	1	1	1	1
高数计数器 单相高数计数器 双相高数计数器	共 4 个 单相 100 kHz 4 个 A/B 相 50 kHz 2 个	共 4 个 单相 200 kHz 4 个 A/B 相 50 kHz 2 个			
最大脉冲输出频率	—	2 个 100 kHz （仅 ST20）	2 个 100 kHz （仅 ST30/ST40）		
实时时钟，可保持 7 天	—	有	有	有	有
脉冲捕捉输入点数	14	12	14	14	14

CPU 和扩展模块各数字量 I/O 点的通/断状态用发光二极管（LED）显示，PIC 与外部接线的连接采用可以拆卸的插座型端子板，不需要断开端子板上的外部连线，就可以迅速地更换模块。

（2）PLC 的存储器

PLC 的程序分为操作系统和用户程序，操作系统使 PLC 具有基本功能，能够完成 PLC 设计者规定的各种工作。操作系统由 PLC 生产厂家设计并固化在 ROM（只读存储器）中，用户不能读取，用户程序由用户设计，它使 PLC 能完成用户要求的特定功能。用户程序存储器的容量以字节（Byte，B 为简称）为单位，它包括以下 3 种存储器。

随机存取存储器（RAM）：用户程序和编程软件可以读出 RAM 中的数据，也可以改写 RAM 中的数据。RAM 是易失性的存储器，RAM 芯片的电源中断后，存储的信息将会丢失。RAM 的工作速度高、价格低廉、改写方便。在关断 PLC 的外部电源后，可以用锂电池保存 RAM 中的用户程序和某些数据。锂电池可以使用 1~3 年，需要更换锂电池时，由 PLC 发出信号通知用户。S7-200 SMART 不使用锂电池。

只读存储器（ROM）：ROM 的内容只能读出，不能写入。它是非易失性的，它的电源消失后，仍能保存存储器的内容。ROM 用来存放 PLC 的操作系统程序。

电可擦除可编程的只读存储器（E^2PROM）：E^2PROM 是非易失性的，断电后，它保存的数据不会丢失。PLC 运行时可以读写，它兼有 ROM 的非易失性和 RAM 的随机存取的优点，但是写入数据所需的时间比 RAM 长得多，改写的次数有限制。S7-200 SMART 用 E^2PROM 来存储用户程序和需要长期保存的重要数据。

（3）PLC 的存储区

① 输入过程映像寄存器（I）。

输入过程映像寄存器是 PLC 接收外部输入的数字量信号的窗口。PLC 通过光电耦合器，将外部信号的状态读入并存储在输入过程映像寄存器中，外部输入电路接通时，对应的映像寄存器为 ON（1 状态），反之为 OFF（0 状态）。输入端可以外接常开触点或常闭触点，也可以接多个触点组成的串并联电路。在梯形图中，可以多次使用输入端的常开触点和常闭触点。

② 输出过程映像寄存器（Q）。

在扫描周期的末尾，CPU 将输出过程映像寄存器的数据传送给输出模块，再由后者驱动外部负载。如果梯形图中 Q0.0 的线圈"通电"，则继电器型输出模块中对应的硬件继电器的常开触点闭合，使接在标号为 Q0.0 的端子的外部负载通电，反之，则外部负载断电。输出模块中的每一个硬件继电器仅有一对常开触点，但是在梯形图中，每一个输出位的常开触点和常闭触点都可以多次使用。

③ 变量存储器区（V）。

变量（Variable）存储器用于在程序执行过程中存入中间结果，或者用来保存与工序或任务有关的其他数据。

④ 位存储器区（M）。

位存储器（M0.0~M31.7）又称为标志存储器，其类似于继电器控制系统中的中间继电器，用来存储中间操作状态或其他控制信息。虽然名为"位存储器区"，但是也可以按字节、字或双字来存取。

⑤ 定时器存储区（T）。

定时器相当于继电器系统中的时间继电器。S7-200 SMART 有 3 种定时器，它们的时间基准增量分别为 1 ms、10 ms 和 100 ms。定时器的当前值寄存器是 16 位有符号整数，用于存储定时器累计的时间基准增量值（1~32 767）。

定时器位用来描述定时器延时动作的触点状态，定时器位为 1 时，梯形图中对应的定时器的常开触点闭合，常闭触点断开；为 0 时，触点的状态相反。

用定时器地址（T 和定时数号）来存取当前值和定时器位，带位操作的指令存取定时位，带字操作数的指令存取当前值。

⑥ 计数器存储区（C）。

计数器用来累计其计数输入端脉冲电平由低到高的次数，S7-200 SMART 提供加计数器、减计数器和加减计数器。计数器的当前值为 16 位有符号整数，用来存放累计的脉冲数（1~32 767）。用计数器地址（C 和计数器号）来存取当前值和计数器位。

⑦ 高速计数器（HC）。

高速计数器用来累计比 CPU 的扫描速率更快的事件，计数过程与扫描周期无关。其当前值和设定值为 32 位有符号整数，当前值为只读数据。高速计数器的地址由区域标识符 HC 和高速计数器号组成。

⑧ 累加器（AC）。

累加器是可以像存储器那样使用的读/写单元，CPU 提供了 4 个 32 位累加器（AC0~AC3），可以按字节、字和双字来存取累加器中的数据。按字节、字只能存取累加器的低 8 位或低 16 位，按双字能存取全部的 32 位，存取的数据长度由指令决定。

⑨ 特殊存储器（SM）。

特殊存储器用于 CPU 与用户之间交换信息，如 SM0.0 一直为 1 状态，SM0.1 仅在执行用户程序的第一个扫描周期时为 1 状态。

⑩ 局部存储器（L）。

S7-200 SMART 将主程序、子程序和中断程序统称为程序组织单元（Program Organization Unit，POU）。各 POU 都有自己的 64 B 的局部变量表，局部变量仅仅在它被创建的 POU 中有效。局部变量表中的存储器称为局部存储器，它们可以作为暂时存储器，或用于子程序传递它的输入、输出参数。变量存储器（V）是全局存储器，可以被所有的 POU 存取。

S7-200 SMART 给主程序和它调用的 8 个子程序嵌套级别，中断程序和它调用的 4 个嵌套级别的子程序各分配 64 B 局部存储器。

⑪ 模拟量输入（AI）。

S7-200 SMART 用 A/D 转换器将外界连续变化的模拟量（如压力、流量等）转换为一个字长（16 位）的数字量，用区域标识符 AI、数据长度 W（字）和起始字节的地址来表示模拟量输入的地址，如 AIW16。因为模拟量输入是一个字长，应从偶数字节地址开始存入，模拟量输入值为只读数据。

⑫ 模拟量输出（AQ）。

S7-200 SMART 将一个字长的数字量用 D/A 转换器转换为外界的模拟量，用区域标识符 AQ、数据长度 W（字）和字节的起始地址来表示存储模拟量输出的地址，如 AQW16。因为模拟量输出是一个字长，应从偶数字节开始存放，模拟量输出值是只写数据，用户不能读取模拟量输出值。

⑬ 顺序控制继电器（S）。

顺序控制继电器（SCR）用于组织设备的顺序操作，SCR 提供控制程序的逻辑分段，与顺序控制继电器指令配合使用。

⑭ CPU 存储器的范围与特性。

S7-200 SMART CPU 存储器的范围见表 1-2。

表 1-2　S7-200 SMART CPU 存储器的范围

寻址方式	CPU CR40/CR60	CPU R20/ST20	CPU SR30/ST30	CPU SR40/ST40	CPU SR60/ST60
位访问（字节、位）	I0.0~31.7　Q0.0~31.7　M0.0~31.7　AM0.0~15.5.7　S0.0~31.7　T0~255　C0~255　L0.0~63.7				
	V0.0~8191.7		V0.0~12287.7	V0.0~16383.7	V0.0~20479.7
字节访问	IB0~31　QB0~31　MB0~31　SMB0~1535　SB0~31　LB0~31　AC0~3				
	VB0~8191		VB0~12287	VB0~16383	VB0~20479
字访问	IW0~30　QW0~30　MW0~30　SMW0~1534　SW0~30　T0~255　C0~255　LW0~30　AC0~3				
	VW0~8190		VW0~12286	VW0~16382	VW0~20478
	—		AIW0~110　AQW0~110		
双字访问	ID0~28　QD0~28　MD0~28　SMD0~1532　SD0~28　LD0~28　HC0~3　AC0~3				
	VD0~8188		VD0~12284	VD0~16380	VD0~20476

2. 数字量扩展模块

当本机集成的数字量输入或输出点数不能满足用户要求时，可通过数字量扩展模块来增加其输入或输出点数。数字量扩展模块见表 1-3。

表 1-3　数字量扩展模块

型号	输入点数（直流输入）	输出点数
EM DE08	8	—
EM DT08	—	8（晶体管）
EM DR08	—	8（继电器）
EM DT16	8	8（晶体管）
EM DR16	8	8（继电器）
EM DT32	16	16（晶体管）
EM DR32	16	16（继电器）

（1）数字量输入电路

图 1-7 是 S7-200 SMART 的直流输入点的内部电路和外部接线图。图中只画出一路输入电路。IM 是输入点各内部输入电路的公共点。S7-200 SMART 既可以用 CPU 模块提供的 DC 24 V 电源，也可以用外部稳压电源提供的 DC 24 V 作为输入回路电源。CPU 模块提供的 DC 24 V 电源还可以用于外部接近开关、光电开关之类的传感器。CPU 的部分输入点和数字量扩展模块的输入点的输入延迟时间可用编程软件的系统块来设定。

图 1-7 中的电流从输入端流入，称为漏型输入。将图中的电源反接，电流从输入端流出，称为源型输入。

（2）数字量输出电路

S7-200 SMART 的数字量输出电路的功率元件有驱动直流负载的场效应晶体管（MOS-FET）和既可驱动交流负载又可驱动直流负载的继电器，负载电源由外部提供。输出电路一般分为若干组，对每组的总电流也有限制。

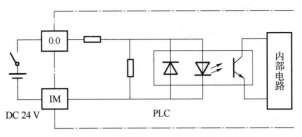

图 1-7　输入点的内部电路和外部接线图

图 1-8 是继电器输出电路，继电器同时起隔离和功率放大作用，每一路只给用户提供一对常开触点。

图 1-9 是使用场效应晶体管的输出电路。输出信号送给内部电路中的输出锁存器。再经光电耦合器还给场效应晶体管，后者的饱和导通状态和截止状态相当于触点的接通和断开。图中的稳压管用来抑制关断电压和外部浪涌电压，以保护场效应晶体管。场效应晶体管输出电路的工作频率可达 100 kHz。

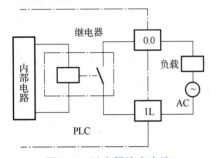

图 1-8　继电器输出电路

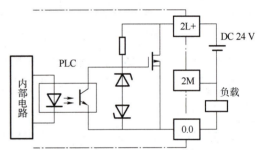

图 1-9　使用场效应晶体管的输出电路

继电器输出模块的使用电压范围广，导通压降小，承受瞬时过电压和过电流的能力较强，但是动作速度较慢，寿命（动作次数）有一定的限制。场效应晶体管输出模块用于直流负载，它的反应速度快、寿命长，但过载能力较差。

3. 模拟量扩展模块

在工业控制中，某些输入量（如温度、压力、流量等）是模拟量，某些执行机构（如变频器、电动调节阀等）要求 PLC 输出模拟量信号，而 PLC 的 CPU 只能处理数字量。工业现场采集到的信号经传感器和变送器转换为标准量程的电压或电流，再经模拟量输入模块的 A/D 转换器将它们转换成数字量；PLC 输出的数字量经模拟量输出模块的 D/A 转换器将其转换成模拟量，再传送给执行机构。

S7-200 SMART 有 5 种模拟量扩展模块，见表 1-4。

表 1-4　模拟量扩展模块

型号	描述
EM AE04	4 点模拟量输入
EM AQ02	2 点模拟量输出
EM AM06	4 点模拟量输入/2 点模拟量输出
EM AR02	2 点热电阻输入
EM AT04	4 点热电偶输入

（1）模拟量输入模块

模拟量输入模块 EM AE04 有 4 种量程，分别为 0～20 mA、±10 V、±5 V 和±2.5 V。电压模式的分辨率为 11 位+符号位，电流模式的分辨率为 11 位。单极性满量程输入范围对应的数字量输出为 0～27 648。双极性满量程输入范围对应的数字量输出为–27 648～+27 648。

（2）模拟量输出模块

模拟量输出模块 EM AQ02 有两种量程，分别为±10 V 和 0～20 mA。对应的数字量分别为–27 648～+27 648 和 0～27 648。电压输出和电流输出的分辨率分别为 10 位+符号位和 10 位。电压输出时，负载阻抗≥1 kΩ；电流输出时，负载阻抗≤600 Ω。

（3）热电阻和热电偶扩展模块

热电阻模块 EM AR02 有两点输入，可以接多种热电阻。热电偶模块 EM AT04 有四点输入，可以接多种热电偶。它们的温度测量的分辨率为 0.1 ℃/0.1 ℉，电阻测量的分辨率为 15 位+符号位。

1.1.5　S7-200 SMART PLC 编程软件应用快速入门

STEP 7-Micro/WIN SMART 是西门子公司专门为 S7-200 SMART PLC 设计的编程软件，其功能强大，可在 Windows XP SP3 和 Windows 7 操作系统上运行，支持梯形图、语句表、功能块图 3 种语言，可进行程序的编辑、监控、调试和组态。

1. STEP 7-Micro/WIN SMART 编程软件的界面

STEP 7-Micro/WIN SMART 操作界面如图 1-10 所示，主要包括快速访问工具栏、导航栏、项目树、程序编辑器、窗口选项卡和状态栏。

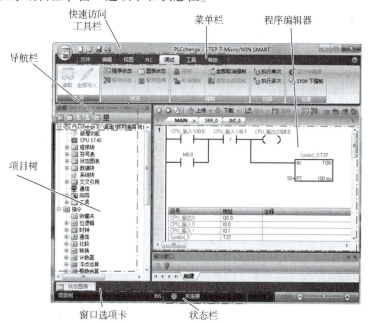

图 1-10　STEP 7-Micro/WIN SMART 操作界面

（1）快速访问工具栏

快速访问工具栏位于菜单栏上方，如图 1-11 所示。单击"快速访问文件"按钮，可以简捷快速地访问"文件"菜单下的大部分功能和最近文档。单击"快速访问文件"按钮，出现的下拉菜单如图 1-12 所示。快速访问工具栏上的其余按钮分别为新建、打开、保存和打印。

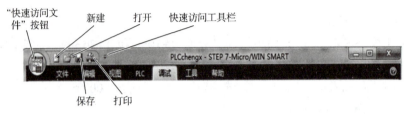

图 1-11　快速访问工具栏

（2）导航栏

导航栏位于项目树上方，导航栏上有符号表、状态图表、数据块、系统块、交叉引用和通信几个按钮，如图 1-13 所示。单击相应按钮，可以直接打开项目树中的对应选项。

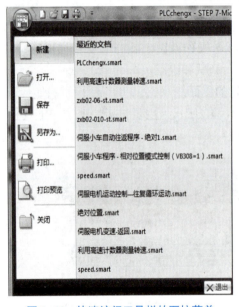

图 1-12　快速访问工具栏的下拉菜单

图 1-13　导航栏

（3）项目树

项目树位于导航栏的下方，如图 1-14 所示。项目树有两大功能：组织编辑项目和提供编程指令。

① 组织编辑项目。

◆ 双击"系统块"或 ▤，可以进行硬件组态。

◆ 单击"程序块"文件夹前的 ⊞，"程序块"文件夹会展开。右击，可以插入子程序或中断程序。

◆ 单击"符号表"文件夹前的田，"符号表"文件夹会展开。右击，可以插入新的符号表。

◆ 单击"状态图表"文件夹前的田，"状态图表"文件夹会展开。右击，可以插入新的状态图表。

◆ 单击"向导"文件夹前的田，"向导"文件夹会展开。操作者可以选择相应的向导。常用的向导有运动向导、PID 向导和高速计数器向导。

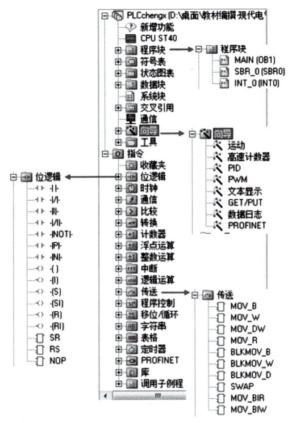

图 1-14　项目树

② 提供编程指令。

单击相应指令文件夹前的田，相应的指令文件夹会展开，操作者双击或拖曳相应的指令，该指令会出现在程序编辑器的相应位置。

（4）菜单栏

菜单栏包括文件、编辑、视图、PLC、调试、工具和帮助 7 个菜单项，前 6 个菜单展开后的效果如图 1-15 所示。

（5）程序编辑器

程序编辑器主要包括工具栏、POU 选择器、POU 注释、程序段注释等，如图 1-16 所示。其中，工具栏详解如图 1-17 所示。POU 选择器用于主程序、子程序和中断程序之间的切换。

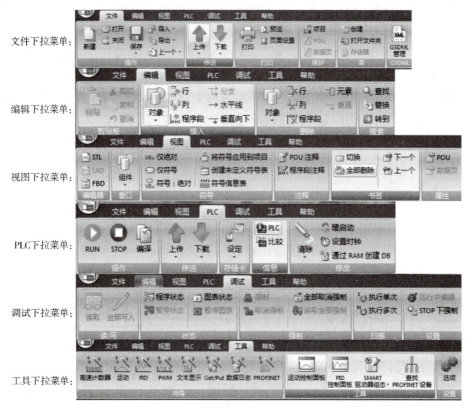

图 1-15 菜单各项的下拉菜单

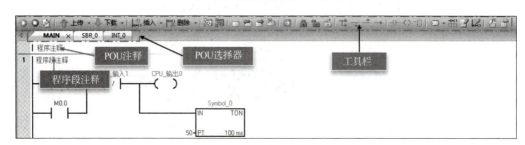

图 1-16 程序编辑器

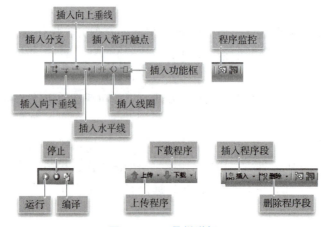

图 1-17 工具栏详解

（6）窗口选项卡

窗口选项卡可以实现变量表窗口、符号表窗口、状态图表窗口、数据块窗口和输出窗口之间的切换。

（7）状态栏

状态栏位于主窗口底部，提供软件执行的操作信息。

2. 项目创建与硬件组态

（1）创建与打开项目

① 创建项目。

创建项目常用的方法有两种：一是单击菜单栏中的"文件"→"新建"；二是单击"快速访问文件"按钮，单击"新建"菜单。

② 打开项目。

打开项目常用的方法有两种：一是单击菜单栏中的"文件"→"打开"；二是单击"快速访问文件"按钮，单击"打开"菜单。

（2）硬件组态

硬件组态的目的是生成 1 个与实际硬件系统完全相同的系统。硬件组态包括 CPU 型号、扩展模块和信号板的添加，以及它们相关参数的设置。

硬件配置前，首先打开系统块。打开系统块有两种方法：一是双击项目树中的系统块图标 ；二是单击导航栏中的系统块按钮 。

系统块打开的界面如图 1-18 所示。

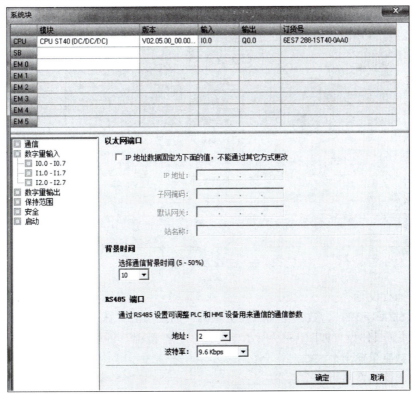

图 1-18　系统块打开的界面

◆ 系统块表格的第 1 行是 CPU 型号的设置；在第 1 行的第 1 列处，可以单击 ▼ 图标，选择与实际硬件匹配的 CPU 型号；在第 1 行的第 3 列处，显示的是 CPU 输入点的起始地址；在第 1 行的第 4 列处，显示的是 CPU 输出点的起始地址；两个起始地址均自动生成，不能更改；在第 1 行的第 5 列处，是订货号，选型时需要填写。

◆ 系统块表格的第 2 行是信号板的设置；在第 2 行的第一列处，可以单击 ▼ 图标，选择与实际信号板匹配的类型。

◆ 系统块表格的第 3~8 行可以设置扩展模块。扩展模块包括数字量扩展模块、模拟量扩展模块、热电阻扩展模块和热电偶扩展模块。

（3）相关参数设置

① 组态数字量输入。

◆ 设置滤波时间

S7-200 SMART PLC 可允许为数字量输入点设置 1 个延时输入滤波器，通过设置延时时间，可以减小因触点抖动等因素造成的干扰。具体如图 1-19 所示。

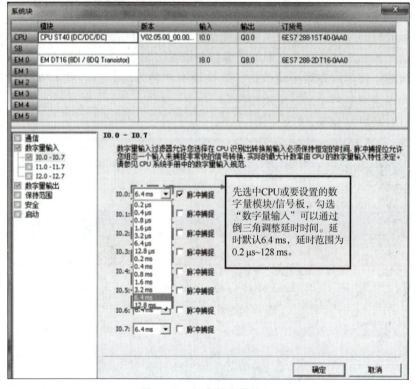

图 1-19　组态数字量输入

◆ 脉冲捕捉设置

S7-200 SMART PLC 为数字量输入点提供脉冲捕捉功能，脉冲捕捉可以捕捉到比扫描周期还短的脉冲。具体设置如图 1-19 所示，勾选"脉冲捕捉"即可。

② 组态数字量输出。

◆ 将输出冻结在最后一个状态

具体设置如图 1-20 所示。

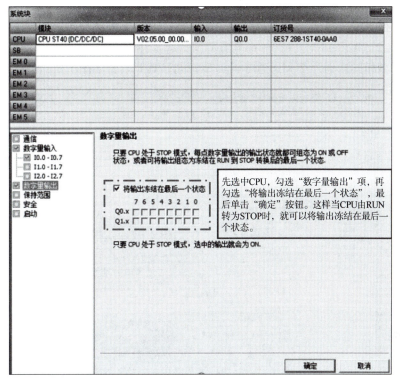

图 1-20　"将输出冻结在最后一个状态"设置

关于"将输出冻结在最后一个状态"的理解：若 Q0.1 最后一个状态是 1，那么 CPU 由 RUN 转为 STOP 时，Q0.1 的状态仍为 1。

◆ 强制输出设置

具体设置如图 1-21 所示。

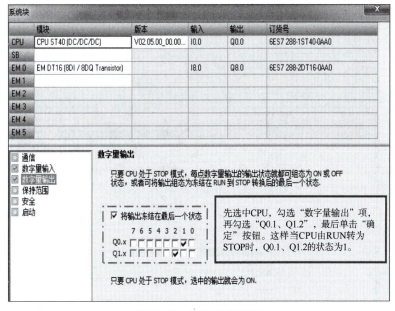

图 1-21　强制输出设置

③ 组态模拟量输入。

先选中模拟量输入模块，再选中要设置的通道，模拟量的类型有电压和电流两类，电压范围有 3 种：±2.5 V、±5 V、±10 V；电流范围只有 1 种：0～20 mA。需要注意的是，通道 0 和通道 1 的类型相同；通道 2 和通道 3 的类型相同。具体设置如图 1-22 所示。

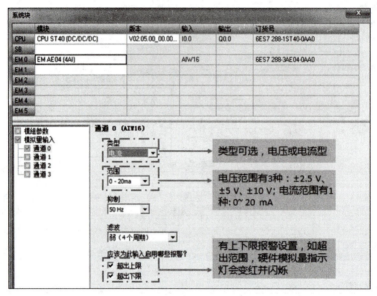

图 1-22　组态模拟量输入

④ 组态模拟量输出。

先选中模拟量输出模块，再选中要设置的通道，模拟量的类型有电压和电流两类，电压范围只有 1 种：±10 V；电流范围也只有 1 种：0～20 mA。

具体设置如图 1-23 所示。

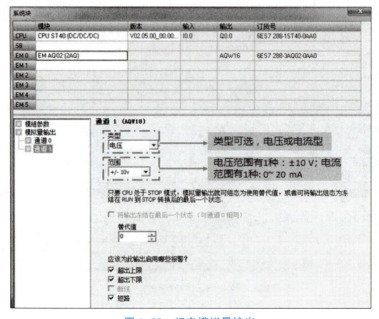

图 1-23　组态模拟量输出

（4）启动模式组态

打开"系统块"对话框，在选中 CPU 时，单击"启动"选项，操作者可以对 CPU 的启动模式进行选择。CPU 的启动模式有 3 种，即 STOP、RUN 和 LAST，操作者可以根据自己的需要进行选择。具体操作如图 1-24 所示。

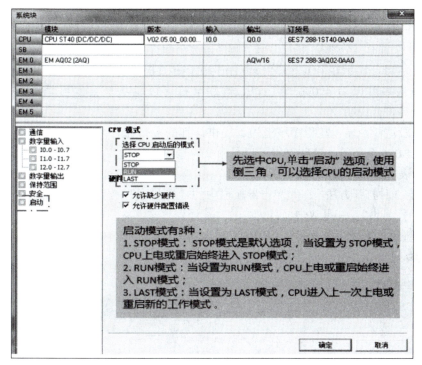

图 1-24　启动模式设置

3. 程序编辑、传送与调试

（1）程序编辑

生成新项目后，系统会自动打开主程序 MAIN（OB1），操作者先将光标定位在程序编辑器中要放元件的位置，然后就可以进行程序输入了。

程序输入常用的两种有方法，具体如下。

◆ 通过程序编辑器中的工具栏进行输入

单击 ⊣⊢ 按钮，出现下拉菜单，选择 ⊣⊢ ，可以输入常开触点；

单击 ⊣⊢ 按钮，出现下拉菜单，选择 ⊣/⊢ ，可以输入常闭触点；

单击 ⟨⟩ 按钮，可以输入线圈；

单击 ⊓ 按钮，可以输入功能框；

单击 ⊓→ 按钮，可以插入分支；

单击 ↓ 按钮，可以插入向下垂线；

单击 ↑ 按钮，可以插入向上垂线；

单击 → 按钮，可以插入水平线。

输入元件后，根据实际编程的需要，必须将相应元件赋予相应的地址，如 I0.0、Q0.1、T37 等。

◆ 用键盘上的快捷键输入

触点快捷键F4；线圈快捷键F6；功能块快捷键F9；分支快捷键Ctrl+↓；向上垂线快捷键Ctrl+↑；水平线快捷键Ctrl+→。输入元件后，根据实际编程的需要，必须将相应元件赋予相应的地址。

（2）程序描述

一个程序，特别是较长的程序，如果要很容易地被别人看懂，做好程序描述是必要的。程序描述包括3个方面，分别是POU注释、程序段注释和符号表。其中，以符号表最为重要。

① POU注释：显示在POU中第一个程序段上方，提供详细的多行POU注释功能。每条POU注释最多可以有4 096个字符。这些字符可以是中文，也可是英文，主要对整个POU功能等进行说明。

② 程序段注释：显示在程序段上边，提供详细的多行注释附加功能。每条程序段注释最多可以有4 096个字符。这些字符可以是中文，也可是英文。

③ 符号表：

符号表有3种打开方法：一是单击导航栏中的"符号表"按钮 ；二是执行"视图"→"组件"→"符号表"；三是双击项目树中的"符号表"文件夹图标，打开符号表。

符号表组成：符号表由表格1、POU符号表和I/O符号表、系统符号表4部分组成，如图1-25所示。

图1-25 符号表

（a）表格1；（b）POU符号表；（c）I/O符号表；（d）系统符号表

表格1是空表格，可以在符号和地址列输入相关信息，生成新的符号，对程序进行注释；POU符号表为只读表格，可以显示主程序、子程序和中断程序的默认名称；I/O符号表中可以看到输入/输出的符号和地址；系统符号表中可以看到特殊存储器SM的符号、地址和功能。

（3）程序编译

在程序下载前，为了避免程序出错，最好进行程序编译。

程序编译的方法：单击程序编辑器工具栏上的"编译"按钮，输入程序就可编译了。如果有语法错误，将会在输出窗口中显示错误的个数、错误的原因和错误的位置，如图 1-26 所示。双击某条错误，将会打开出错的程序块，用光标指示出出错的位置，待错误改正后，方可下载程序。

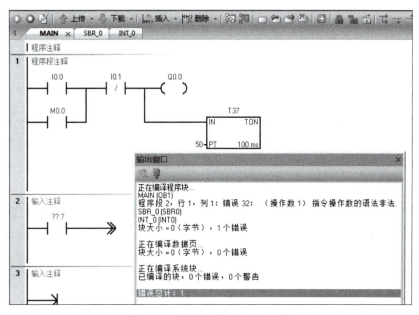

图 1-26 编译后出现的错误信息

需要指出，程序如果未编译，下载前软件会自动编译，编译结果会显示在输出窗口。

（4）程序下载

在下载程序之前，必须先保证 S7-200 SMART 的 CPU 和计算机之间能正常通信。设备能实现正常通信的前提：一是设备之间进行了物理连接。若单台 S7-200 SMART PLC 与计算机之间连接，只需要 1 条普通的以太网线；若多个 S7-200 SMART PLC 与计算机之间连接，还需要交换机。二是设备进行了正确通信设置。

① 通信设置。

◆ CPU 的 IP 地址设置

双击项目树或导航栏中的"通信"图标，打开"通信"对话框，如图 1-27 所示。单击"通信接口"选择框后边的下拉，会出现下拉菜单，选择 "Realtek PCIe GbE Family Controller,TCPIP,2"，之后单击"查找 CPU"按钮，会显示 CPU 的地址，S7-200 SMART PLC 默认地址为"192.168.2.18"，单击"闪烁指示灯"按钮，硬件中的 STOP、RUN 和 ERROR 指示灯会同时闪烁，再单击一下，闪烁停止，这样做的目的是当有多个 CPU 时，便于找到你所选择的那个 CPU。

单击"编辑"按钮，可以改变 IP 地址，若"系统块"中组态了"IP 地址数据固定为下面的值，不能通过其他方式更改"（图 1-28），单击"设置"选项，会出现错误信息，则证明这里 IP 地址不能改变。

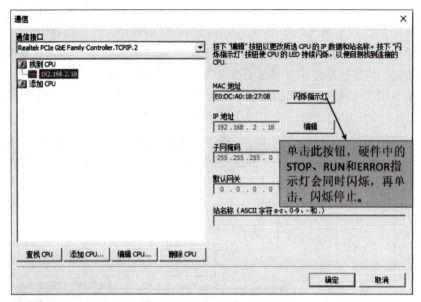

图 1-27 CPU 的 IP 地址设置

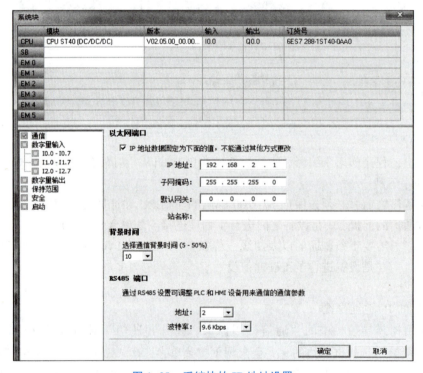

图 1-28 系统块的 IP 地址设置

最后，单击"确定"按钮，CPU 所有通信信息设置完毕。

◆ 计算机网卡的 IP 地址设置

打开计算机的控制面板，双击"网络连接"图标，对话框会打开，按如图 1-29 所示设置 IP 地址即可。这里的 IP 地址设置为"192. 168. 2. 170"，子网掩码默认为"255. 255. 255. 0"，网关无须设置。

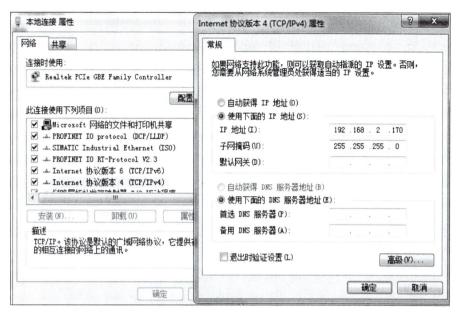

图 1-29　计算机网卡的 IP 地址设置

② 程序下载。

单击程序编辑器中工具栏上的"下载"按钮 ![按钮]，会弹出"下载"对话框，如图 1-30 所示。用户可以选择是否下载程序块、数据块和系统块。

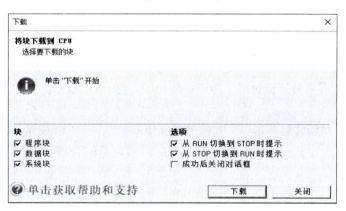

图 1-30　PLC 程序"下载"对话框

③ 运行与停止模式。

要运行下载到 PLC 中的程序，单击工具栏中的"运行"按钮 ![运行按钮]；如需停止运行，单击工具栏中的"停止"按钮 ![停止按钮]。

（5）程序监控与调试

首先，打开要进行监控的程序，单击工具栏上的"程序监控"按钮，开始对程序进行监控。CPU 中存在的程序与打开的程序可能不同，这时单击"程序监控"按钮后，会出现"时间戳不匹配"对话框，如图 1-31 所示。单击"比较"按键，确定 CPU 中的程序与打开程序是否相同，如果相同，对话框会显示"已通过"，单击"继续"按钮，开始监控。

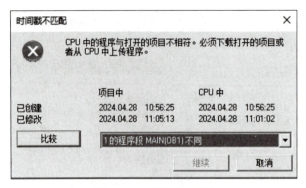

图 1-31　时间戳不匹配

在监控状态下，按通的触点、线圈和功能块均会显示深蓝色，表示有能流流过，如无能流流过，则显灰色。

1.2　PLC 编程基本指令

1.2.1　位逻辑指令

一、触点指令

1. LD 指令

LD 指令称为初始装载指令，其梯形图如图 1-32 （a） 所示，由常开触点和位地址构成。语句表如图 1-32 （b） 所示，由操作码 LD 和常开触点的位地址构成。

LD 指令的功能：常开触点在其线圈没有信号流流过时，触点是断开的（触点的状态为 OFF 或 0）；而线圈有信号流流过时，触点是闭合的（触点的状态为 ON 或 1）。

2. LDN 指令

LDN 指令称为初始装载非指令，其梯形图和语句表如图 1-33 所示。LDN 指令与 LD 指令的区别是常闭触点在其线圈没有信号流流过时，触点是闭合的；当其线圈有信号流流过时，触点是断开的。

图 1-32　初始装载指令　　　　　　　图 1-33　初始装载非指令

　(a) 梯形图；(b) 语句表　　　　　　　(a) 梯形图；(b) 语句表

3. A 指令

A （And） 指令又称为"与"指令，其梯形图如图 1-34 （a） 所示，由串联常开触点和其位地址组成。语句表如图 1-34 （b） 所示，由操作码 A 和位地址构成。

当 I0.0 和 I0.1 常开触点都接通时，线圈 Q0.0 才有信号流流过；当 I0.0 或 I0.1 常开触点有一个不接通或都不接通时，线圈 Q0.0 就没有信号流流过，即线圈 Q0.0 是否有信号流流过取决于 I0.0 和 I0.1 的触点状态“与”关系的结果。

4. AN 指令

AN（And Not）指令又称为“与非”指令，其梯形图如图 1-35（a）所示，由串联常闭触点和其位地址组成。语句表如图 1-35（b）所示，由操作码 AN 和位地址构成。AN 指令和 A 指令的区别为串联的是常闭触点。

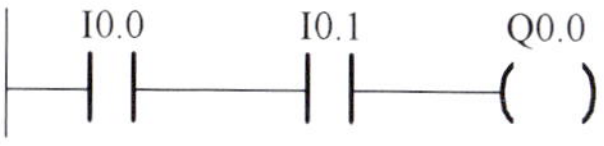

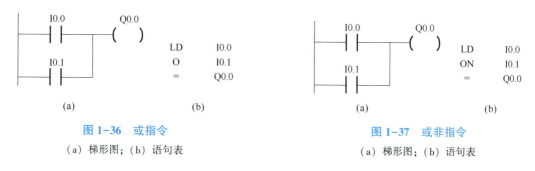

(a)

LD	I0.0
A	I0.1
=	Q0.0

(b)

图 1-34　与指令

（a）梯形图；（b）语句表

(a)

LD	I0.0
AN	I0.1
=	Q0.0

(b)

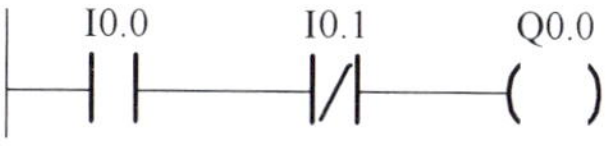

图 1-35　与非指令

（a）梯形图；（b）语句表

5. O 指令

O（Or）指令又称为“或”指令，其梯形图如图 1-36（a）所示，由并联常开触点和其位地址组成。语句表如图 1-36（b）所示，由操作码 O 和位地址构成。

当 I0.0 和 I0.1 常开触点有一个或都接通时，线圈 Q0.0 就有信号流流过；当 I0.0 和 I0.1 常开触点都未接通时，线圈 Q0.0 则没有信号流流过，即线圈 Q0.0 是否有信号流流过取决于 I0.0 和 I0.1 的触点状态“或”关系的结果。

6. ON 指令

ON（Or Not）指令又称为“或非”指令，其梯形图如图 1-37（a）所示，由并联常闭触点和其位地址组成。语句表如图 1-37（b）所示，由操作码 ON 和位地址构成。ON 指令和 O 指令的区别为并联的是常闭触点。

(a)

LD	I0.0
O	I0.1
=	Q0.0

(b)

图 1-36　或指令

（a）梯形图；（b）语句表

(a)

LD	I0.0
ON	I0.1
=	Q0.0

(b)

图 1-37　或非指令

（a）梯形图；（b）语句表

二、输出指令

输出指令（=）对应于梯形图中的线圈，其指令的梯形图如图 1-38（a）所示，由线圈和位地址构成。线圈驱动指令的语句表如图 1-38（b）所示，由操作码 = 和线圈位地址构成。

输出指令的功能是把前面各逻辑运算的结果通过信号流控制线圈，从而使线圈驱动的常开触点闭合，常闭触点断开。

三、取反指令

NOT 指令为触点取反指令（输出反相），在梯形图中用来改变能流的状态。取反触点左端逻辑运算结果为 1 时（即有能流），触点断开能流；反之，能流可以通过。触点取反指令梯形图如图 1-39 所示。

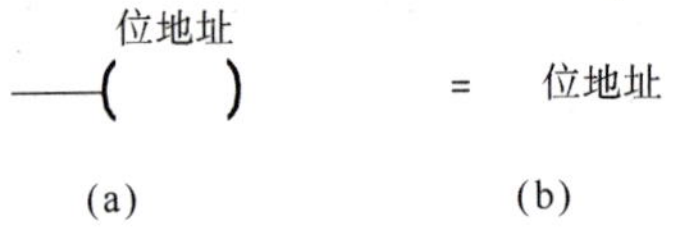

图 1-38　线圈驱动指令

（a）梯形图；（b）语句表

图 1-39　触点取反指令梯形图

用法：NOT（NOT 指令无操作数）

四、置位、复位指令

1. S 指令

S（Set）指令也称为置位指令，其梯形图如图 1-40（a）所示，由置位线圈、置位线圈的位地址（bit）和置位线圈数目（n）构成。语句表如图 1-40（b）所示，由置位操作码、置位线圈的位地址（bit）和置位线圈数目（n）构成。

图 1-40　置位指令

（a）梯形图；（b）语句表

置位指令的应用如图 1-41 所示，当图中置位信号 I0.0 接通时，置位线圈 Q0.0 有信号流流过。当置位信号 I0.0 断开以后，置位线圈 Q0.0 的状态继续保持不变，直到线圈 Q0.0 的复位信号到来，线圈 Q0.0 才恢复初始状态。

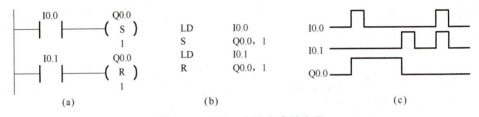

图 1-41　置位、复位指令的应用

（a）梯形图；（b）语句表；（c）时序图

置位线圈数目是从指令中指定的位元件开始，共有 n 个，n 取值为 1~255。若在图 1-41 中位地址为 Q0.0，n 为 3，则置位线圈为 Q0.0、Q0.1、Q0.2，即线圈 Q0.0、Q0.1、Q0.2 中同时有信号流流过。因此，这可用于数台电动机同时启动运行的控制要求，使控制程序大大简化。

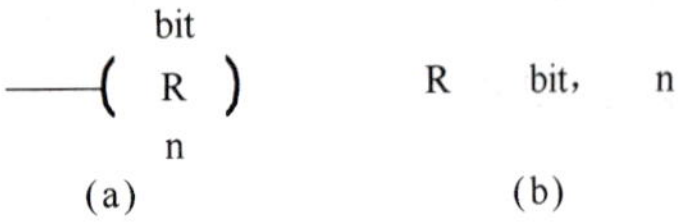

图 1-42　复位指令

（a）梯形图；（b）语句表

2. R 指令

R（Reset）指令又称为复位指令，其梯形图如图 1-42（a）所示，由复位线圈、复位线圈的位地址（bit）和复位线圈数目（n）构成。语句表如图 1-42（b）所示，由复位操作码、复位线圈的位地址（bit）和复位线圈数目（n）构成。

复位指令的应用如图 1-41 所示。当图中复位信号 I0.1 接通时，复位线圈 Q0.0 恢复初始状态。当复位信号 I0.1 断开以后，复位线圈 Q0.0 的状态继续保持不变，直到线圈 Q0.0 的置位信号到来，线圈 Q0.0 才有信号流流过。

复位线圈数目是从指令中指定的位元件开始，共有 n 个。图 1-41 中，若位地址为 Q0.3，n 为 5，则复位线圈为 Q0.3、Q0.4、Q0.5、Q0.6、Q0.7，即线圈 Q0.3 ~ Q0.7 同时恢复初始状态。因此，这可用于数台电动机同时停止运行以及急停时的控制要求，使控制程序大大简化。

在程序中同时使用 S 和 R 指令，应注意两条指令的先后顺序，使用不当有可能导致程序控制结果错误。在图 1-41 中，置位指令在前，复位指令在后，当 I0.0 和 I0.1 同时接通时，复位指令优先级高，Q0.0 中没有信号流流过。相反，在图 1-43 中将置位与复位指令的先后顺序对调，当 I0.0 和 I0.1 同时接通时，置位优先级高，Q0.0 中有信号流流过。因此，使用置位和复位指令编程时，哪条指令在后面，则该指令的优先级高，这点在编程时应引起注意。

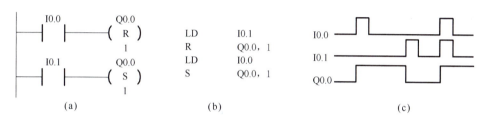

图 1-43　置位、复位指令的优先级
（a）梯形图；（b）语句表；（c）时序图

3. SR 指令

SR 指令也称置位/复位触发器（SR）指令，SR 梯形图如图 1-44 所示，由置位/复位触发器助记符 SR、置位信号输入端 S1、复位信号输入端 R、输出端 OUT 和线圈地址（bit）构成。

图 1-44　SR 指令梯形图

练一练

【例 1-1】 置位/复位触发器指令的应用（图 1-45）。

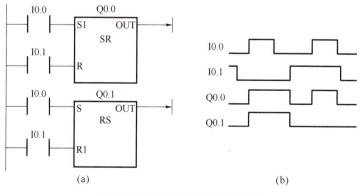

图 1-45　SR 和 RS 指令的应用

当置位信号 I0.0 接通时，线圈 Q0.0 有信号流流过。当置位信号 I0.0 断开时，线圈 Q0.0 的状态继续保持不变，直到复位信号 I0.1 接通时，线圈 Q0.0 没有信号流流过。如果置位信号 I0.0 和复位信号 I0.1 同时接通，则置位信号优先，线圈 Q0.0 有信号流流过。

4. RS 指令

RS 指令也称复位/置位触发器（RS）指令，其梯形图如图 1-46 所示，由复位/置位触发器助记符 RS、置位信号输入端 S、复位信号输入端 R1、输出端 OUT 和线圈的位地址（bit）构成。

置位/复位触发器指令的应用如图 1-45 所示。当置位信号 I0.0 接通时，线圈 Q0.0 有信号流流过。当置位信号 I0.0 断开时，线圈 Q0.0 的状态继续保持不变，直到复位信号 I0.1 接通时，线圈 Q0.0 没有信号流流过。如果置位信号 I0.0 和复位信号 I0.1 同时接通，则复位信号优先，线圈 Q0.0 无信号流流过。

五、跳变指令

1. EU 指令

EU（Edge Up）指令是正跳变指令（又称上升沿检测指令，或称为正跳变指令），其梯形图如图 1-47（a）所示，由常开触点加上升沿检测指令助记符 P 构成，其语句表如图 1-47（b）所示，由上升沿检测指令操作码 EU 构成。

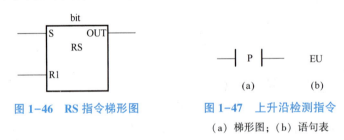

图 1-46　RS 指令梯形图　　图 1-47　上升沿检测指令

（a）梯形图；（b）语句表

🌀 **练一练**

【例 1-2】正跳变触点指令的应用（图 1-48）。

当 I0.0 的状态由断开变为接通时（即出现上升沿的过程），正跳变触点指令对应的常开触点接通一个扫描周期（T），使线圈 Q0.1 仅得电一个扫描周期。若 I0.0 的状态一直接通或断开，则线圈 Q0.1 也不得电。

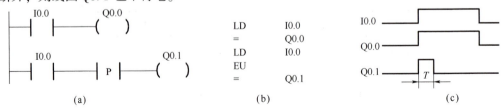

图 1-48　正跳变触点指令的应用

（a）梯形图；（b）语句表；（c）时序图

2. ED 指令

ED（Edge Down）指令是负跳变触点指令（又称为下降沿检测指令，或称为负跳变指令），其梯形图如图 1-49（a）所示，由常开触点加上下降沿检测指令助记符 N 构成。其语句表如图 1-49（b）所示，由下降沿检测指令操作码 ED 构成。

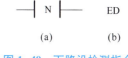

图 1-49　下降沿检测指令
（a）梯形图；（b）语句表

练一练

【例 1-3】负跳变触点指令的应用（图 1-50）。

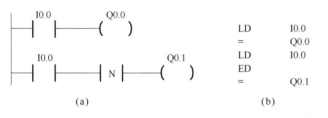
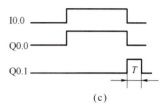

```
LD      I0.0
=       Q0.0
LD      I0.0
ED
=       Q0.1
```

（a）　　　　　　　　　　　（b）　　　　　　　　　　　（c）

图 1-50　负跳变触点指令的应用
（a）梯形图；（b）语句表；（c）时序图

当 I0.0 的状态由接通变为断开时（即出现下降沿的过程），负跳变触点指令对应的常开触点接通一个扫描周期（T），使线圈 Q0.1 仅得电一个扫描周期。正跳变触点和负跳变触点指令用来检测触点状态的变化，可以用来启动一个控制程序、启动一个运算过程、结束一段控制等。

注意：①EU、ED 指令后无操作数；②正跳变触点和负跳变触点指令不能直接与左母线相连，必须接在常开或常闭触点之后；③当条件满足时，正跳变触点和负跳变触点指令的常开触点只接通一个扫描周期，被控制的元件应接在这触点之后。

1.2.2　定时器/计数器指令

一、定时器指令

1. 定时器的分类及分辨率

S7-200 SMART 提供了 256 个定时器，定时器编号为 T0 ~ T255，定时器共有 3 种类型，分别是接通延时定时器（TON）、断开延时定时器（TOF）和保持型接通延时定时器（TONR）。定时器有 1 ms、10 ms 和 100 ms 三种分辨率，分辨率取决于定时器的编号（表 1-5）。输入定时器编号后，在定时器方框的右下角内将会出现定时器的分辨率。

表 1-5　定时器的分类

定时器	定时精度/ms	定时范围/s	定时器编号
TONR	1	32.767	T0、T64
	10	327.67	T1 ~ T4、T65 ~ T68
	100	3 276.7	T5 ~ T31、T69 ~ T95
TON/TOF	1	32.767	T32、T96
	10	327.67	T33 ~ T36、T97 ~ T100
	100	3 276.7	T37 ~ T63、T101 ~ T255

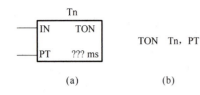

图 1-51　接通延时定时器指令
（a）梯形图；（b）语句表

2. 接通延时定时器

接通延时定时器指令（TON，On-Delay Timer）的梯形图如图 1-51（a）所示。由定时器助记符 TON、定时器的启动信号输入端 IN、时间设定值输入端 PT 和 TON 定时器编号 Tn 构成。其语句表如图 1-51（b）所示，由定时器助记符 TON、定时器编号 Tn 和时间设定值 PT 构成。

练一练

【例 1-4】接通延时定时器指令应用（图 1-52）。

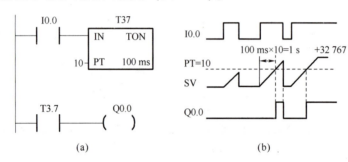

图 1-52　接通延时定时器指令应用
（a）梯形图；（b）时序图

定时器的设定值为 16 位有符号整数（INT），允许的最大值为 32 767。延时定时器的输入端 I0.0 接通时开始定时，每过一个时基时间（100 ms），定时器的当前值 SV = SV + 1，当定时器的当前值大于等于预置时间（PT，Preset Time）端指定的设定值（1～32 767）时，定时器的位变为 ON，梯形图中该定时器的常开触点闭合，常闭触点断开，这时线圈 Q0.0 中就有信号流流过。达到设定值后，当前值仍然继续增大，直到最大值 32 767。输入端 I0.0 断开时，定时器自动复位，当前值被清零，定时器的位变为 OFF，这时线圈 Q0.0 中就没有信号流流过。CPU 第一次扫描时，定时器位清零。定时器的设定时间等于设定值与分辨率的乘积。

3. 断开延时定时器

断开延时定时器指令（TOF，OFF-Delay Timer）的梯形图如图 1-53（a）所示。由定时器助记符 TOF、定时器的启动信号输入端 IN、时间设定值输入端 PT 和 TOF 定时器编号 Tn 构成。其语句表如图 1-53（b）所示，由定时器助记符 TOF、定时器编号 Tn 和时间设定值 PT 构成。

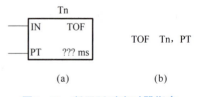

图 1-53　断开延时定时器指令
（a）梯形图；（b）语句表

练一练

【例 1-5】断开延时定时器指令应用（图 1-54）。

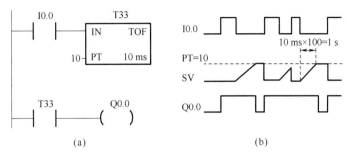

图 1-54 断开延时定时器应用

（a）梯形图；（b）时序图

当接在断开延时定时器的输入端启动信号 I0.0 接通时，定时器的位变成 ON，当前值清零，此时线圈 Q0.0 中有信号流流过。当 I0.0 断开后，开始定时，当前值从 0 开始增大，每过一个时基时间（10 ms），定时器的当前值 SV＝SV+1，当定时器的当前值等于预置值 PT 时，定时器延时时间到，定时器停止计时，输出位变为 OFF，线圈 Q0.0 中则没有信号流流过，此时定时器的当前值保持不变，直到输入端再次接通。

4. 保持型接通延时定时器

保持型接通延时定时器（TONR，Retentive On-Delay Timer）指令的梯形图如图 1-55（a）所示，由定时器助记符 TONR、定时器的启动信号输入端 IN、时间设定值输入端 PT 和 TONR 定时器编号 Tn 构成。其语句表如图 1-55（b）所示，由定时器助记符 TONR、定时器编号 Tn 和时间设定值 PT 构成。

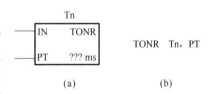

图 1-55 保持型接通延时定时器指令

（a）梯形图；（b）语句表

练一练

【例 1-6】保持型接通延时定时器指令应用（图 1-56）。

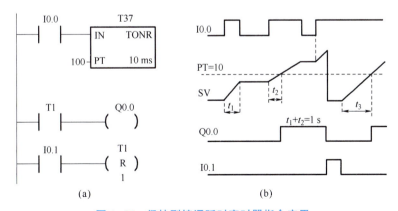

图 1-56 保持型接通延时定时器指令应用

（a）梯形图；（b）时序图

其工作原理与接通延时定时器大致相同。当定时器的启动信号 I0.0 断开时，定时器的当前值 SV＝0，定时器没有信号流流过，不工作。当启动信号 I0.0 由断开变为接通时，定时器开始定时，每过一个时基时间（10 ms），定时器的当前值 SV＝SV+1。

当定时器的当前值等于其设定值 PT 时，定时器的延时时间到，这时定时器的输出位变为 ON，线圈 Q0.0 中有信号流流过。达到设定值 PT 后，当前值仍然继续计时，直到最大值 32 767 才停止计时。只要 SV≥PT，定时器的常开触点就接通，如果不满足这个条件，定时器的常开触点应断开。

保持型接通延时定时器与接通延时定时器不同之处在于，保持型接通延时定时器的 SV 值是可以记忆的。当 I0.0 从断开变为接通后，维持的时间不足以使 SV 达到 PT 值时，I0.0 又从接通变为断开，这时 SV 可以保持当前值不变；当 I0.0 再次接通时，SV 在保持值的基础上累计，当 SV＝PT 时，定时器输出位变为 ON。只有复位信号 I0.1 接通时，保持型接通延时定时器才能停止计时，其当前值 SV 被复位清零，常开触点复位断开，线圈 Q0.0 中没有信号流流过。

5. 间隔时间定时器

间隔时间定时器有两种，分别为开始时间间隔定时器指令和计算时间间隔定时器指令，如图 1-57 和图 1-58 所示。

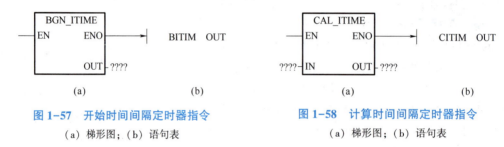

图 1-57 开始时间间隔定时器指令
（a）梯形图；（b）语句表

图 1-58 计算时间间隔定时器指令
（a）梯形图；（b）语句表

开始时间间隔定时器指令读取内置 1 ms 计数器的当前值，并将该值存储在 OUT 中。双字毫秒值的最大计时间隔为 2^{32}（ms）或 49.7 天。

计算时间间隔定时器指令计算当前时间与 IN 中提供的时间的时间差，然后将差值存储在 OUT 中。双字毫秒值的最大计时间隔为 2^{32}（ms）或 49.7 天。根据 BITIM 指令的执行时间，CITIM 指令会自动处理在最大间隔内发生的 1 ms 定时器翻转。

练一练

【例 1-7】时间间隔定时器指令应用（图 1-59）。

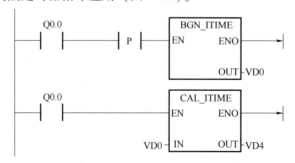

图 1-59 间隔时间定时器指令应用

程序段 1：在 Q0.0 的上升沿执行"开始时间间隔"指令，读取内置 1 ms 计数器的当前值，也就是捕捉 Q0.0 接通的时刻，并将该值存储在 VD0 中。

程序段 2：计算 Q0.0 接通的时长，即将当前时间减去 VD0 中提供的时间的差值存储在 VD4 中。

二、计数器指令

S7-200 SMART 提供了 256 个计数器，编号为 C0~C255，共有 3 种计数器，分别为加计数器、减计数器和加/减计数器，不同类型的计数器不能共用同一个计数器号。

1. 加计数器指令

加计数器（CTU，Counter Up）指令的梯形图如图 1-60（a）所示，由加计数器助记符 CTU、计数脉冲输入端 CU、复位信号输入端 R、设定值 PV 和计数器编号 Cn 构成，编号范围为 0~255。加计数器指令的语句表如图 1-60（b）所示，由加计数器操作码 CTU、计数器编号 Cn 和设定值 PV 构成。

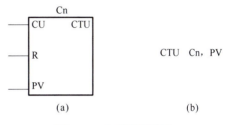

图 1-60　加计数器指令
（a）梯形图；（b）语句表

练一练

【例 1-8】 加计数器指令应用（图 1-61）。

加计数器的复位信号 I0.1 接通时，计数器 C0 的当前值 SV = 0，计数器不工作。当复位信号 I0.1 断开时，计数器 C0 可以工作。每当一个计数脉冲的上升沿到来时（I0.0 接通一次），计数器的当前值 SV = SV + 1。当 SV 等于设定值 PV 时，计数器的输出位变为 ON，线圈 Q0.0 中有信号流流过。若计数脉冲仍然继续，计数器的当前值仍不断累加，直到 SV = 32 767（最大）时，才停止计数。只要 SV ≥ PV，计数器的常开触点接通，常闭触点则断开。直到复位信号 I0.1 接通时，计数器的 SV 复位清零，计数器停止工作，其常开触点断开，线圈 Q0.0 没有信号流流过。

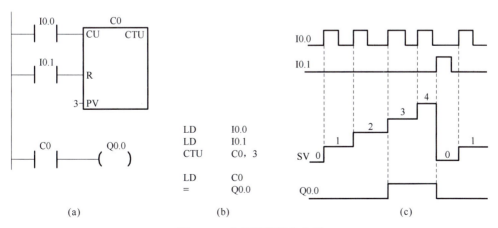

图 1-61　加计数器指令应用
（a）梯形图；（b）语句表；（c）时序图

可以用系统块设置有断电保持功能的计数器的范围。断电后又上电，有断电保持计数器保持断电时的当前值不变。

2. 减计数器指令

减计数器（CTD，Counter Down）指令的梯形图如图 1-62（a）所示，由减计数器助记符 CTD、计数脉冲输入端 CD、装载输入端 LD、设定值 PV 和计数器编号 Cn 构成，编号范围为 0~255。减计数器指令的语句表如图 1-62（b）所示。

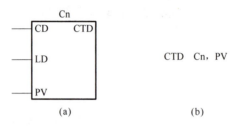

图 1-62　减计数器指令

（a）梯形图；（b）语句表

练一练

【例 1-9】减计数器指令应用（图 1-63）。

减计数器的装载输入信号端 I0.1 接通时，计数器 C0 的设定值 PV 被装入计数器的当前值寄存器，此时 SV＝PV，计数器不工作。当装载输入信号端信号 I0.1 断开时，计数器 C0 可以工作。每当一个计数脉冲到来时（即 I0.0 接通一次），计数器的当前值 SV＝SV－1。当 SV＝0 时，计数器的位变为 ON，线圈 Q0.0 有信号流流过。若计数脉冲仍然继续，计数器的当前值仍保持 0。这种状态一直保持到装载输入端信号 I0.1 接通，再一次装入 PV 值之后，计数器的常开触点复位断开，线圈 Q0.0 没有信号流流过，计数器才能重新开始计数。只有在当前值 SV＝0 时，减计数的常开触点接通，线圈 Q0.0 才有信号流流过。

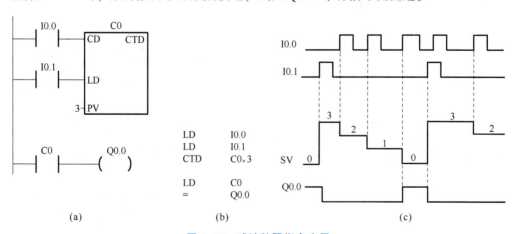

图 1-63　减计数器指令应用

（a）梯形图；（b）语句表；（c）时序图

3. 加减计数器指令

加减计数器（CTUD，Counter Up/Down）指令的梯形图如图 1-64（a）所示，由加减计数器助记符 CTUD、加计数脉冲输入端 CU、减计数脉冲输入端 CD、复位端 R、设定值 PV 和计数器编号 Cn 构成，编号范围为 0～255。加减计数器指令的语句表如图 1-64（b）所示，由加减计数器操作码 CTUD、计数器编号 Cn 和设定值 PV 构成。

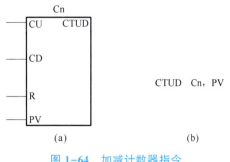

图 1-64　加减计数器指令
（a）梯形图；（b）语句表

练一练

【例 1-10】加减计数器指令应用（图 1-65）。

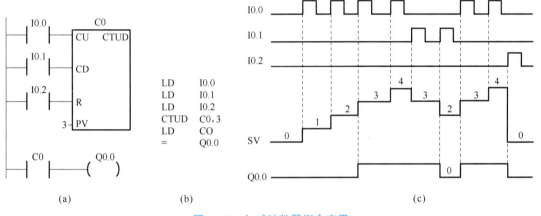

图 1-65　加减计数器指令应用
（a）梯形图；（b）语句表；（c）时序图

计数器的复位信号 I0.2 接通时，计数器 C0 的当前值 SV = 0，计数器不工作。当复位信号断开时，计数器 C0 可以工作。

每当一个加计数脉冲到来时，计数器的当前值 SV = SV + 1。当 SV ≥ PV 时，计数器的常开触点接通，线圈 Q0.0 有信号流流过。这时若再来加计数器脉冲，计数器的当前值仍不断地累加，直到 SV = +32 767（0 最大值），如果再有加计数脉冲到来，当前值变为 −32 768，再继续进行加计数。

每当一个减计数脉冲到来时，计数器的当前值 SV = SV − 1。当 SV < PV 时，计数器的常开触点复位断开，线圈 Q0.0 没有信号流流过。这时若再来减计数器脉冲，计数器的当前值仍不断地递减，直到 SV = −32 768（最小值），如果再有减计数脉冲到来，当前值变为 +32 767，再继续进行减计数。

复位信号 I0.2 接通时，计数器的 SV 复位清零，计数器停止工作，其常开触点复位断开，线圈 Q0.0 没有信号流流过。

使用计数器指令时应注意：

① 加计数器指令、减计数器指令和加减计数器指令用语句表示时，要注意计数输入（第 1 个 LD）、复位信号输入（第 2 个 LD）和计数器指令的先后顺序不能颠倒。

② 在同一个程序中，虽然 3 种计数器的编号范围都为 0~255，但不能使用两个相同的计数器编号，否则会导致程序执行时出错，无法实现控制目的。

③ 计数器的输入端为上升沿有效。

1.3 PLC 编程功能指令

1.3.1 数据类型及寻址方式

1. 数据类型

在 S7-200 SMART 的编程语言中，大多数指令要同具有一定大小的数据对象一起进行操作。不同的数据对象具有不同的数据类型，不同的数据类型具有不同的数制和格式选择。程序中所用的数据可指定一种数据类型。在指定数据类型时，要确定数据大小和数据位结构。

S7-200 SMART 的数据类型有以下几种：字符串、布尔型（0 或 1）、整型和实型（浮点数）等。任何类型的数据都是以一定格式采用二进制的形式保存在存储器内的。一位二进制数称为 1 位（bit），包括"0"或"1"两种状态，表示处理数据的最小单元。可以用一位二进制的两种不同取值（"0"或"1"）来表示开关量的两种不同状态。对应于 PLC 中的编程元件，如果该位为"1"，则表示梯形图中对应编程元件的线圈有信号流流过，其常开触点接通，常闭触点断开。如果该位为"0"，则表示梯形图中对应编程元件的线圈没有信号流流过，其常开触点断开，常闭触点接通。

数据从长度上可以分为位、字节、字、双字等。8 位二进制数组组成一个字节（Byte），其中，第 0 位为最低位（LSB），第 7 位为最高位（MSB）。两个字节组成 1 个字（Word），两个字组成一个双字（Double Word）。一般用二进制补码形式表示有符号数，其最高位为符号位，最高位为"0"时表示正数，最高位为"1"时表示负数。最大的 16 位正数为 16#7FFF，16#表示十六进制数。

S7-200 SMART PLC 的基本数据类型及范围见表 1-6。

表 1-6　S7-200 SMART PLC 的基本数据类型及范围

基本数据类型	位数	范围
布尔型 Bool	1	0 或 1
字节型 Byte	8	0~255
字型 Word	16	0~65 535
双字型 Dword	32	$0 \sim (2^{32}-1)$
整型 Int	16	$-32\,768 \sim +32\,768$
双整型 Dint	32	$-2^{31} \sim (2^{31}-1)$
实数型 Real	32	IEEE 浮点数

数据类型为 STRING 的字符串由若干个 ASCII 码组成，第一个字节定义字符串的长度（0~254），后面的每个字符占 1 B。变量字符串最多占 255 B（长度字节加上 254 个字符）。

2. PLC 寻址方式

寻址方式，即对数据存储区进行读写访问的方式。S7 系列 PLC 的寻址方式有立即数寻址、直接寻址和间接寻址三大类。立即数寻址的数据在指令中以常数（常量）形式出现；直接寻址是指在指令中直接给出要访问的存储器或寄存器的名称和地址编号，直接存取数据；间接寻址是指使用地址指针间接给出要访问的存储器或寄存器的地址。

（1）立即数寻址

在一条指令中，如果操作数本身就是操作码需要处理的具体数据，这种操作的寻址方式就是立即数寻址。立即数寻址是对常数或常量的寻址方式，其特点是操作数直接包含其中，或指令操作数是唯一的。

如：MOVW 16#1234，VW10

该质量为双操作数指令，第一个操作数为源操作数，第二个操作数为目的操作数。该指令的功能是将十六进制数 1234 传送到变量存储器 VW10 中，指令中的源操作数 16#1234 即为立即数，其寻址方式就是立即寻址方式。

（2）直接寻址

在一条指令中，如果操作数是以其所在地址形式出现的，这种指令的寻址方式称为直接寻址。

如：MOVB VB20，VB30

该指令的功能是将 VB20 中的字节数据传送给 VB30，指令中的源操作数的数值在指令中并未给出，只给出了存储源操作数的地址 VB20，寻址时，要到该地址中寻找源操作数，这种给出操作数地址形式的寻址方式就是直接寻址。直接寻址又可以分为位寻址、字节寻址、字寻址、双字寻址等形式。

◆ 位寻址

位存储单元的地址由字节地址和位地址组成，如 I1.2，其中，区域标识符"I"表示输入，字节地址为 1，位地址为 2，位数据的存放如图 1-66 所示，这种存取方式为"字节.位"寻址方式。

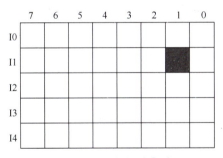

图 1-66 位数据的存放

◆ 字节、字、双字寻址方式

对字节、字和双字数据，直接寻址时，需指明区域标识符、数据类型和存储区域内的首字节地址。例如，输入字节 VB10，V 为变量存储区域标识符，B 表示字节（B 是 Byte 的缩写），10 为起始字节地址。相邻的两个字节组成一个字，VW10 表示由 VB10 和 VB11 组成的 1 个字，VW10 中的 V 为变量存储区域标识符，W 表示字（W 是 Word 的缩写），10 为起始字节的地址。VD10 表示由 VB10~VB13 组成的双字，V 为变量存储区域标识符，D 表示双字（D 是 Double Word 的缩写），10 为起始字节的地址。同一地址的字节、字、双字存取操作的比较如图 1-67 所示。

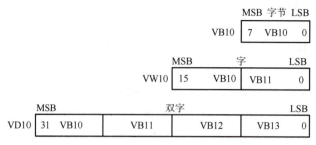

图1-67 同一地址的字节、字、双字存取操作的比较

可以用直接方式进行寻址的存储区包括输入映像存储区 I、输出映像存储区 Q、变量存储区 V、位存储区 M、定时器存储区 T、计数器存储器 C、高速计数器 HC、累加器 AC、特殊存储器 SM、局部存储器 L、模拟量输入映像区 AI、模拟量输出映像区 AQ、顺序控制继电器 S。

（3）间接寻址

在一条指令中，如果操作数是以操作数所在地址的地址形式出现的，这种指令的寻址方式就是间接寻址。操作数地址的地址也称为地址指针。地址指针前加"＊"。

如：MOVW　2010　＊VD20

该指令中，VD20 就是地址指针，在 VD20 中存放的是一个地址值，而该地址值是源操作数 2010 存储的地址。如 VD20 中存入的是 VW0，则该指令的功能是将十进制数 2010 传送到地址 VW0 中。

可以用间接方式进行寻址的存储区包括输入映像存储区 I、输出映像存储区 Q、变量存储区 V、位存储区 M、顺序控制继电器 S、定时器存储区 T、计数器存储区 C。其中，T 和 C 仅仅是对当前值进行间接寻址，而对独立的位值和模拟量值是不能进行间接寻址的。

使用间接寻址对某个存储器单元读、写时，首先要建立地址指针。指针为双字长，用来存入另一个存储器的地址，只能用 V、L 或累加器 AC 作为指针。建立指针必须用双字传送指令（MOVD），将需要间接寻址的存储器地址送到指针中，例如：MOVD　&VB200，AC1。指针也可以为子程序传递参数。&VB200 表示 VB200 的地址，而不是 VB200 中的值。

◆ 用指针存取数据

用指针存取数据时，操作数前加"＊"号，表示该操作数为一个指针。图1-68 中的＊AC1表示 AC1 是一个指针，MOVW 指令决定了指针指向的是一个字长的数据。此例中，存于 VB200 和 VB201 的数据被传送到累加器 AC0 的低 16 位。

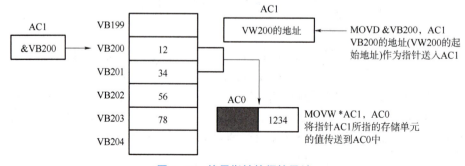

图1-68 使用指针的间接寻址

◆ 修改指针

在间接寻址方式中，指针指示了当前存取数据的地址。连续存取指针所指的数据时，当一个数据已经存入或取出，如果不及时修改指针，以后存取时，仍将使用已用过的地址。为了使存取地址不重复，必须修改指针。因为指针是 32 位的数据，应使用双字指令来修改指针值，例如双字加法或双字加 1 指令。修改时记住需要调整的存储器地址的字节数：存取字节时，指针值加 1；存取字时，指针值加 2；存取双字时，指针值加 4。

1.3.2　数据处理指令

一、传送指令

在编写程序的过程中，经常会碰到存储区中的数值需要改变，或者数据在 PLC 中存储位置需要改变的情况，这就需要用到传送指令。传送指令主要用于对存储器进行赋值，或是把一个存储器的数据复制到另外一个存储器中，使用时根据存储器的数据类型不同，选择不同的数据类型的传送指令。传送指令可以分为单一数据传送指令、块传送指令和高低字节交换指令。

1. 单一数据传送指令

单一数据传送指令包括字节、字、双字和实数传送指令，其梯形图及语句表见表 1-7。

表 1-7　数据传送指令的梯形图及语句表

指令名称	梯形图	语句表	功能
字节传送指令	MOV_B EN　ENO IN　OUT	MOVB　IN，OUT	将字节数据（常数或者变量）从输入参数"IN"（源地址）复制到输出参数"OUT"（目标地址），源地址的数据保持不变
字传送指令	MOV_W EN　ENO IN　OUT	MOVW　IN，OUT	将字数据（常数或者变量）从输入参数"IN"（源地址）复制到输出参数"OUT"（目标地址），源地址的数据保持不变
双字传送指令	MOV_DW EN　ENO IN　OUT	MOVD　IN，OUT	将双字数据（常数或者变量）从输入参数"IN"（源地址）复制到输出参数"OUT"（目标地址），源地址的数据保持不变
实数传送指令	MOV_R EN　ENO IN　OUT	MOVR　IN，OUT	将实数数据（常数或者变量）从输入参数"IN"（源地址）复制到输出参数"OUT"（目标地址），源地址的数据保持不变

字节传送（MOV_B）、字传送（MOV_W）、双字传送（MOV_DW）和实数传送（MOV_R）指令在不改变原值情况下，将 IN 中的值传送到 OUT 中。

数据传送指令的操作数范围见表 1-8。

表 1-8 数据传送指令的操作数范围

指令名称	输入或输出	操作数
字节传送指令	IN	IB、QB、VB、MB、SMB、SB、LB、AC、＊VD、＊LD、＊AC、常数
	OUT	IB、QB、VB、MB、SMB、SB、LB、AC、＊VD、＊LD、＊AC
字传送指令	IN	IW、QW、VW、MW、SMW、SW、T、C、LW、AC、AIW、＊VD、＊AC、＊LD、常数
	OUT	IW、QW、VW、MW、SMW、SW、T、C、LW、AC、AQW、＊VD、＊AC、＊LD
双字传送指令	IN	ID、QD、VD、MD、SMD、SD、LD、HC、&VB、&IB、&QB、&MB、&SB、&T、&C、&SMB、&AIW、&AQW、AC、＊VD、＊LD、＊AC、常数
	OUT	ID、QD、SD、MD、SMD、VD、LD、AC、＊VD、＊LD、＊AC
实数传送指令	IN	ID、QD、SD、MD、SMD、VD、LD、AC、＊VD、＊LD、＊AC、常数
	OUT	ID、QD、SD、MD、SMD、VD、LD、AC、＊VD、＊LD、＊AC

🌀 **练一练**

【例 1-11】传送指令举例说明（图 1-69）。

在如图 1-69 所示的程序中，触点 SM0.0 为始终接通触点。程序段第 1 行表示当 SM0.0 接通时，常数 10 传送到存储单元 VB10 中；程序段第 2 行表示当 SM0.0 接通时，存储单元 VB11 中的数据传送到存储单元 VB12 中；程序段第 3 行发生语法错误，是由于输入端（IN）存储地址与指令数据类型不匹配，第 3 行传送指令为字传送指令，对应的存储单元应当为字数据。

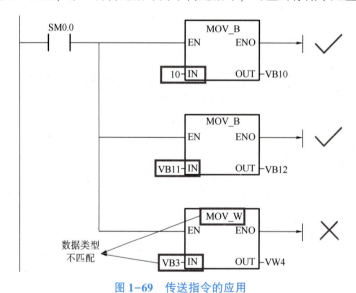

图 1-69 传送指令的应用

注意：

① 只要检测到 EN 条件闭合，就发生数据传送，每个扫描周期执行一次。

② 值的传送过程为 IN 复制到 OUT，OUT 中原来的数据被覆盖掉，IN 中的数据仍然保留。

③ IN 的参数可以是常数，也可以是变量，OUT 的参数必须是变量。IN 为常数时，通常称为赋值。

④ 每种指令对应的数据类型必须匹配，否则会发生错误。

⑤ 对定时器和计数器用字传送指令，传送的是当前值。

⑥ 实数传送即浮点数传送，因为浮点数都是 32 位，所以操作数也为 VD。不能与双字传送混用。

⑦ ENO 为能流输出，可以再接其他指令，如常开、常闭、输出、置位、复位等。不接指令时不得延长，否则编译报错。

2. 块传送指令

块传送指令可进行一次多个数据的传送，最多 255 个数据。传送时，根据数据类型，分为字节块传送、字块传送、双字块传送。块传送指令的梯形图及语句表见表 1-9。字节块传送指令、字块传送指令和双字块传送指令用于传送指定数量的数据到一个新的存储区域，IN 为数据的起始地址，数据长度为 N（N 为 1~255）个字节、字或双字，OUT 为新的存储区域的起始地址。

表 1-9   块传送指令的梯形图及语句表

指令名称	梯形图	语句表	功能
字节块传送指令	BLKMOV_B EN ENO IN OUT N	BMB IN，OUT，N	将输入参数 "IN"（源地址）开始的 N 个字节数据复制到 "OUT"（目标地址）开始的 N 个寄存器中，N 为 1~255
字块传送指令	BLKMOV_W EN ENO IN OUT N	BMW IN，OUT，N	将输入参数 "IN"（源地址）开始的 N 个字数据复制到 "OUT"（目标地址）开始的 N 个寄存器中，N 为 1~255
双字块传送指令	BLKMOV_D EN ENO IN OUT N	BMD IN，OUT，N	将输入参数 "IN"（源地址）开始的 N 个双字数据复制到 "OUT"（目标地址）开始的 N 个寄存器中，N 为 1~255

块传送指令的操作数范围见表 1-10。

表 1-10   块传送指令的操作数范围

指令名称	输入或输出	操作数
字节块传送指令	IN	IB、QB、VB、MB、SMB、SB、LB、AC、*VD、*LD、*AC
	OUT	
	N	IB、QB、VB、MB、SMB、SB、LB、AC、*VD、*LD、*AC、常数

续表

指令名称	输入或输出	操作数
字块传送指令	IN	IW、QW、VW、MW、SMW、SW、LW、AIW、AQW、AC、HC、T、C、*VD、*LD、*AC
	OUT	
	N	IB、QB、VB、MB、SMB、SB、LB、AC、*VD、*LD、*AC、常数
双字块传送指令	IN	ID、QD、VD、MD、SMD、SD、LD、AC、*VD、*LD、*AC
	OUT	
	N	IB、QB、VB、MB、SMB、SB、LB、AC、*VD、*LD、*AC、常数

练一练

【例1-12】块传送指令举例说明（图1-70）。

如图1-70所示的程序段中，当I0.0接通时，各数据块传送指令各执行一次数据块的传送。对程序段中的第1行程序，表示把起始地址为VB10开始的连续10字节存储单元（VB10、VB11、VB12、VB13、VB14、VB15、VB16、VB17、VB18、VB19）中的数据传送到起始地址为VB20开始的连续存储空间（VB20、VB21、VB22、VB23、VB24、VB25、VB26、VB27、VB28、VB29）中。

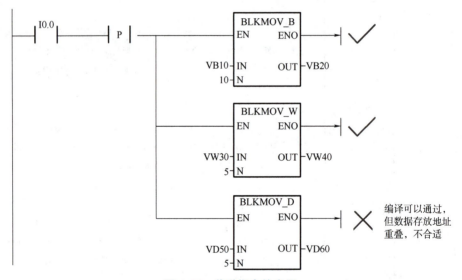

图1-70 传送指令的应用

对程序段中的第2行程序，表示把起始地址为VW30开始的连续5个存储单元（VW30、VW32、VW34、VW36、VW38）中的数据传送到起始地址为VW40开始的连续存储空间（VW40、VW42、VW44、VW46、VW48）中。对程序段中的第3行程序，由于源地址和目标地址有重叠，导致传送的数据错乱，在实际应用中应当避免此种现象。

3. 字节立即传送指令和交换字节指令

字节立即传送指令和交换字节指令的梯形图及语句表见表1-11。

表 1-11　字节立即传送指令和交换字节指令的梯形图及语句表

指令名称	梯形图	语句表	功能
字节立即读指令	MOV_BIR EN　ENO IN　OUT	BIR　IN，OUT	读取实际输入端 IN 给出的 1 个字节的数值，并将结果写入 OUT 所指定的存储单元，但输入映像寄存器未更新
字节立即写指令	MOV_BIW EN　ENO IN　OUT	BIW　IN，OUT，N	从输入 IN 所指定的存储单元中读取 1 个字节的数值并写入（以字节为单位）实际输出 OUT 端的物理输出点，同时刷新对应的输出映像寄存器
交换字节指令	SWAP EN　ENO IN	SWAP　IN	使能输入 EN 有效时，将输入字 IN 的高字节与低字节交换，结果仍放在 IN 中

字节立即读指令用于读取物理量输入 IN 的状态，并将结果写入存储器地址 OUT，但不会更新过程映像寄存器。

字节立即写指令用于从存储器地址 IN 读取数据，并将其写入物理量输出 OUT 及其过程映像寄存器的相应位置。

字节交换指令用于将字 IN 的最高有效字节和最低有效字节进行交换。

字节立即传送指令和交换字节指令的操作数范围见表 1-12。

表 1-12　字节立即传送指令和交换字节指令的操作数范围

指令名称	输入或输出	操作数
字节立即读指令	IN	IB、＊VD、＊LD、＊AC
	OUT	IB、QB、VB、MB、SMB、SB、LB、AC、＊VD、＊LD、＊AC
字节立即写指令	IN	IB、QB、VB、MB、SMB、SB、LB、AC、＊VD、＊LD、＊AC、常数
	OUT	IB、＊VD、＊LD、＊AC
交换字节指令	IN	IW、QW、VW、MW、SMW、SW、T、C、LW、AC、＊VD、＊LD、＊AC

二、比较指令

比较指令是将两个操作数按规定的条件做比较判断，条件成立时，触点就闭合。比较运算符有等于（＝＝）、大于等于（>=）、小于等于（<=）、大于（>）、小于（<）和不等于（<>）。比较指令按照比较的操作数，可以分为字节比较指令、整数比较指令、双整数比较指令、实数比较指令和字符串比较指令等 5 种。

1. 字节比较指令

字节比较用于比较两个字节型整数值 IN1 和 IN2 的大小，字节比较是无符号的。比较式可以是 LDB、AB 或 OB 后直接加比较运算符构成。如 LDB＝、AB<>、OB>= 等。

整数 IN1 和 IN2 的寻址范围为 VB、IB、QB、MB、SB、SMB、LB、＊VD、＊AC、＊LD 和常数。

字节比较指令的梯形图及语句表见表 1-13。

表1-13 字节比较指令的梯形图及语句表

指令类型	梯形图	语句表	功能
字节比较指令	IN1 ==B IN2	LDB= IN1，IN2 AB= IN1，IN2 OB= IN1，IN2	比较两个无符号字节值： 如果 IN1=IN2，则结果为 TRUE
	IN1 <>B IN2	LDB<> IN1，IN2 AB<> IN1，IN2 OB<> IN1，IN2	比较两个无符号字节值： 如果 IN1<> IN2，则结果为 TRUE
	IN1 >=B IN2	LDB>= IN1，IN2 AB>= IN1，IN2 OB>= IN1，IN2	比较两个无符号字节值： 如果 IN1>= IN2，则结果为 TRUE
	IN1 <=B IN2	LDB<= IN1，IN2 AB<= IN1，IN2 OB<= IN1，IN2	比较两个无符号字节值： 如果 IN1<= IN2，则结果为 TRUE
	IN1 >B IN2	LDB> IN1，IN2 AB> IN1，IN2 OB> IN1，IN2	比较两个无符号字节值： 如果 IN1> IN2，则结果为 TRUE
	IN1 <B IN2	LDB< IN1，IN2 AB< IN1，IN2 OB< IN1，IN2	比较两个无符号字节值： 如果 IN1< IN2，则结果为 TRUE

2. 整数比较指令

整数比较用于比较两个一字长整数值 IN1 和 IN2 的大小，整数比较是有符号的（整数范围为 16#8000～16#7FFF）。比较式可以由 LDW、AW 或 OW 后直接加比较运算符构成，如 LDW=、AW<>、OW>= 等。

整数 IN1 和 IN2 的寻址范围为 VW、IW、QW、MW、SW、SMW、LW、AIW、T、C、AC、*VD、*AC、*LD 和常数。整数比较指令的梯形图及语句表见表1-14。

表1-14 整数比较指令的梯形图及语句表

指令类型	梯形图	语句表	功能
整数比较指令	IN1 ==I IN2	LDW= IN1，IN2 AW= IN1，IN2 OW= IN1，IN2	比较两个有符号字整数值： 如果 IN1=IN2，则结果为 TRUE
	IN1 <>I IN2	LDW<> IN1，IN2 AW<> IN1，IN2 OW<> IN1，IN2	比较两个有符号字整数值： 如果 IN1<> IN2，则结果为 TRUE
	IN1 >=I IN2	LDW>= IN1，IN2 AW>= IN1，IN2 OW>= IN1，IN2	比较两个无符号字节值： 如果 IN1>= IN2，则结果为 TRUE
	IN1 <=I IN2	LDW<= IN1，IN2 AW<= IN1，IN2 OW<= IN1，IN2	比较两个有符号字整数值： 如果 IN1<= IN2，则结果为 TRUE
	IN1 >I IN2	LDW> IN1，IN2 AW> IN1，IN2 OW> IN1，IN2	比较两个有符号字整数值： 如果 IN1> IN2，则结果为 TRUE
	IN1 <I IN2	LDW< IN1，IN2 AW< IN1，IN2 OW< IN1，IN2	比较两个有符号字整数值： 如果 IN1< IN2，则结果为 TRUE

3. 双整数比较指令

双字整数比较用于比较两个双字长整数值 IN1 和 IN2 的大小。双字整数比较是有符号的（双字整数范围为 16#80000000 ~ 16#7FFFFFFF）。比较式可以由 LDD、AD 或 OD 后直接加比较运算符构成，如 LDD =、AD<>、OD>= 等。

双字整数 IN1 和 IN2 的寻址范围为 VD、ID、QD、MD、SD、SMD、LD、HC、AC、* VD、* AC、* LD 和常数。

双整数比较指令的梯形图及语句表见表 1-15。

表 1-15　双整数比较指令的梯形图及语句表

指令类型	梯形图	语句表	功能
双整数比较指令	IN1 ==D IN2	LDD = IN1，IN2 AD = IN1，IN2 OD = IN1，IN2	比较两个有符号双字整数： 如果 IN1 = IN2，则结果为 TRUE
	IN1 <>D IN2	LDD<> IN1，IN2 AD<> IN1，IN2 OD<> IN1，IN2	比较两个有符号双字整数： 如果 IN1<> IN2，则结果为 TRUE
	IN1 >=D IN2	LDD>= IN1，IN2 AD>= IN1，IN2 OD>= IN1，IN2	比较两个有符号双字整数： 如果 IN1>= IN2，则结果为 TRUE
	IN1 <=D IN2	LDD<= IN1，IN2 AD<= IN1，IN2 OD<= IN1，IN2	比较两个有符号双字整数： 如果 IN1<= IN2，则结果为 TRUE
	IN1 >D IN2	LDD> IN1，IN2 AD> IN1，IN2 OD> IN1，IN2	比较两个有符号双字整数： 如果 IN1> IN2，则结果为 TRUE
	IN1 <D IN2	LDD< IN1，IN2 AD< IN1，IN2 OD< IN1，IN2	比较两个有符号双字整数： 如果 IN1< IN2，则结果为 TRUE

4. 实数比较指令

实数比较用于比较两个双字长实数值 IN1 和 IN2 的大小，实数比较是有符号的。比较式可以由 LDR、AR 或 OR 后直接加比较运算符构成，如 LDR =、AR<>、OR>= 等。实数 IN1 和 IN2 的寻址范围为 VD、ID、QD、MD、SD、SMD、LD、AC、* VD、* AC、* LD 和常数。

实数比较指令的梯形图及语句表见表 1-16。

表 1-16 实数比较指令的梯形图及语句表

指令类型	梯形图	语句表	功能
实数比较指令	IN1 ==R IN2	LDR= IN1，IN2 AR= IN1，IN2 OR= IN1，IN2	比较两个有符号实数： 如果 IN1=IN2，则结果为 TRUE
	IN1 <>R IN2	LDR<> IN1，IN2 AR<> IN1，IN2 OR<> IN1，IN2	比较两个有符号实数： 如果 IN1<>IN2，则结果为 TRUE
	IN1 >=R IN2	LDR>= IN1，IN2 AR>= IN1，IN2 OR>= IN1，IN2	比较两个有符号实数： 如果 IN1>=IN2，则结果为 TRUE
	IN1 <=R IN2	LDR<= IN1，IN2 AR<= IN1，IN2 OR<= IN1，IN2	比较两个有符号实数： 如果 IN1<=IN2，则结果为 TRUE
	IN1 >R IN2	LDR> IN1，IN2 AR> IN1，IN2 ORD> IN1，IN2	比较两个有符号实数： 如果 IN1>IN2，则结果为 TRUE
	IN1 <R IN2	LDR< IN1，IN2 AR< IN1，IN2 OR< IN1，IN2	比较两个有符号实数： 如果 IN1<IN2，则结果为 TRUE

5. 字符串比较指令

字符串比较指令用于对两个 ASCII 字符串进行比较。当比较结果为真时，比较指令触点闭合或输出接通。

在程序编辑器中，常数字符串参数赋值必须以双引号字符开始和结束。常数字符串最大长度是 126 个字符，每个字符占 1 个字节。相反，变量字符串由初始长度字节的字节地址引用，字符字节存储在下一个字节地址处。变量字符串的最大长度为 254 个字符（字节），并且可在数据块编辑器进行初始化。

字符串比较指令的梯形图及语句表见表 1-17。

表 1-17 字符串比较指令的梯形图及语句表

指令类型	梯形图	语句表	功能
字符串比较指令	IN1 ==S IN2	LDS= IN1，IN2 AS= IN1，IN2 OS= IN1，IN2	比较两个 STRING 数据类型的字符串： 如果字符串 IN1 等于字符串 IN2，则结果为 TRUE
	IN1 <>S IN2	LDS<> IN1，IN2 AS<> IN1，IN2 OS<> IN1，IN2	比较两个 STRING 数据类型的字符串： 如果字符串 IN1 不等于字符串 IN2，则结果为 TRUE。

练一练

【例 1-13】比较指令举例说明（图 1-71）。

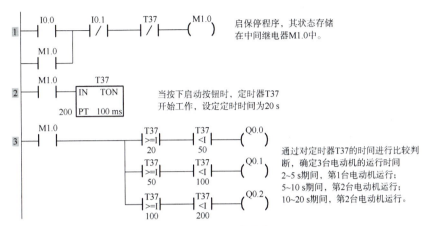

图 1-71 比较指令的应用

某控制系统通过定时器控制 3 台三相异步电动机的运动，按下启动按钮，2 s 后第一台电动机启动运行，5 s 后，第二台电动机运行，第一台停止；10 s 后，第三台电动机运行，第二台停止；20 s 后，第三台电动机停止。请编制符合上述控制要求的 PLC 程序。电动机运行过程中可以随时按下停止按钮，让所有电动机停止运行。

三、移位/循环指令

西门子 S7-200 SMART 中的移位/循环指令有移位指令、循环移位指令和移位寄存器指令。合理巧妙地使用移位/循环指令能够达到事半功倍的效果，同时还会让你的程序更精简。

1. 移位指令

移位指令根据移动方向不一样，分为左移位指令（SHL）和右移位指令（SHR），每个移位指令根据操作数的数据类型不同，分为字节、字和双字的移位指令。

（1）左移指令

左移指令 SHL 可以根据数据类型分为字节左移指令（SHL_B）、字左移指令（SHL_W）和双字左移指令（SHL_DW）。图 1-72 所示为左移指令格式。

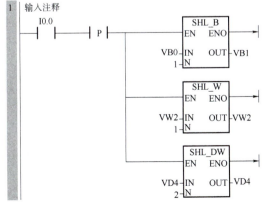

图 1-72 左移指令格式

左移位指令（SHL）将输入端 IN 中各位的值向左移动 N 位后把结果输出到由 OUT 所指定的地址。在移动过程中，每一位移出后留下的空位会自动补零。若移位计数 N 大于或等于允许的最大值（字节操作为 8、字操作为 16、双字操作为 32），则会按相应操作的最大次数对值进行移位，若移位计数 N 大于 0，则在移动过程中，最后移出位会存储于溢出标志 SM1.1 中，若移位操作结果为 0，则零标志位 SM1.0 会置位为 ON。图 1-73 所示为左移指令执行效果。

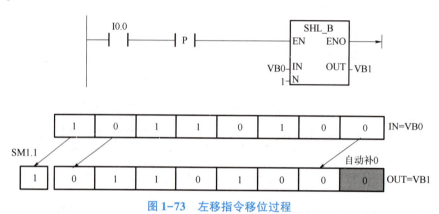

图 1-73　左移指令移位过程

（2）右移指令

右移指令 SHR 可以根据数据类型分为字节右移指令（SHR_B）、字右移指令（SHR_W）和双字右移指令（SHR_DW）。图 1-74 所示为右移指令格式。

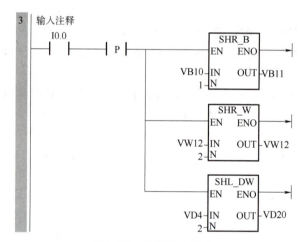

图 1-74　右移指令格式

右移位指令（SHR）将输入端 IN 中各位的值向右移动 N 位后把结果输出到由 OUT 所指定的地址。在移动过程中，每一位移出后留下的空位会自动补零。若移位计数 N 大于或等于允许的最大值（字节操作为 8、字操作为 16、双字操作为 32），则会按相应操作的最大次数对值进行移位，若移位计数 N 大于 0，则在移动过程中，最后移出位会存储于溢出标志 SM1.1 中，若移位操作结果为 0，则零标志位 SM1.0 会置位为 ON。图 1-75 所示为右移指令执行效果。

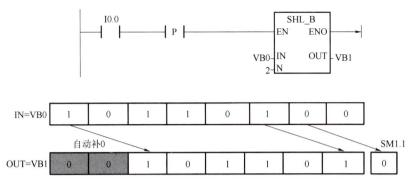

图 1-75　右移指令移位过程

练一练

【例 1-14】移位指令的应用。

假设有 8 个指示灯,对应 PLC 的 Q0.0~Q0.7,要求每次点亮一盏指示灯,当按下启动按钮后,从 Q0.0~Q0.7,每隔 1 s 点亮,当 Q0.7 被点亮时,停止 2 s,然后反向每隔 1 s 点亮,当 Q0.0 被点亮时,延时 2 s 后,进入下一个循环,若按下停止按钮,停止所有的指示灯输出。示意图如图 1-76 所示。

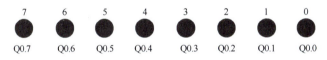

图 1-76　控制示意图

分析:8 个指示灯,每次只点亮 1 个指示灯,而且是按照顺序的方式进行点亮,因此,在设计程序时,可考虑使用移位指令进行设计。其 PLC 移位控制部分程序如图 1-77 所示。

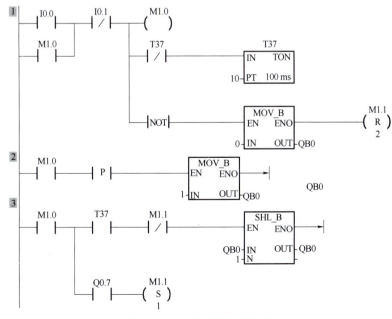

图 1-77　移位控制部分程序

移位指令的梯形图及指令表见表1-18。

表 1-18　移位指令的梯形图及指令表

指令类型	梯形图	语句表	功能
字节左移位指令	SHL_B EN　ENO IN　OUT N	SLB　OUT, N	SHL_B 指令通过使能（EN）输入位置上的逻辑"1"来激活。该指令用于将输入 IN 的 0~8 位逐位向左移动。输入 N 用于指定移位的位数。若 N 大于 8，会在输出 OUT 位置上写入"0"
字左移位指令	SHL_W EN　ENO IN　OUT N	SLW　OUT, N	SHL_W 指令通过使能（EN）输入位置上的逻辑"1"来激活。该指令用于将输入 IN 的 0~15 位逐位向左移动。输入 N 用于指定移位的位数。若 N 大于 16，会在输出 OUT 位置上写入"0"
双字左移位指令	SHL_DW EN　ENO IN　OUT N	SLD　OUT, N	SHL_DW 指令通过使能（EN）输入位置上的逻辑"1"来激活。该指令用于将输入 IN 的 0~31 位逐位向左移动。输入 N 用于指定移位的位数。若 N 大于 32，此命令会在输出 OUT 位置上写入"0"
字节右移位指令	SHR_B EN　ENO IN　OUT N	SRB　OUT, N	SHR_B 指令通过使能（EN）输入位置上的逻辑"1"来激活。该指令用于将输入 IN 的 0~8 位逐位向右移动。输入 N 用于指定移位的位数。若 N 大于 8，会在输出 OUT 位置上写入"0"
字右移位指令	SHR_W EN　ENO IN　OUT N	SRW　OUT, N	SHR_W 指令通过使能（EN）输入位置上的逻辑"1"来激活。该指令用于将输入 IN 的 0~15 位逐位向右移动。输入 N 用于指定移位的位数。若 N 大于 16，会在输出 OUT 位置上写入"0"
双字右移位指令	SHR_DW EN　ENO IN　OUT N	SRD　OUT, N	SHR_DW 指令通过使能（EN）输入位置上的逻辑"1"来激活。该指令用于将输入 IN 的 0~31 位逐位向右移动。输入 N 于指定移位的位数。若 N 大于 32，此命令会在输出 OUT 位置上写入"0"

另外，需要注意的是，字节操作是无符号的。对于字和双字操作，当使用符号数据类型时，符号位也被移位。

2. 循环移位指令

循环指令可以操作的存储区、各个端的名称与移位指令相同。但是，移位指令只能使操作对象向单一方向移位，移出的位大多丢掉；而循环指令可以使操作对象进行循环移位，移出的位不会丢掉，而是放回空出的位上。循环指令包含循环左移和循环右移指令。每个移位指令根据操作数的数据类型不同，分为字节、字和双字的移位指令。

（1）循环左移位指令

循环左移指令（ROL, Rotate Left）可以根据数据类型，分为字节循环左移指令（ROL_B）、字循环左移指令（ROL_W）和双字循环左移指令（ROL_DW）。图1-78所示为循环左移指令格式。

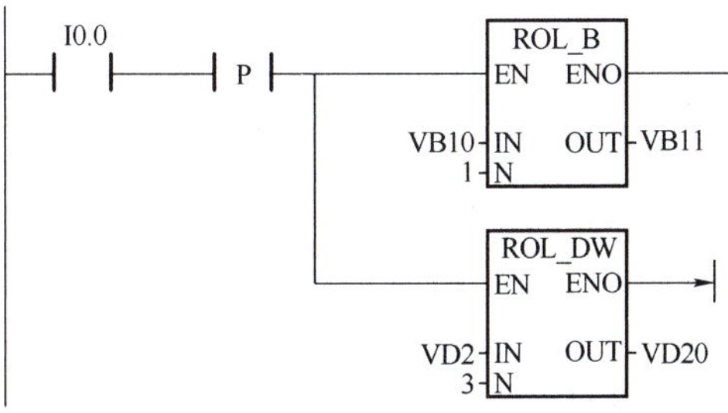

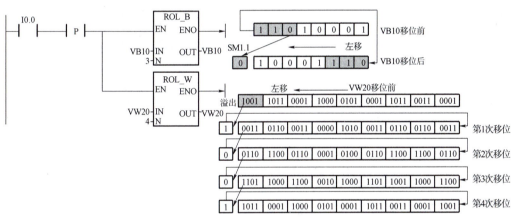

图 1-78　循环左移指令格式

循环左移位指令将输入端 IN 的位值循环左移位位置循环移位计数 N，然后将结果装载到分配给 OUT 的存储单元中。如果循环移位计数大于或等于操作的最大值（字节操作为 8、字操作为 16、双字操作为 32），则 CPU 会在执行循环移位前对移位计数执行求模运算，以获得有效循环移位计数。该结果为移位计数，字节操作为 0~7，字操作为 0~15，双字操作为 0~31。如果循环移位计数为 0，则不执行循环移位操作。如果执行循环移位操作，则溢出位 SM1.1 将置位为循环移出的最后一位的值。如果要循环移位的值为零，则零存储器位 SM1.0 将置位。

图 1-79 所示为循环左移位指令执行效果。

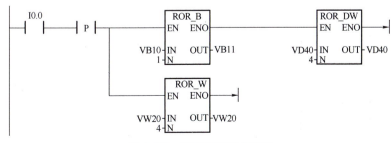

图 1-79　循环左移位指令执行效果

（2）循环右移指令

循环右移指令（ROR，Rotate Right）可以根据数据类型分为字节循环右移指令（ROR_B）、字循环右移指令（ROR_W）和双字循环右移指令（ROR_DW）。图 1-80 所示为循环右移指令格式。

图 1-80　循环右移指令格式

循环右移位指令将输入端 IN 的位值循环右移位位置循环移位计数 N，然后将结果装载到分配给 OUT 的存储单元中。如果循环移位计数大于或等于操作的最大值（字节操作为 8、字操作为 16、双字操作为 32），则 CPU 会在执行循环移位前对移位计数执行求模运算，以获得有效循环移位计数。该结果为移位计数，字节操作为 0~7，字操作为 0~15，双字操作为 0~31。如果循环移位计数为 0，则不执行循环移位操作。如果执行循环移位操作，则溢出位 SM1.1 将置位为循环移出的最后一位的值。如果要循环移位的值为零，则零存储器位 SM1.0 将置位。

图 1-81 所示为循环右移位指令执行效果。

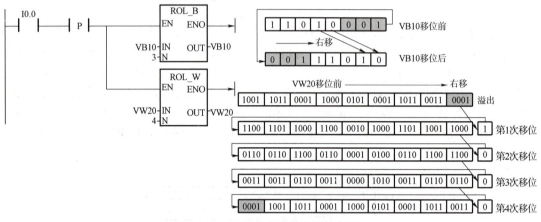

图 1-81　循环右移位指令执行效果

需要注意的是，如果循环移位计数不是 8 的整倍数（对于字节操作）、16 的整倍数（对于字操作）或 32 的整倍数（对于双字操作），则将循环移出的最后一位的值复制到溢出存储器位 SM1.1。

循环移位指令的梯形图及指令表见表 1-19。

表 1-19　循环移位指令的梯形图及指令表

指令类型	梯形图	语句表	功能
字节循环左移位指令	ROL_B EN　ENO IN　OUT N	RLB　OUT，N	ROL_B 指令通过使能（EN）输入位置上的逻辑"1"来激活。该指令用于将输入 IN 的 0~8 位字节循环向左移动 N 位（N 用于指定移位的位数）。然后将结果装载到分配给 OUT 的存储单元中
字循环左移位指令	ROL_W EN　ENO IN　OUT N	RLW　OUT，N	ROL_W 指令通过使能（EN）输入位置上的逻辑"1"来激活。该指令用于将输入 IN 的 0~15 位字循环向左移动 N 位（N 用于指定移位的位数）。然后将结果装载到分配给 OUT 的存储单元中
双字循环左移位指令	ROL_DW EN　ENO IN　OUT N	RLD　OUT，N	ROL_DW 指令通过使能（EN）输入位置上的逻辑"1"来激活。该指令用于将输入 IN 的 0~31 位双字循环向左移动 N 位（N 用于指定移位的位数）。然后将结果装载到分配给 OUT 的存储单元中

续表

指令类型	梯形图	语句表	功能
字节循环右移位指令	ROR_B EN　ENO IN　OUT N	RRB　OUT，N	ROR_B 指令通过使能（EN）输入位置上的逻辑"1"来激活。该指令用于将输入 IN 的 0~8 位字节循环向右移动 N 位（N 用于指定移位的位数）。然后将结果装载到分配给 OUT 的存储单元中
字循环右移位指令	ROR_W EN　ENO IN　OUT N	RRW　OUT，N	ROR_W 指令通过使能（EN）输入位置上的逻辑"1"来激活。该指令用于将输入 IN 的 0~15 位字循环向右移动 N 位（N 用于指定移位的位数）。然后将结果装载到分配给 OUT 的存储单元中
双字循环右移位指令	ROR_DW EN　ENO IN　OUT N	RRD　OUT，N	ROR_DW 指令通过使能（EN）输入位置上的逻辑"1"来激活。该指令用于将输入 IN 的 0~31 位双字循环向右移动 N 位（N 用于指定移位的位数）。然后将结果装载到分配给 OUT 的存储单元中

另外，字节操作是无符号操作。对于字操作和双字操作，使用有符号数据类型时，也会对符号位进行循环移位。

移位和循环移位指令的操作数范围见表 1-20。

表 1-20　移位和循环移位指令的操作数

指令名称	输入或输出	操作数
字节左/右移位指令；字节循环左/右移位指令	IN	IB、QB、VB、MB、SMB、SB、LB、AC、*VD、*LD、*AC、常数
	OUT	IB、QB、VB、MB、SMB、SB、LB、AC、*VD、*LD、*AC
	N	IB、QB、VB、MB、SMB、SB、LB、AC、*VD、*LD、*AC、常数
字左/右移位指令；字循环左/右移位指令	IN	IW、QW、VW、MW、SMW、SW、T、C、LW、AC、AIW、*VD、*LD、*AC、常数
	OUT	IW、QW、VW、MW、SMW、SW、T、C、LW、AC、*VD、*LD、*AC
	N	IB、QB、VB、MB、SMB、SB、LB、AC、*VD、*LD、*AC、常数
双字左/右移位指令；双字循环左/右移位指令	IN	ID、QD、VD、MD、SMD、SD、LD、AC、HC、*VD、*LD、*AC、常数
	OUT	ID、QD、VD、MD、SMD、SD、LD、AC、HC、*VD、*LD、*AC
	N	IB、QB、VB、MB、SMB、SB、LB、AC、*VD、*LD、*AC、常数

3. 移位寄存器指令

移位寄存器指令（SHRB，Shift Register Bit）在顺序控制或步进控制中应用比较方便，其梯形图及语句表如图 1-82 所示。

在梯形图中，有 3 个数据输入端：DATA，移位寄存器的数据输入端；S_BIT，组成移位寄存器的最低位；N，移位寄存器的长度。

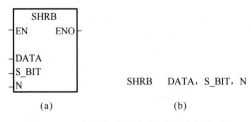

图 1-82　移位寄存器的梯形图和语句表

（a）梯形图；（b）语句表

移位寄存器的数据类型有字节型、字型、双字型等，移位寄存器的长度 N（$N \leqslant 64$）由程序指定。

移位寄存器的功能是：当允许输入端 EN 有效时，如果 $N>0$，则在每个 EN 的上升沿，将数据输入 DATA 的状态移入移位寄存器的最低位 S_BIT；如果 $N<0$，则在每个 EN 的上升沿，将数据输入 DATA 的状态移入移位寄存器的最高位，移位寄存器的其他位按照 N 指定的方向（正向或反向），依次串行移位。

当移位寄存器指令被执行时，移出的最后一位的数值会被复制到溢出标志位（SM1.1）。如果移位结果为 0，零标志位（SM1.0）被置为 1。

练一练

【例 1-15】移位寄存器指令的应用（图 1-83）。

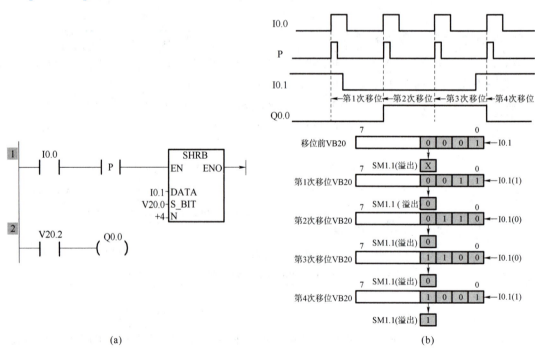

(a)　　　　　　　　　　　　　　(b)

图 1-83　移位寄存器指令的应用

（a）梯形图；（b）指令功能图

四、转换指令

S7-200 SMART 中的主要数据类型包括字节、整数、双整数和实数。主要数制有 BCD 码、ASCII 码、十进制和十六进制等。不同指令对操作数的类型要求不同，因此，在指令使用前，需要将操作数转化成相应的类型，数据转换指令可以完成这样的功能。数据转换指令包括数据类型之间的转换、数制之间的转换、数据与码制之间的转换、截断指令、段码指令、解码与编码指令等。转换指令的梯形图及语句表见表 1-21。

表 1-21　转换指令的梯形图及语句表

指令类型	梯形图	语句表	功能
BCD 码转换成整数指令	BCD_I EN ENO IN OUT	BCDI OUT	该指令是将输入 BCD 码形式的数据转换成整数型，并且将结果存到输出指定的变量中。输入 BCD 码数据有效范围为 0～999。该指令输入和输出数据类型均为字型
整数转换成BCD 码指令	I_BCD EN ENO IN OUT	IBCD OUT	该指令是将输入整数型的数据转换成 BCD 码形式的数据，并且将结果存到输出指定的变量中。输入整数型数据的有效范围是 0～999。该指令输入和输出数据类型均为字型
字节转换成整数指令	B_I EN ENO IN OUT	BTI IN, OUT	该指令是将输入字节型数据转换成整数型，并且将结果存到输出指定的变量中。字节型数据是无符号的，所以没有符号扩展位
整数转换成字节指令	I_B EN ENO IN OUT	ITB IN, OUT	该指令是将输入整数转换成字节型，并且将结果存到输出指定的变量中。只有 0～255 之间的输入数据才能被转换，超出字节范围会产生溢出
整数转换成双整数指令	I_DI EN ENO IN OUT	ITD IN, OUT	该指令是将输入整数转换成双整数类型，并且将结果存到输出指定的变量中
双整数转换成整数指令	DI_I EN ENO IN OUT	DTI IN, OUT	该指令是将输入双整数转换成整数类型，并且将结果存到输出指定的变量中。输出数据如果超出整数范围，则产生溢出
双整数转换成实数指令	DI_R EN ENO IN OUT	DTR IN, OUT	该指令是将输入 32 位有符号整数转换成 32 位实数，并且将结果存到输出指定的变量中
取整指令	ROUND EN ENO IN OUT	ROUND IN, OUT	该指令是将 32 位实数值转换为双精度整数值，并将取整后的结果存入分配给 OUT 的地址中。如果小数部分大于或等于 0.5，该实数值将进位

指令类型	梯形图	语句表	功能
截断指令	TRUNC EN ENO IN OUT	TRUNC IN, OUT	该指令是将 32 位实数值转换为双精度整数值，并将结果存入分配给 OUT 的地址中。只有转换了实数的整数部分之后，才会丢弃小数部分
段码指令	SEG EN ENO IN OUT	SEG IN, OUT	该指令将输入字节（IN）的低 4 位确定的十六进制数（16#0~16#F）转换，生成点亮七段数码管各段的代码，并送到输出字节（OUT）指定的变量中。七段数码管上的 a~g 段分别对应于输出字节的最低位（第 0 位）至第 6 位，某段应点亮时，输出字节中对应的位为 1，反之为 0
解码指令	DECO EN ENO IN OUT	DECO IN, OUT	该指令根据输入字节 IN 的最低 4 位表示的位号，将输出字 OUT 对应的位置为 1，输出字的其他位均为 0
编码指令	ENCO EN ENO IN OUT	ENCO IN, OUT	该指令将输入字 IN 中的最低有效位（有效位的值为 1）的位编号写入输出字节 OUT 的最低 4 位

注意： 如果要转换的值不是有效的实数值，或者该值过大以至于无法在输出中表示，则溢出位将置位，且输出不受影响。

转换指令的操作数范围见表 1-22。

表 1-22　转换指令的操作数范围

指令名称	输入或输出	操作数
BCD 码转换成整数指令	IN	IW、QW、VW、MW、SMW、SW、LW、T、C、AIW、AC、＊VD、＊LD、＊AC、常数
	OUT	IW、QW、VW、MW、SMW、SW、LW、T、C、AC、＊VD、＊LD、＊AC
整数转换成BCD 码指令	IN	IW、QW、VW、MW、SMW、SW、LW、T、C、AIW、AC、＊VD、＊LD、＊AC、常数
	OUT	IW、QW、VW、MW、SMW、SW、LW、T、C、AC、＊VD、＊LD、＊AC
字节转换成整数指令	IN	IB、QB、VB、MB、SMB、SB、LB、AC、＊VD、＊LD、＊AC、常数
	OUT	IW、QW、VW、MW、SMW、SW、LW、T、C、AC、＊VD、＊LD、＊AC
整数转换成字节指令	IN	IW、QW、VW、MW、SMW、SW、LW、T、C、AIW、AC、＊VD、＊LD、＊AC、常数
	OUT	IB、QB、VB、MB、SMB、SB、LB、AC、＊VD、＊LD、＊AC
整数转换成双整数指令	IN	IW、QW、VW、MW、SMW、SW、LW、T、C、AIW、AC、＊VD、＊LD、＊AC、常数
	OUT	ID、QD、VD、MD、SMD、SD、LD、AC、＊VD、＊LD、＊AC

指令名称	输入或输出	操作数
双整数转换成整数指令	IN	ID、QD、VD、MD、SMD、SD、LD、HC、AC、＊VD、＊LD、＊AC、常数
	OUT	IW、QW、VW、MW、SMW、SW、LW、T、C、AC、＊VD、＊LD、＊AC
双整数转换成实数指令	IN	ID、QD、VD、MD、SMD、SD、LD、HC、AC、＊VD、＊LD、＊AC、常数
	OUT	ID、QD、VD、MD、SMD、SD、LD、AC、＊VD、＊LD、＊AC
取整指令	IN	ID、QD、VD、MD、SMD、SD、LD、AC、＊VD、＊LD、＊AC、常数
	OUT	ID、QD、VD、MD、SMD、SD、LD、AC、＊VD、＊LD、＊AC
截断指令	IN	ID、QD、VD、MD、SMD、SD、LD、AC、＊VD、＊LD、＊AC、常数
	OUT	ID、QD、VD、MD、SMD、SD、LD、AC、＊VD、＊LD、＊AC
段码指令	IN	IB、QB、VB、MB、SMB、SB、LB、AC、＊VD、＊LD、＊AC、常数
	OUT	IB、QB、VB、MB、SMB、SB、LB、AC、＊VD、＊LD、＊AC
解码指令	IN	IB、QB、VB、MB、SMB、SB、LB、AC、＊VD、＊LD、＊AC、常数
	OUT	IW、QW、VW、MW、SMW、SW、T、C、LW、AC、AQW、＊VD、＊LD、＊AC
编码指令	IN	IW、QW、VW、MW、SMW、SW、T、C、LW、AC、AQW、＊VD、＊LD、＊AC、常数
	OUT	IB、QB、VB、MB、SMB、SB、LB、AC、＊VD、＊LD、＊AC

五、时钟指令

利用时钟指令可以调用系统实时时钟或根据需要设定时钟，这对于实现控制系统的运行监视、运行记录以及所有与实时时间有关的控制等十分方便。常用的时钟操作指令有两种：设置实时时钟和读取实时时钟。

1. 设置实时时钟指令

设置实时时钟指令 TODW（Time of Day Write），在梯形图中以功能框的形式编程，指令名为 SET_RTC（Set Real-Time Clock），其梯形图及语句表如图 1-84 所示。

(a)　　　　　　　　　(b)

图 1-84　实时时钟指令的梯形图及语句表

（a）梯形图；（b）语句表

设置实时时钟指令用来设定 PLC 系统实时时钟。当使能输入端 EN 有效时，系统将包含当前时间和日期，一个 8 字节（B）的缓冲区将装入时钟。操作数 T 用来指定 8 字节时钟缓冲区的起始地址，数据类型为字节型。

时钟缓冲区的格式见表 1-23。

表 1-23　时钟缓冲区的格式

字节	T	T+1	T+2	T+3	T+4	T+5	T+6	T+7
含义	年	月	日	小时	分钟	秒	0	星期
范围	00~99	01~12	01~31	01~23	01~59	01~59	0	01~07

2. 读取实时时钟指令

读取实时时钟指令 TODR（Time of Day Read），在梯形图中以功能框的形式编程，指令名为 READ_RTC（Read Real-Time Clock），其梯形图及语句表如图 1-85 所示。

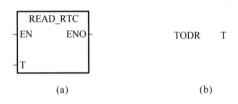

图 1-85　读取实时时钟指令的梯形图及语句表
（a）梯形图；（b）语句表

读取实时时钟指令用来读出 PLC 系统实时时钟。当使能给入端 EN 有效时，系统读取当前日期和时间，并把它装入一个 8 字节（B）的时钟缓冲区。操作数 T 用来指定 8 字节时钟缓冲区的起始地址，数据类型为字节型。

3. 读取和设置扩展实时时钟指令

读取扩展实时时钟指令 TODRX 和设置扩展实时时钟指令 TODWX 用于读/写实时时钟的夏令时时间和日期。我国不使用夏令时，出口设备可以根据不同的国家对夏令时的时区偏移量进行修正。有关的信息见系统手册。

时钟指令使用注意事项：

① 所有日期和时间的值均要用 BCD 码表示。如对于年来说，16#08 表示 2008 年；对于小时来说，16#23 表示晚上 11 点。星期的表示范围是 1~7，1 表示星期日，依此类推，7 表示星期六，0 表示禁用星期。

② 系统检查与核实时钟各值的正确与否，所以必须确保输入的设定数据是正确的。如设置无效日期，系统不予接受。

③ 不能同时在主程序和中断程序或子程序中使用读写时钟指令，否则会产生致命错误，中断程序的实时时钟指令将不被执行。

练一练

【例 1-16】把时钟 2023 年 10 月 8 日星期四早上 8 点 16 分 28 秒写入 PLC 中，并把当时的时间从 VB50~VB57 中以十六进制读出。实时时钟指令的应用如图 1-86 所示。

分析： 首先应用 MOV_B 指令把年、月、日、时、分、秒及星期这 7 个时间变量分别传送给字节变量 VB10、VB11、VB12、VB13、VB14、VB15 和 VB17；然后应用设置实时时钟指令 TODW 把上述时间变量装入以 VB10 为首地址的缓冲区；最后应用读取实时时钟指令 TODR 把当前时间从 VB50~VB57 中以十六进制读出。

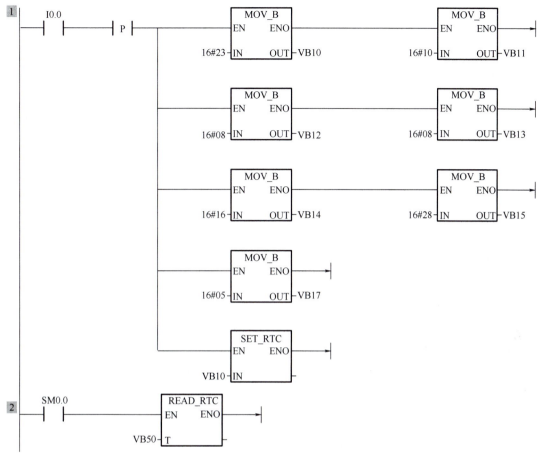

图 1-86　实时时钟指令的应用

1.3.3　数学运算指令

一、算数运算指令

算数运算指令主要包括整数、双整数和实数的加、减、乘、除、加1、减1指令，还包括整数乘法产生双整数指令和带余数的整数除法指令。

1. 加法运算指令

加法运算指令根据数据类型分为整数加法指令、双整数加法指令和实数加法指令。加法运算指令的梯形图及语句表见表 1-24。

表 1-24　加法运算指令的梯形图及语句表

指令类型	梯形图	语句表	描述
整数加法指令	ADD_I EN　ENO IN1　OUT IN2	+I　IN1, OUT	整数加法指令将两个 16 位整数相加，产生一个 16 位结果。IN1+IN2=OUT

指令类型	梯形图	语句表	描述
双整数 加法指令	ADD_DI EN ENO IN1 OUT IN2	+D IN1，OUT	双整数加法指令将两个 32 位整数相加，产生一个 32 位结果。 IN1+IN2＝OUT
实数 加法指令	ADD_R EN ENO IN1 OUT IN2	+R IN1，OUT	实数加法指令将两个 32 位实数相加，产生一个 32 位实数结果。 IN1+IN2＝OUT

练一练

【例 1-17】 加法指令的应用。

请完成两个整数的加法运算，假设这两个数分别是 1 523 和 3 524，按下按钮，预先把这两个数存入变量中，然后用加法指令进行运算，运算结果存储在变量中。加数、被加数和结果均用不同变量存储。

分析：如图 1-87 所示，对程序段 1，当 I0.0 接通时，通过传送指令 MOV_DW 把整数 1 523 和 3 524 分别传送给变量 VD10、VD14。对程序段 2，当 I0.1 接通瞬间，执行加法指令，对变量 VD10、VD14 进行加法运算，并把结果赋给变量 VD18。

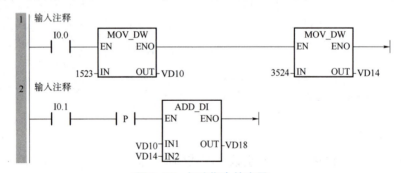

图 1-87　加法指令的应用

2. 减法运算指令

减法运算指令根据数据类型分为整数减法指令、双整数减法指令和实数减法指令。减法运算指令的梯形图及语句表见表 1-25。

表 1-25　减法运算指令的梯形图及语句表

指令类型	梯形图	语句表	描述
整数 减法指令	SUB_I EN ENO IN1 OUT IN2	-I IN1，OUT	整数减法指令将两个 16 位整数相减，产生一个 16 位结果。 IN1-IN2＝OUT

续表

指令类型	梯形图	语句表	描述
双整数减法指令	SUB_DI EN ENO IN1 OUT IN2	-D IN1, OUT	双整数减法指令将两个 32 位整数相减，产生一个 32 位结果。 IN1-IN2=OUT
实数减法指令	SUB_R EN ENO IN1 OUT IN2	-R IN1, OUT	实数减法指令将两个 32 位实数相减，产生一个 32 位实数结果。 IN1-IN2=OUT

练一练

【例 1-18】 减法指令的应用。

已知在某一次汽车速度测试过程中，甲车在规定的路程中用时 t_1 秒，乙车在规定的路程中用时 t_2 秒，且 $t_1>t_2$，则计算甲车比乙车快多少时间。请用 PLC 程序完计算甲车比乙车块的时间。

分析：首先把甲车、乙车的时间 t_1、t_2 用 PLC 中的变量存储，考虑到时间不一定是整数，本例中，应使用实数型变量。接着，使用 PLC 中的实数减法指令将两个变量进行减法运算。本例参考 PLC 程序如图 1-88 所示。

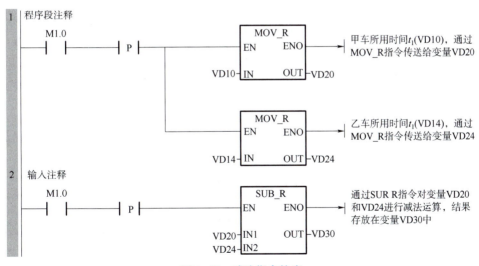

图 1-88 减法指令的应

3. 乘法运算指令

乘法运算指令有 4 种，分别是整数乘法指令、双整数乘法指令、实数乘法指令以及整数乘法产生双整数指令。乘法运算指令的梯形图及语句表见表 1-26。

表 1-26　乘法运算指令的梯形图及语句表

指令类型	梯形图	语句表	描述
整数乘法指令	MUL_I EN　ENO IN1　OUT IN2	*I　IN1，OUT	整数乘法指令将两个 16 位整数相乘，产生一个 16 位结果。 IN1 * IN2 = OUT
双整数乘法指令	MUL_DI EN　ENO IN1　OUT IN2	*D　IN1，OUT	双整数乘法指令将两个 32 位整数相乘，产生一个 32 位结果。 IN1 * IN2 = OUT
实数乘法指令	MUL_R EN　ENO IN1　OUT IN2	*R　IN1，OUT	实数乘法指令将两个 32 位实数相乘，产生一个 32 位实数结果。 IN1 * IN2 = OUT
整数乘法产生双整数指令	MUL EN　ENO IN1　OUT IN2	MUL　IN1，OUT	两个整数的整数乘法指令将两个 16 位整数相乘，产生一个 32 位乘积。 IN1 * IN2 = OUT

练一练

【例 1-19】乘法运算指令的应用。

小梦暑期开私家车郊外游，经过某段高速路段，小梦在整个高速路段的平均车速是 113 km/h，在该段高速行驶了 1.2 h，请用 PLC 程序计算小梦在该段高速路上行驶的路程（km）。

分析：先把小车的车速 v 和行驶时间 t 分别传给实数变量 VD10 和 VD14，应使用 MOV_R 指令，然后用乘法指令计算行驶路程。本例参考 PLC 程序如图 1-89 所示。

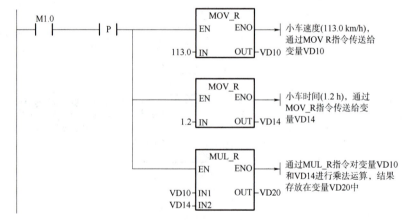

图 1-89　乘法运算指令的应用

4. 除法运算指令

除法运算指令有 4 种，分别是整数除法指令、双整数除法指令、实数除法指令以及带余数的整数除法指令。除法运算指令的梯形图及语句表见表 1-27。

表 1-27　除法运算指令的梯形图及语句表

指令类型	梯形图	语句表	描述
整数 除法指令	DIV_I EN　ENO IN1　OUT IN2	/I　IN1，OUT	整数除法指令将两个 16 位整数相除，产生一个 16 位结果。 IN1/IN2＝OUT
双整数 除法指令	DIV_DI EN　ENO IN1　OUT IN2	/D　IN1，OUT	双整数除法指令将两个 32 位整数相除，产生一 个 32 位结果。 IN1/IN2＝OUT
实数 除法指令	MUL_R EN　ENO IN1　OUT IN2	/R　IN1，OUT	实数除法指令将两个 32 位实数相除，产生一个 32 位实数结果。 IN1/IN2＝OUT
带余数的整数 除法指令	DIV EN　ENO IN1　OUT IN2	DIV　IN1，OUT	带余数的整数除法指令将两个 16 位整数相除， 产生一个 32 位结果，该结果包括一个 16 位的余数 和一个 16 位的商。 IN1/IN2＝OUT

练一练

【例 1-20】除法运算指令的应用。

小梦暑期开私家车郊外游，经过某段 15 km 的高速路段，小梦下高速时发现在高速路上用时 9 min，请用 PLC 程序计算小梦在该段高速路上行驶的速度（km/h）。

分析：首先把路程 s（15 km）及时间变量 t（9 min）用传送指令存储在变量 VD10 及 VD14 中，然后应用除法指令进行速度运算。本题速度运算公式为：$v＝(60*s)/t$。本例参考 PLC 程序如图 1-90 所示。

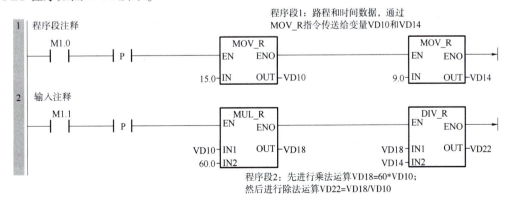

图 1-90　除法运算指令的应用

5. 加 1 运算指令

加 1 运算指令有 3 种，分别是字节加 1 指令、字加 1 指令和双字加 1 指令。加 1 运算指令的梯形图及语句表见表 1-28。

表 1-28　加 1 运算指令的梯形图及语句表

指令类型	梯形图	语句表	描述
字节加 1 指令	INC_B EN　ENO IN　OUT	INCB　IN	递增指令对输入值（字节）IN 加 1 并将结果输入 OUT 中。 IN+1=OUT
字加 1 指令	INC_W EN　ENO IN　OUT	INCW　IN	递增指令对输入值（字）IN 加 1 并将结果输入 OUT 中。 IN+1=OUT
双字加 1 指令	INC_DW EN　ENO IN　OUT	INCD　IN	递增指令对输入值（双字）IN 加 1 并将结果输入 OUT 中。 IN+1=OUT

练一练

【例 1-21】 加 1 运算指令的应用。

请设计一个能够实现自动加 1 的 PLC 程序。要求：变量初始值为 0，每秒自动加 1，加到 8 为止。本题参考 PLC 程序如图 1-91 所示。

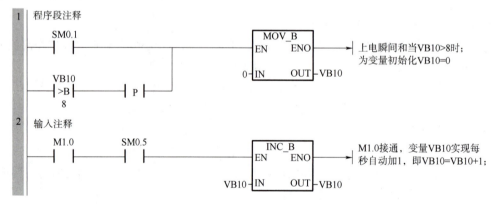

图 1-91　加 1 运算指令的应用

分析：首先对变量进行初始化，使用 SM0.1 触点实现上电对变量 VB10 复位；当 M1.0 信号接通时，应用 INC_B 指令实现变量 VB10 的自动加 1，为达到每秒加 1 的效果，在程序段中串上触点 SM0.5（1 s 脉冲）。另外，根据要求，当变量 VB>8 时，需要对变量复位，应用比较指令即可实现。

6. 减 1 运算指令

减 1 运算指令有 3 种，分别是字节减 1 指令、字减 1 指令和双字减 1 指令。减 1 运算指令的梯形图及语句表见表 1-29。

表 1-29 减 1 运算指令的梯形图及语句表

指令类型	梯形图	语句表	描述
字节减 1 指令	DEC_B EN ENO IN OUT	DECB IN	递减指令对输入值（字节）IN 减 1 并将结果输入 OUT 中。 IN−1＝OUT
字减 1 指令	DEC_W EN ENO IN OUT	DECW IN	递减指令对输入值（字）IN 减 1 并将结果输入 OUT 中。 IN−1＝OUT
双字减 1 指令	DEC_DW EN ENO IN OUT	DECD IN	递减指令对输入值（双字）IN 减 1 并将结果输入 OUT 中。 IN−1＝OUT

💿 **练一练**

【例 1-22】减 1 运算指令的应用。

请设计一个 PLC 程序，实现 24 s 倒计数功能。本题参考 PLC 程序如图 1-92 所示。

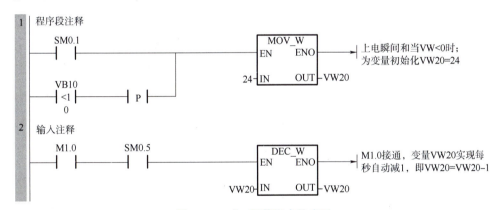

图 1-92 减 1 运算指令的应用

分析：首先对变量进行初始化，使用 SM0.1 触点实现上电对变量 VW20 复位；当 M1.0 信号接通时，应用 DEC_W 指令实现变量 VW20 的自动减 1，为达到每秒减 1 的效果，在程序段中串上触点 SM0.5（1 s 脉冲）。另外，根据要求，当变量 VW20＜0 时，需要对变量复位，应用比较指令即可实现。

二、逻辑运算指令

逻辑运算指令从运算数据类型可以分为字节、字和双字运算，从逻辑运算角度，可以分为与、或、异或和取反逻辑运算指令。

1. 逻辑与运算指令

逻辑与运算指令主要有字节与指令、字与指令、双字与指令。逻辑与运算指令的梯形图及指令表见表1-30。

表 1-30　逻辑与运算指令的梯形图及语句表

指令类型	梯形图	语句表	描述
字节 与指令	WAND_B EN　ENO IN1　OUT IN2	ANDB　IN1, OUT	该指令对两个输入值 IN1 和 IN2 的相应位执行字节逻辑与运算，并将计算结果装载到分配给 OUT 的存储单元中。 IN1 AND IN2＝OUT
字与指令	WAND_W EN　ENO IN1　OUT IN2	ANDW　IN1, OUT	该指令对两个输入值 IN1 和 IN2 的相应位执行字逻辑与运算，并将计算结果装载到分配给 OUT 的存储单元中。 IN1 AND IN2＝OUT
双字 与指令	WAND_DW EN　ENO IN1　OUT IN2	ANDD　IN1, OUT	该指令对两个输入值 IN1 和 IN2 的相应位执行双字逻辑与运算，并将计算结果装载到分配给 OUT 的存储单元中。 IN1 AND IN2＝OUT

练一练

【例 1-23】 逻辑与运算指令的应用。

假定两个二进制数分别是 01101001 和 10011100，请用 PLC 逻辑与运算指令对上述两个数据进行处理，运算结果存放在变量 VB20 中。本题参考 PLC 程序如图 1-93 所示。

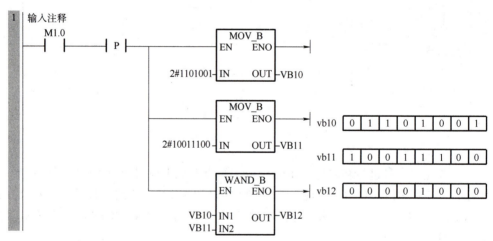

图 1-93　逻辑与运算指令的应用

分析：首先把两个二进制数 01101001 和 10011100 通过字节传送指令存放在变量 VB10、VB11 中，然后应用字节与运算指令对 VB10、VB11 进行处理，结果存放在变量 VB12 中。系统在进行逻辑与运算时，会对这两个二进制数对应位逐位进行与运算。根据与运算规则，逢 0 为 0，全 1 为 1，上述两个二进制数与运算结果为 00001000。

2. 逻辑或运算指令

逻辑或运算指令主要有字节或指令、字或指令、双字或指令。逻辑或运算指令的梯形图及指令表见表 1-31。

表 1-31　逻辑或运算指令的梯形图及语句表

指令类型	梯形图	语句表	描述
字节或指令	WOR_B EN　ENO IN1　OUT IN2	ORB　IN1，OUT	该指令对两个输入值 IN1 和 IN2 的相应位执行字节逻辑或运算，并将计算结果装载到分配给 OUT 的存储单元中。 IN1 OR IN2＝OUT
字或指令	WOR_W EN　ENO IN1　OUT IN2	ORW　IN1，OUT	该指令对两个输入值 IN1 和 IN2 的相应位执行字逻辑或运算，并将计算结果装载到分配给 OUT 的存储单元中。 IN1 OR IN2＝OUT
双字或指令	WOR_DW EN　ENO IN1　OUT IN2	ORD　IN1，OUT	该指令对两个输入值 IN1 和 IN2 的相应位执行双字逻辑或运算，并将计算结果装载到分配给 OUT 的存储单元中。 IN1 OR IN2＝OUT

🔄 练一练

【例 1-24】逻辑或运算指令的应用。

假定两个二进制数分别是 11001001 和 10010100，请用 PLC 逻辑或运算指令对上述两个数据进行处理，运算结果存放在变量 VB12 中。本题参考 PLC 程序如图 1-94 所示。

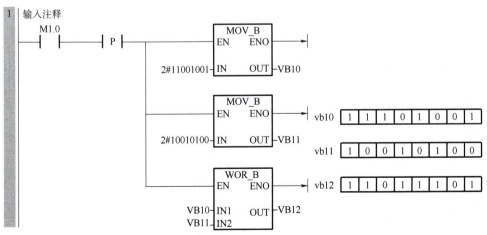

图 1-94　逻辑或运算指令的应用

分析：首先把两个二进制数 11001001 和 10010100 通过字节传送指令存放在变量 VB10、

VB11 中，然后应用字节或运算指令对 VB10、VB11 进行处理，结果存放在变量 VB12 中。系统在进行逻辑或运算时，会对这两个二进制数对应位逐位进行或运算。根据与运算规则，逢 1 为 1，全 0 为 0，上述两个二进制数或运算结果为 11011101。

3. 逻辑异或运算指令

逻辑异或运算指令主要有字节异或指令、字异或指令、双字异或指令。逻辑异或运算指令的梯形图及指令表见表 1-32。

表 1-32　逻辑异或运算指令的梯形图及语句表

指令类型	梯形图	语句表	描述
字节 异或指令	WXOR_B EN　ENO IN1　OUT IN2	XORB　IN1，OUT	该指令对两个输入值 IN1 和 IN2 的相应位执行字节逻辑异或运算，并将计算结果装载到分配给 OUT 的存储单元中。 IN1 XOR IN2＝OUT
字异或指令	WXOR_W EN　ENO IN1　OUT IN2	XORW　IN1，OUT	该指令对两个输入值 IN1 和 IN2 的相应位执行字逻辑异或运算，并将计算结果装载到分配给 OUT 的存储单元中。 IN1 XOR IN2＝OUT
双字 异或指令	WXOR_DW EN　ENO IN1　OUT IN2	XORD　IN1，OUT	该指令对两个输入值 IN1 和 IN2 的相应位执行双字逻辑异或运算，并将计算结果装载到分配给 OUT 的存储单元中。 IN1 XOR IN2＝OUT

练一练

【例 1-25】逻辑异或运算指令的应用。

假定两个二进制数分别是 11001001 和 10010100，请用 PLC 逻辑异或运算指令对上述两个数据进行处理，运算结果存放在变量 VB12 中。本题参考 PLC 程序如图 1-95 所示。

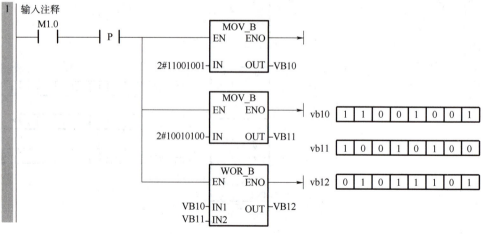

图 1-95　逻辑异或运算指令的应用

分析： 首先把两个二进制数 11001001 和 10010100 通过字节传送指令存放在变量 VB10、VB11 中，然后应用字节异或运算指令对 VB10、VB11 进行处理，结果存放在变量 VB12 中。系统在进行逻辑异或运算时，会对这两个二进制数对应位逐位进行异或运算。根据异或运算规则，相同为 0，不同为 1，上述两个二进制数异或运算结果为 01011101。

4. 逻辑取反运算指令

逻辑取反运算指令主要有字节取反指令、字取反指令、双字取反指令。逻辑取反运算指令的梯形图及指令表见表 1-33。

表 1-33 逻辑取反运算指令的梯形图及语句表

指令类型	梯形图	语句表	描述
字节取反指令	INV_B EN ENO IN OUT	INVB, OUT	该指令对输入的字节数据 IN 所对应的二进制数逐位取反，即二进制数的各位 1 变 0、0 变 1，并将结果装载到存储单元 OUT 中
字取反指令	INV_W EN ENO IN OUT	INVW, OUT	该指令对输入的字数据 IN 所对应的二进制数逐位取反，即二进制数的各位 1 变 0、0 变 1，并将结果装载到存储单元 OUT 中
双字取反指令	INV_DW EN ENO IN OUT	INVD, OUT	该指令对输入的双字数据 IN 所对应的二进制数逐位取反，即二进制数的各位 1 变 0、0 变 1，并将结果装载到存储单元 OUT 中

🔘 练一练

【例 1-26】 逻辑取反运算指令的应用。

请对数二进制数 1100100100101010（对应十进制数为 51498）进行取反运算，结果存放在变量 VW20 中。本题参考 PLC 程序如图 1-96 所示。

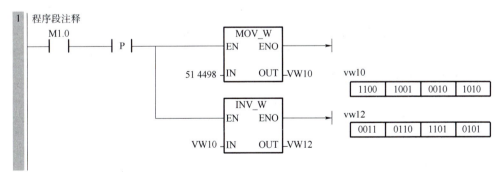

图 1-96 逻辑取反运算指令的应用

分析： 首先把二进制数 1100100100101010 对应的十进制数 51 498 通过字节传送指令存放在变量 VW10 中，然后应用字取反运算指令对 VW10 进行处理，结果存放在变量 VW12 中。系统在进行逻辑取反运算时，会对这个二进制数每一位逐位进行取反运算。根据取反运算规则，0 变为 1，1 变为 0，该二进制数取反运算结果为 0011011011010101，其对应的十进制数是 14 037。

逻辑运算指令的操作数范围见表 1-34。

表 1-34　逻辑运算指令的操作数范围

指令名称	输入或输出	操作数
字节与、或、异或指令	IN	IB、QB、VB、MB、SMB、SB、LB、AC、＊VD、＊LD、＊AC、常数
	OUT	IB、QB、VB、MB、SMB、SB、LB、AC、＊VD、＊LD、＊AC
字与、或、异或指令	IN	IW、QW、VW、MW、SMW、SW、LW、AIW、AC、T、C、＊VD、＊LD、＊AC、常数
	OUT	IW、QW、VW、MW、SMW、SW、LW、AC、T、C、＊VD、＊LD、＊AC
双字与、或、异或指令	IN	ID、QD、VD、MD、SMD、SD、LD、AC、HC、＊VD、＊LD、＊AC、常数
	OUT	ID、QD、VD、MD、SMD、SD、LD、AC、＊VD、＊LD、＊AC
字节取反指令	IN	IB、QB、VB、MB、SMB、SB、LB、AC、＊VD、＊LD、＊AC、常数
	OUT	IB、QB、VB、MB、SMB、SB、LB、AC、＊VD、＊LD、＊AC
字取反指令	IN	IW、QW、VW、MW、SMW、SW、LW、AIW、AC、T、C、＊VD、＊LD、＊AC、常数
	OUT	IW、QW、VW、MW、SMW、SW、LW、AC、T、C、＊VD、＊LD、＊AC
双字取反指令	IN	ID、QD、VD、MD、SMD、SD、LD、AC、HC、＊VD、＊LD、＊AC、常数
	OUT	ID、QD、VD、MD、SMD、SD、LD、AC、＊VD、＊LD、＊AC

三、函数运算指令

函数运算指令主要包括三角函数指令、自然对数及自然指数指令、平方根指令，这类指令的输入参数 IN 与输出参数 OUT 均为实数（即浮点数），指令执行后，影响零标志位 SM1.0、溢出标志位 SM1.1 和负数标志位 SM1.2。

1. 三角函数指令

三角函数指令包括正弦（SIN）、余弦（COS）和正切（TAN），它们用于计算输入参数 IN（角度）的三角函数，结果存放在输出参数 OUT 指定的地址中，输入值是以弧度为单位的浮点数，求三角函数前，应先将以度为单位的角度乘以 $\pi/180$（0.017 453 29）。三角函数指令的梯形图及语句表见表 1-35。

表 1-35　三角函数指令的梯形图及语句表

指令类型	梯形图	语句表	描述
正弦指令	SIN EN ENO IN OUT	SIN　IN, OUT	正弦指令计算角度值 IN 的三角函数，并在 OUT 中输出结果。输入角度值以弧度为单位。 SIN（IN）= OUT
余弦指令	COS EN ENO IN OUT	COS　IN, OUT	余弦指令计算角度值 IN 的三角函数，并在 OUT 中输出结果。输入角度值以弧度为单位。 COS（IN）= OUT

续表

指令类型	梯形图	语句表	描述
正切 指令	TAN —EN ENO— —IN OUT—	TAN IN, OUT	正切指令计算角度值 IN 的三角函数，并在 OUT 中输出结果。输入角度值以弧度为单位。 TAN (IN) = OUT

对于数学函数指令，SM1.1 用于指示溢出错误和非法值。如果 SM1.1 置位，则 SM1.0 和 SM1.2 的状态无效，原始输入操作数不变。如果 SM1.1 未置位，则数学运算已完成且结果有效，并且 SM1.0 和 SM1.2 包含有效状态。

🔵 练一练

【例1-27】三角函数指令的应用。

用三角函数指令计算角度为 60 度的正弦、正切，所得结果分别存放在变量 VD20、VD24 中。本题参考 PLC 程序如图 1-97 所示。

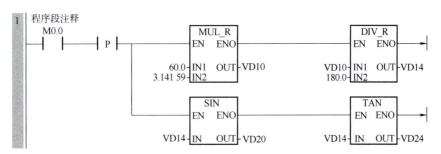

图 1-97 三角函数指令的应用

分析：三角函数指令中的输入值应当为以弧度为单位的浮点数，因此，本题中，应先把角度 60 度转换为弧度，计算方法是：角度值× $\dfrac{\pi}{180}$，即 60×3.142 59/180，并把结果存放在变量 VD14 中。然后应用正弦指令和正切指令进行计算，结果存放在变量 VD20 和 VD24 中。

2. 自然对数和自然指数指令

自然对数指令 LN（Natural Logarithm）计算输入值 IN 的自然对数，并将结果存放在输出参数 OUT 中，即 LN(IN)=OUT。求以 10 为底的对数时，应将自然对数值除以 2.302 585（10 的自然对数值）。

自然指数指令 EXP（Natural Exponential）计算输入值 IN 的以 e 为底的指数（e 约等于 2.718 28），结果用 OUT 指定的地址存放。该指令与自然对数指令配合，可以实现以任意实数为底、任意实数为指数的运算。

自然对数和自然指数指令的梯形图及语句表见表 1-36。

表 1-36　自然对数和自然指数指令的梯形图及语句表

指令类型	梯形图	语句表	描述
自然对数指令	LN EN　ENO IN　OUT	LN　IN, OUT	自然对数指令（LN）对 IN 中的值执行自然对数运算，并在 OUT 中输出结果。 LN(IN)=OUT
自然指数指令	EXP EN　ENO IN　OUT	EXP　IN, OUT	自然指数指令（EXP）执行以 e 为底，以 IN 中的值为幂的指数运算，并在 OUT 中输出结果。 EXP(IN)=OUT

练一练

【例 1-28】 自然对数和自然指数指令的应用。

求 3^4 的值。本题参考 PLC 程序如图 1-98 所示。

分析：求 3^4 的值的计算公式为：$3^4 = EXP[4 \times LN(3.0)] = 81.0$。

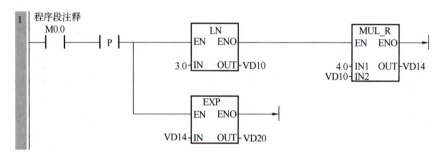

图 1-98　自然对数和自然指数指令的应用

3. 平方根指令

平方根指令 SQRT（Square Root）将 32 位正实数 IN 开平方，得到的 32 位实数运算结果存放于 OUT 中。平方根指令梯形图及指令表见表 1-37。

表 1-37　平方根指令的梯形图及语句表

指令类型	梯形图	语句表	描述
平方根指令	SQRT EN　ENO IN　OUT	SQRT　IN, OUT	平方根指令（SQRT）计算实数（IN）的平方根，产生一个实数结果 OUT。 SQRT(IN) = OUT

练一练

【例 1-29】 平方根指令的应用。

从键盘上输入一个正数 8，该正数存放于变量 VD10 中，然后用 PLC 的平方根指令计算该数的平方根。本题参考 PLC 程序如图 1-99 所示。

分析：首先把输入的正数 8.0（浮点型）用传送指令存放于变量 VD10 中，然后应用平方根指令计算该数的平方根，结果存放于变量 VD20 中。

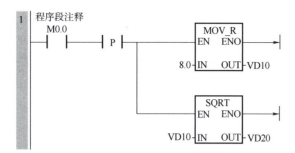

图 1-99   平方根指令的应用

函数运算指令的操作数范围见表 1-38。

表 1-38   函数运算指令的操作数

指令名称	输入或输出	操作数
三角函数、自然 对数、自然指数、 平方根指令	IN	ID、QD、VD、MD、SMD、SD、LD、AC、＊VD、＊LD、＊ AC、常数
	OUT	ID、QD、VD、MD、SMD、SD、LD、AC、＊VD、＊LD、＊AC

1.3.4   控制指令

一、跳转指令

跳转使 PLC 的程序灵活性和智能性大大提高，可以使主机根据不同条件选择不同的程序段执行。

跳转指令是配合标号指令使用的。跳转及标号指令的梯形图及语句表见表 1-39，操作数 N 的范围为 0~255。

表 1-39   跳转及标号指令的梯形图及语句表

指令类型	梯形图	语句表	描述
跳转 指令	N —(JMP)	JMP，N	跳转指令对程序中的标号 N 执行分支操作。 N 为程序段标号
标号 指令	N LBL	LBL，N	标号指令用于标记跳转目的地 N 的位置。 N 为程序段标号

跳转及标号指令的应用如图 1-100 所示。当触发信号接通时，跳转指令 JMP 线圈有信号流流过，跳转指令使程序流程跳转到与 JMP（Jump）指令编号相同的标号 LBL（Label）处，顺序执行标号指令以下的程序，而跳转指令与标号指令之间的程序不执行。若触发信号断开，跳转指令 JMP 线圈没有信号流流过，顺序执行跳转指令与标号指令之间的程序。

编号相同的两个或多个 JMP 指令可以在同一段程序里。但在同一段程序中，不可以使用相同编号的两个或多个 LBL 指令。JMP 及其对应的 LBL（标号）指令必须位于与主程序、子例程或中断例程相同的代码段中。

注意：标号指令前面不需要接任何其他指令，即直接与左母线相连。

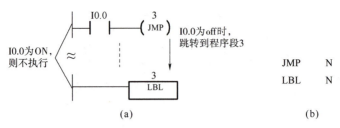

图 1-100　跳转指令和标号指令的应用

二、子程序指令

S7-200 SMART 的控制程序由主程序、子程序和中断程序组成。STEP 7-Micro/WIN SMART 在程序编辑窗口里为每个 POU（程序组成单元）提供独立的页。主程序总是第 1 页，后面是子程序和中断程序。

程序设计时，经常需要多次反复执行同一段程序，为了简化程序结构、减少程序编写工作量，在程序结构设计时，常将需要反复执行的程序编写为一个子程序，以便反复调用。子程序的调用是有条件的，未调用它时，不会执行子程序段中的指令，因此使用子程序可以减少扫描时间。

在编写复杂的 PLC 程序时，最好把全部控制功能划分为几个符合工艺控制规律的子功能块，每个子功能块由一个或多个子程序组成。子程序使程序结构简单清晰，易于调试、查错和维护。在子程序中尽量使用局部变量，避免使用全局变量，这样可以很方便地将子程序移植到其他项目中。

1. 建立子程序

可通过以下 3 种方法进行建立子程序。

①执行菜单命令"编辑"→"对象"→"子程序"。

②右击项目树的"程序块"文件夹，执行快捷菜单中的"插入"→"子程序"命令。

③右击程序编辑窗口，执行快捷菜单中的"插入"→"子程序"命令。

新建子程序后，在指令树窗口可以看到新建的子程序图标，默认的程序名是 SBR_N，编号 N 从 0 开始按递增顺序生成，系统自带一个子程序 SBR 0。一个项目最多可以有 128 个子程序。

单击 POU（程序组成单元）中相应的页图标就可以进入相应的程序单元，在此单击图标 SBR_0 即可进入子程序编辑窗口。双击主程序图标 MAIN 可切换回主程序编辑窗口。

若子程序需要接收（传入）调用程序传递的参数，或者需要输出（传出）参数给调用程序，则在子程序中可以设置参变量。子程序参变量应在子程序编辑窗口的子程序局部变量表中定义。

2. 子程序调用指令

在子程序建立后，可以通过子程序调用指令反复调用子程序。子程序的调用可以带参数，也可以不带参数。它在梯形图中以指令盒的形式编程。

子程序调用指令为 CALL。当使能端 EN 有效时，将程序执行转移至编号为 SBR_N 的子程序。子程序调用及返回指令的梯形图和语句表见表 1-40。

表 1-40　子程序调用及返回指令的梯形图及语句表

指令类型	梯形图	语句表	描述
子程序 调用指令	SBR_N EN	CALLS　BR_N: SBR_N	子程序调用指令将程序控制权转交给子程序 SBR_N。可以使用带参数或不带参数的子程序调用指令。子例程执行完后，控制权返回给子程序调用指令后的下一条指令
子程序 返回指令	—(RET)	CRET	子程序有条件返回指令（CRET）根据前面的逻辑终止子程序

3. 子程序返回指令

子程序返回指令分两种：无条件返回 RET 和有条件返回 CRET。子程序在执行完时，必须返回到调用程序。如无条件返回，则编程人员不需要在子程序最后插入任何返回指令，由 STEP 7-Micro/WIN SMART 软件自动在子程序结尾处插入返回指令 RET，若为有条件返回，则必须在子程序的最后插入 CRET 指令。

4. 子程序的调用

可以在主程序、其他子程序或中断程序中调用子程序。调用子程序时，将执行子程序中的指令，直至子程序结束，然后返回调用它的程序中该子程序调用指令的下一条指令处。

5. 子程序嵌套

如果在程序的内部又对另一个子程序执行调用指令，这种调用称为子程序的嵌套。子程序最多可以嵌套 8 级。

当一个子程序被调用时，系统自动保存当前的堆栈数据，并把栈顶置为"1"；堆栈中的其他位置为"0"，子程序占有控制权。子程序执行结束后，通过返回指令自动恢复原来的逻辑堆栈值，调用程序又重新取得控制权。

注意：①当子程序在一个周期内被多次调用时，不能使用上升沿、下降沿、定时器和计数器指令；

②在中断服务程序调用的子程序中，不能再出现子程序的嵌套调用。

6. 有参子程序

子程序中可以有参变量，带参数的子程序调用扩大了子程序的使用范围，增加了调用的灵活性。子程序的调用过程如果存在数据的传递，则在调用指令中应包含相应的参数。

（1）子程序参数

子程序最多可以传递 16 个参数，参数应在子程序的局部变量表中加以定义。参数包含下列信息：变量名（符号）、变量类型和数据类型。

变量名：最多用 8 个字符表示，第一个字符不能是数字。

变量类型：变量类型是按变量对应数据的传递方向来划分的，可以是传入子程序参数（IN）、传入传出子程序参数（IN_OUT）、传出子程序参数（OUT）和暂时变量（TEMP）4 种类型。4 种变量类型的参数在局部变量表中的位置必须遵从以下先后顺序。

◆ IN 类型：传入子程序参数。所接的参数可以是直接寻址数据（如 VB100）、间接寻址数据（如 AC1）、立即数（如 16#2344）和数据的地址值（如 &VB106）。

◆ IN_OUT 类型：传入/传出子程序参数。调用时，将指定地址的参数值传到子程序；

返回时，从子程序得到的结果值被返回到同一地址。参数可以采用直接寻址和间接寻址，但立即数（如 16#1234）和地址值（如 &VB100）不能作为参数。

◆ OUT 类型：传出子程序参数。它将从子程序返回的结果送到指定的参数位置。输出参数可以采用直接寻址和间接寻址，但不能是立即数或地址编号。

◆ TEMP 类型：暂时变量类型。在子程序内部暂时存储数据，不能用来与主程序传递参数数据。

数据类型：局部变量表中还要对数据进行声明。数据类型可以是能流、布尔型、字节型、字型、双字型、整数型、双整数型和实型。

（2）参数子程序调用的规则

常数参数必须声明数据类型。如果缺少常数参数的这一描述，常数可能会被当成不同类型使用。

输入或输出参数没有自动数据类型转换功能。例如：局部变量表中声明一个参数为实型，而在调用时使用一个双字，则子程序中的值就是双字。

参数在调用时，必须按照一定的顺序排列，先是输入参数，然后是输入/输出参数，最后是输出参数。

（3）局部变量和全局变量

I、Q、M、V、SM、AI、QI、S、T、C、HC 地址区中的变量称为全局变量。在符号表中定义的上述地址区中的符号称为全局符号。程序中的每个程序组成单元，均有自己的由 64 B 的局部（Local）存储器组成的局部变量。局部变量用来定义有使用范围限制的变量，它们只能在它被创建的 POU 中使用。与此相反，全局变量在符号表中定义，在各 POU 中均可使用。

（4）局部变量表的使用

单击"视图"菜单的"窗口"区域中的"组件"按钮，再单击打开的下拉式菜单中的"变量表"，变量表出现在程序编辑器的下面。右击上述菜单中的"变量表"，可以用出现的快捷菜单命令将变量表放在快速访问工具栏上。

按照子程序指令的调用顺序，将参数值分配到局部变量存储器，起始地址是 L0.0。使用编程软件时，地址分配是自动的。

在语句表中，带参数的子程序调用指令格式为：

    CALL 子程序号，参数 1，参数 2，…，参数 n

其中，n＝1~16。参数又分为 IN、IN_OUT 和 OUT 三种类型，IN 为传递到子程序中的参数，IN_OUT 为传递到子程序的参数、子程序的结果值返回的位置，OUT 为子程序结果返回到指定的参数位置。

（5）局部存储器（L）

局部存储器用来存放局部变量。局部存储器是局部有效的。局部有效是指某一局部存储器只能在某一程序分区（主程序、子程序或中断程序）中使用。

S7-200 SMART 提供 64 B 局部存储器，局部存储器可作为暂时存储器或为子程序传递参数。可以按位、字节、字、双字访问局部存储器。可以把局部存储器作为间接寻址的指针，但是不能作为间接寻址的存储器区。局部存储器 L 的寻址格式同存储器 M 和存储器 V，范围为 LB0~LB63。

三、中断指令

中断在计算机技术中应用较为广泛。中断功能是用中断程序及时地处理中断事件，中断事件与用户程序的执行时序无关，有的中断事件不能事先预测何时发生。中断程序不是由用户程序调用，而在中断事件发生时由操作系统调用。中断程序是用户编写的。中断程序应该优化，在执行完某项特定任务后应返回被中断的程序。应使中断程序尽量短小，以减少中断程序的执行时间，减少对其他处理的延迟，否则可能引起主程序控制的设备操作异常。设计中断程序时，应遵循"越短越好"的原则。

1. 中断类型

S7-200 SMART 的中断大致分为 3 类：通信中断、输入/输出中断和基于时间的中断。

（1）通信中断

CPU 的串行通信端口可通过程序进行控制。通信端口的这种操作模式称为自由端口模式。在自由端口模式下，程序定义波特率、每个字符的位数、奇偶校验和协议。利用接收和发送中断可简化程序（I/O 中断）对通信的控制。

（2）输入/输出中断

输入/输出中断包括上升/下降沿中断和高速计数器中断。CPU 可以为输入通道 I0.0、I0.1、I0.2 和 I0.3（以及带有可选数字量输入信号板的标准 CPU 的输入通道 I7.0 和 I7.1）生成输入上升和/或下降沿中断。可捕捉这些输入点中的每一个上升沿和下降沿事件。这些上升沿和下降沿事件可用于指示在事件发生时必须处理的状况，见表 1-41。

表 1-41　中断事件描述

优先级分组	中断事件号	中断描述	优先级分组	中断事件号	中断描述
通信（最高）	8	端口 0 接收字符	I/O（中等）	7	I0.3 下降沿
	9	端口 0 发送字符		36 *	信号板输入 0 下降沿
	23	端口 0 接收信息完成		38 *	信号板输入 1 下降沿
	24 *	端口 1 接收信息完成		12	HSC0 当前值=预置值
	25 *	端口 1 接收字符		27	HSC0 输入方向改变
	26 *	端口 1 发送字符		28	HSC0 外部复位
I/O（中等）	0	I0.0 上升沿		13	HSC1 当前值=预置值
	2	I0.1 上升沿		16	HSC2 当前值=预置值
	4	I0.2 上升沿		17	HSC2 输入方向改变
	6	I0.3 上升沿		18	HSC2 外部复位
	35 *	信号板输入 0 上升沿		32	HSC3 当前值=预置值
	37 *	信号板输入 1 上升沿	基于时基（最低）	10	定时中断 0（SMB34）
	1	I0.0 下降沿		11	定时中断 1（SMB35）
	3	I0.1 下降沿		21	T32 当前值=预置值
	5	I0.2 下降沿		22	T96 当前值=预置值
注：CPU CR40/CR60 不支持本表中标有 * 的中断事件。					

高速计数器中断可以对下列情况做出响应：当前值达到预设值，与轴旋转方向相反且相

对应的计数方向发生改变或计数器外部复位。这些高速计数器事件均可触发实时执行的操作，以响应在 PLC 扫描速度下无法控制的高速事件。

通过将中断程序连接到相关 I/O 事件来启用上述各中断。

（3）基于时间的中断

基于时间的中断包括定时中断和定时器 T32/T96 中断。可使用定时中断指定循环执行的操作。可以 1 ms 为增量设置周期时间，其范围是 1～255 ms。对于定时中断 0，必须在 SMB34 中写入周期时间；对于定时中断 1，必须在 SMB35 中写入周期时间。

定时器延时时间到达时，会产生定时中断事件，此时系统会将控制权传递给相应的中断程序。通常可以使用定时中断来控制模拟量输入的采样或定期执行 PID 回路。

将中断程序连接到定时中断事件时，启用定时中断并且开始定时。连接期间，系统捕捉周期时间值，因此，SMB34 和 SMB35 的后续变化不会影响周期时间。要更改周期时间，必须修改周期时间值，然后将中断程序重新连接到定时中断事件。重新连接时，定时中断功能会清除先前连接的所有累计时间，并开始用新值计时。

定时中断启用后将连续运行，每个连续时间间隔后，会执行连接的中断程序。如果退出 RUN 模式或分离定时中断，定时中断将禁用。如果执行了全局 DISI（中断禁止）指令，定时中断会继续出现，但是尚未处理所连接的中断程序。每次定时中断出现均排队等候，直至中断启用或队列已满。

使用定时器 T32/T96 中断可及时响应指定时间间隔的结束。仅 1 ms 分辨率的接通延时（TON）和断开延时（TOF）定时器 T32 和 T96 支持此类中断，否则 T32、T96 正常工作。启用中断后，如果在 CPU 中执行正常的 1 ms 定时器更新期间，激活定时器的当前值等于预设时间值，将执行连接的中断程序。可通过将中断程序连接到中断事件 T32（事件 21）和 T96（事件 22）来启用这些中断。

2. 中断事件号

调用中断程序之前，必须在中断事件和该事件发生时希望执行的程序段之间分配关联。可以使用中断连接指令将中断事件（由中断事件编号指定，每个中断源都分配个编号用以识别，称为中断事件号）与程序段（由中断程序编号指定）相关联。可以将多个中断事件连接到一个中断程序，但一个事件不能同时连接到多个中断程序。

连接事件和中断程序时，仅当全局 ENI（中断启用）指令已执行且中断事件处理处于激活状态时，新出现此事件时才会执行所连接的中断程序，否则，该事件将添加到中断事件队列中。如果使用全局 DISI（中断禁止）指令禁止所有中断，每次发生中断事件都会排队，直至使用全局 ENI（中断启用）指令重新启用中断或中断队列溢出。

可以使用中断分离指令取消中断事件与中断程序之间的关联，从而禁用单独的中断事件。分离中断指令使中断返回未激活或被忽略状态。

3. 中断事件的优先级

中断优先级是指中断源被响应和处理的优先等级。设置优先级的目的是在有多个中断源同时发生中断请求时，CPU 能够按照预定的顺序（如按事件的轻重缓急顺序）进行响应并处理。

4. 中断程序的创建

新建项目时，自动生成中断程序 INT_0，S7-200 SMART CPU 最多可以使用 128 个中断程序。

可以采用以下 3 种方法创建中断程序：

①执行菜单命令"编辑"→"对象"→"中断"。

②右击项目树的"程序块"文件夹，执行快捷菜单中的命令"插入"→"中断"。

③在程序编辑窗口右击，执行快捷菜单中的命令"插入"→"中断"。

创建成功后，程序编辑器将显示新的中断程序，程序编辑器底部出现标有新的中断程序的标签，可以对新的中断程序编程，新建中断名为 INT_N。

5. 中断指令

中断调用相关的指令包括中断允许指令 ENI（Enable Interrupt）、中断禁止指令 DISI（Disable Interrupt）、中断连接指令 ATCH（Attach）、中断分离指令 DTCH（Detach）、清除中断事件指令 CLR_EVNT（Clear Events）、中断返回指令 RETI（Return Interrupt）和中断程序有条件返回指令 CRETI（Conditional Return Interrupt），见表 1-42。

表 1-42　中断指令

指令类型	梯形图	语句表	描述
中断允许指令	──(ENI)	ENI	又称为开中断指令，其功能是全局性地开放所有被连接的中断事件，允许 CPU 接收所有中断事件的中断请求
中断禁止指令	──(DISI)	DISI	又称为关中断指令，其功能是全局性地关闭所有被连接的中断事件，禁止 CPU 接收所有中断事件的请求
中断返回指令	──(RETI)	RETI	中断返回指令的功能是当中断结束时，通过中断返回指令退出中断服务程序，返回到主程序
中断连接指令	ATCH EN　ENO INT EVNT	ATCH　INT, EVNT	中断连接指令的功能是建立一个中断事件 EVNT 与一个标号 INT 的中断服务程序的联系，并对该中断事件开放
中断分离指令	DTCH EN　ENO EVNT	DTCH　INT, EVNT	中断分离指令的功能是取消某个中断事件 EVNT 与所对应中断程序的关联，并对该中断事件执行关闭操作
清除中断事件指令	CLR_EVNT EN　ENO EVNT	CEVENT　EVNT	清除中断事件指令的功能是从中断队列中清除所有类型 EVNT 的中断事件。如果该指令用来清除假的中断事件，则应在从队列中清除事件之前分离事件，否则，在执行清除事件指令后，将向队列中添加新的事件

注意：中断程序不能嵌套，即中断程序不能再被中断。正在执行中断程序时，如果又有事件发生，将会按照发生的时间顺序和优先级排队。

另外，需要说明的是，RETI 是无条件返回指令，即在中断程序的最后不需要插入此指令，编程软件自动在程序结尾加上 RETI 指令；CRETI 是有条件返回指令，即中断程序的最后必须插入该指令。

练一练

【例 1-30】I/O 中断：在 I0.0 的上升沿通过中断使 Q0.0 立即置位，在 I0.1 的下降沿通过中断使 Q0.0 立即复位。

根据要求编写的主程序及 2 个中断程序如图 1-101~图 1-103 所示。

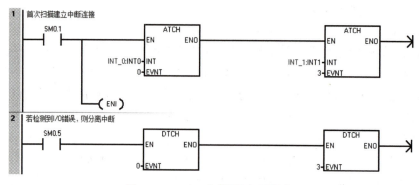

图 1-101　I/O 中断示例–主程序

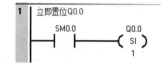

图 1-102　I/O 中断示例–中断程序 0

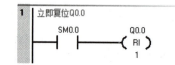

图 1-103　I/O 中断示例–中断程序 1

练一练

【例 1-31】基于时间的中断：用定时器中断 0 实现周期为 2 s 的定时，使接在 Q0.0 上的指示灯闪烁。

根据要求编写的主程序及中断程序如图 1-104 和图 1-105 所示。

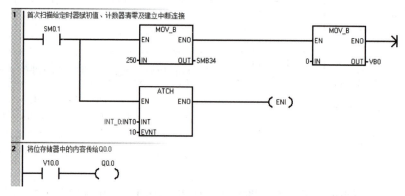

图 1-104　基于时间的中断示例–主程序

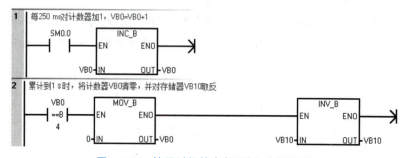

图 1-105　基于时间的中断示例–中断程序

四、其他控制指令

控制指令还包括循环指令、循环结束指令、条件结束指令、条件停止指令、看门狗定时器复位指令及获取非致命错误代码指令，见表 1-43。

表 1-43　其他控制指令的梯形图及语句表

指令类型	梯形图	语句表	描述
循环指令	FOR EN　ENO INDX INIT FINAL	FOR　INDX, INIT，FINAL	FOR 指令执行 FOR 和 NEXT 指令之间的指令。需要分配索引值或当前循环计数 INDX、起始循环计数 INIT 和结束循环计数 FINAL
循环结束指令	——(NEXT)	NEXT	NEXT 指令会标记 FOR 循环程序段的结束
条件结束指令	——(END)	END	有条件 END 指令基于前一逻辑条件终止当前扫描。可在主程序中使用有条件 END 指令，但不能在子程序或中断程序中使用
条件停止指令	——(STOP)	STOP	有条件 STOP 指令通过将 CPU 从 RUN 模式切换到 STOP 模式来终止程序的执行。如果在中断程序中执行 STOP 指令，则中断程序将立即终止，所有挂起的中断将被忽略。当前扫描周期中的剩余操作已完成，包括执行主用户程序。从 RUN 到 STOP 模式的转换是在当前扫描结束时进行的
看门狗定时器复位指令	——(WDR)	WDR	看门狗复位指令触发系统看门狗定时器，并将完成扫描的允许时间（看门狗超时错误出现之前）加 500 ms
获取非致命错误代码指令	GET_ERROR EN　ENO 　ECODE	GERR　ECODE	获取非致命错误代码指令将 CPU 的当前非致命错误代码存储在分配给 ECODE 的位置，而 CPU 中的非致命错误代码将在存储后清除

1. 循环指令

在控制系统中经常遇到需要重复执行若干次相同任务的情况，这时可以使用循环指令。FOR 指令表示循环开始，NEXT 指令表示循环结束。驱动 FOR 指令的逻辑条件满足时，反复执行 FOR 和 NEXT 之间的指令。在 FOR 指令中，需要设置 INDX（索引值或当前值循环次数计数器）、初始值 INIT 和结束值 FINAL，它们的数据类型均为 INT。

🔄 练一练

【例 1-32】用循环程序在 I0.0 接通时求 VB100~VB103 中 4B 的逻辑"与"值，运算结果保存在 VB110 中。根据要求编写的 PLC 程序如图 1-106 所示。

使用 FOR 指令和 NEXT 指令可在重复执行分配计数器的循环中执行程序段。每条 FOR 指令需要一条 NEXT 指令。FOR-NEXT 循环可以实现自身的嵌套，最大嵌套深度为 8 层。

如果启用 FOR-NEXT 循环，则完成迭代操作之前会持续执行循环，除非在循环内部更改 FINAL 值。在 FOR-NEXT 循环处于循环过程时可更改值。再次启用循环时，会将 INIT 值复制到 INDX 值（当前循环编号）。

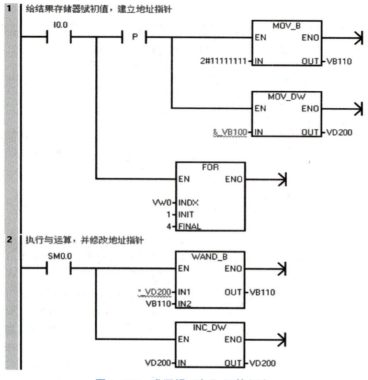

图 1-106　求逻辑"与"运算程序

例如，假定 INIT 值为 1，FINAL 值为 10，则 FOR 指令和 NEXT 指令之间的指令将执行 10 次，INDX 值递增：1，2，3，…，10。

如果 INIT 值大于 FINAL 值，则不再执行循环。每次执行完 FOR 指令和 NEXT 指令之间的指令后，INDX 值递增，并将结果与最终值进行比较。如果 INDX 大于最终值，则循环执行终止。

2. 条件结束指令与条件停止指令

条件结束指令 END 根据控制它的逻辑条件终止当前的扫描周期。只能在主程序中使用 END。

条件停止指令 STOP 使 CPU 从 RUN 模式切换到 STOP 模式，立即终止用户程序的执行。如果在中断程序中执行 STOP 指令，中断程序立即终止，忽略全部等待执行的中断，继续执行主程序的剩余部分，并在主程序执行结束时，完成从 RUN 模式到 STOP 模式的转换。

3. 看门狗定时器复位指令

看门狗定时器又称为看门狗（Watchdog），它的定时时间为 500 ms，每次扫描它时，都被自动复位，然后又开始定时。正常工作时，若扫描周期小于 500 ms，它不起作用。如果扫描周期超过 500 ms，CPU 会自动切换到 STOP 模式，并会产生非致命错误"扫描看门狗超时"。

如果扫描周期可能超过 500 ms，可以在程序中使用看门狗复位指令 WDR，以扩展允许使用的扫描周期。每次执行 WDR 指令时，若看门狗超过时间，都会复位为 500 ms。即使使用了 WDR 指令，如果扫描持续时间超过 5 s，CPU 将会无条件地切换到 STOP 模式。

1.3.5 高速脉冲

一、编码器

编码器（Encoder）是将角位移或直线位移转换成电信号的一种装置，是对信号（如比特流）或数据进行编制，将其转换为用于通信、传输和存储的信号形式。按其工作原理，编码器可分为增量式和绝对式两类。增量式编码器将位移转换成周期性的电信号，再把这个电信号转换成计数脉冲，用脉冲的个数表示位移的大小。绝对式编码器的每一个位置对应一个确定的数字码，因此它的实际值只与测量值的起始位置及终止位置有关，而与测量的中间过程无关。

1. 增量式编码器

光电增量式编码器的码盘上有均匀刻制的光栅。码盘旋转时，输出与转角的增量成正比的脉冲，需要用计数器来统计脉冲个数。根据输出信号的个数，有 3 种增量式编码器。

（1）单通道增量式编码器

单通道增量式编码器内部只有 1 对光电耦合器，只能产生 1 个脉冲系列。

（2）双通道增量式编码器

双通道增量式编码器又称为 A、B 相型编码器，内部有两对光电耦合器，能输出相位差为 90° 的两组独立脉冲系列。正转和反转时，两路脉冲的超前、滞后关系刚好相反，如图 1-107 所示。如果使用 A、B 相型编码器，PLC 可以识别出转轴旋转的方向。

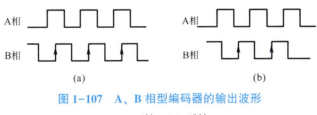

图 1-107　A、B 相型编码器的输出波形

（a）正转；（b）反转

（3）三通道增量式编码器

在三通道增量式编码器的内部，除了有双通道增量式编码器的两对光电耦合器外，在脉冲盘的另外一个通道还有一个透光段，每转 1 圈，输出 1 个脉冲，该脉冲称为 Z 相零位脉冲，用作系统清零信号或坐标的原点，以减小测量的累计误差。

2. 绝对式编码器

N 位绝对式编码器有 N 个码道，最外层的码道对应于编码的最低位。每一个码道有一个光耦合器，用来读取该码道的 0、1 数据。绝对式编码器输出的 N 位二进制反映了运动物体所处的绝对位置，根据位置的变化情况，可以判别旋转的方向。

二、高速计数器

在工业控制中，有很多场合输入的是一些高速脉冲，如编码器信号，这时 PLC 可以使用高速计数器对这些特定的脉冲进行加/减计数，来最终获取所需的工艺数据（如转速、角度、位移等）。PLC 的普通计数器的计数过程与扫描工作方式有关，CPU 通过每一扫描周期读取一次被测信号的方法来捕捉被测信号的上升沿。当被测信号的频率较高时，将会丢失计数脉冲，因此普通计数器的工作频率很低，一般仅有几十赫。高速计数器可以对普通计数器无法计数的脉冲进行计数。

1. 高速计数器简介

高速计数器（High Speed Counter，HSC）在现代自动控制中的精确控制领域有很高的应用价值，它用来累计比 PLC 扫描频率高得多的脉冲输入的数量，利用产生的中断事件来完成预定的操作。

（1）组态数字量输入的滤波时间。

使用高速计数器计数高频信号，必须确保对其输入进行正确接线和滤波。在 S7-200 SMART CPU 中，所有高速计数器输入均连接至内部输入滤波电路。S7 200 SMART 默认的输入滤波为 6.4 ms，这样便将最大计数速率限定为 78 Hz。如需以更高频率计数，必须更改滤波器设置。

输入滤波时间用来滤除输入线上的干扰噪声，例如触点闭合或断开时产生的抖动。输入状态改变时，输入必须在设置的时间内保持新的状态，才能被认为有效。可以选择的时间值如图 1-108 中的下拉列表所示，默认的滤波时间为 6.4 ms。为了消除触点抖动的影响，应选 12.8 ms。为了防止高速计数器的高速输入脉冲被滤掉，应按脉冲频率和高速计数器指令的在线帮助中的表格设置输入滤波时间（检测到最大脉冲频率 200 kHz 时，输入滤波时间可设置 0.2～1.6 μs）。

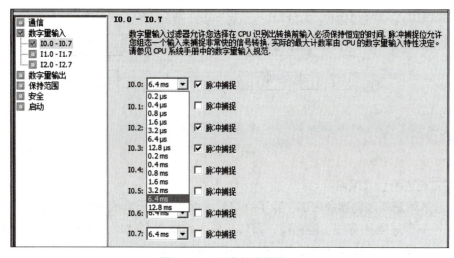

图 1-108　组态数字量输入

图 1-108 中脉冲捕捉功能是用来捕捉持续时间很短的高电平脉冲或低电平脉冲。因为在每一个扫描周期开始时读取数字量输入，CPU 可能发现不了宽度小于一个扫描周期的脉冲。某个输入点启用了脉冲捕捉功能后（复选框打钩），输入状态的变化被锁存并保存到下一次输入更新。可以用图 1-108 中的"脉冲捕捉"多选框逐点设置 CPU 的前 14 个数字量输入点，以及信号板 SB DT04 的数字量输入点是否有脉冲捕捉功能。默认的设置是禁止所有的输入点捕捉脉冲。

（2）数量及编号

高速计数器在程序中使用时，地址编号用 HSCn（或 HCn）来表示，HSC 表示为高速计数器，n 为编号。HSCn 除了表示高速计数器的编号之外，还代表两方面的含义，即高速计数器位和高速计数器当前值。编程时，从所用的指令中可以看出是位还是当前值。

S7-200 SMART 提供 4 个高速计数器（HSC0～HSC3）。S 型号的 CPU 最高计数频率为 200 kHz，C 型号的 CPU 最高计数频率为 100 kHz。

（3）中断事件号

高速计数器的计数和动作可采用中断方式进行控制，与 CPU 的扫描周期关系不大，各种型号 PLC 可用的计数器的中断事件大致分为 3 类：当前值等于预置值中断、输入方向改变中断和外部信号复位中断。所有高速计数器都支持当前值等于预置值中断，每种中断都有其相应的中断事件号。

（4）高速计数器输入端子连接

各高速计数器对应的输入端子连接见表 1-44。

表 1-44　各高速计数器对应的输入端子

高速计数器	使用的输入端子	高速计数器	使用的输入端子
HSC0	I0.0，I0.1，I0.4	HSC2	I0.2，I0.3，I0.5
HSC1	I0.1	HSC3	I0.3

在表 1-44 中用到的输入点，如果不使用高速计数器，可作为一般的数字量输入点，或者作为输入/输出中断的输入点。只有在使用高速计数器时，才将其分配给相应的高速计数器，实现高速计数器产生的中断。在 PLC 实际应用中，每个输入点的作用是唯一的，不能对某一个输入点分配多个用途。因此要合理分配每一个输入点的用途。

2. 高速计数器的工作模式

（1）高速计数器的计数方式

◆ 内部方向控制功能的单相时钟计数器，即只有一个脉冲输入端，通过高速计数器的控制字节的第 3 位来控制做加/减计数。该位为 1 时，加计数；该位为 0 时，减计数，如图 1-109 所示。该计数方式可调用当前值等于预置值中断，即当高速计数器的计数当前值与预置值相等时，调用中断程序。

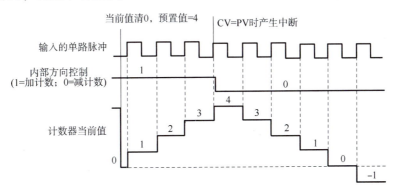

图 1-109　内部方向控制的单相加/减计数器

◆ 外部方向控制功能的单相时钟计数器，即只有一个脉冲输入端，有一个方向控制端，方向输入信号等于 1 时，加计数；方向输入信号等于 0 时，减计数，如图 1-110 所示。该计数方式可调用当前值等于预置值中断和外部输入方向改变中断。

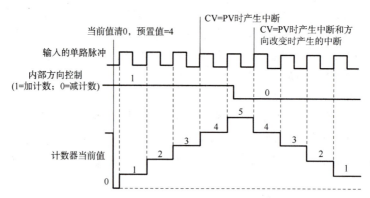

图 1-110　外部方向控制的单相加/减计数器

◆ 加、减时钟输入的双相时钟计数器，即有两个脉冲输入端，一个是加计数脉冲，一个是减计数脉冲，计数值为两个输入端脉冲的代数和，如图 1-111 所示。该计数方式可调用当前值等于预置值中断和外部输入方向改变中断。

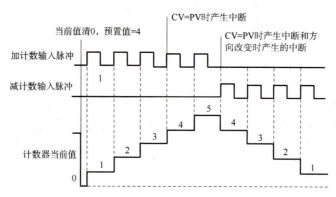

图 1-111　双路脉冲输入的单相加/减计数

◆ A/B 相正交计数器，即有两个脉冲输入端，输入的两路脉冲 A、B 相，相位差 90°（正交）。A 相超前 B 相 90°时，加计数；A 相滞后 B 相 90°时，减计数。在这种计数方式下，可选择 1×模式（单倍频，1 个时钟脉冲计 1 个数）和 4×模式（4 倍频，1 个时钟脉冲计 4 个数），如图 1-112 和图 1-113 所示。

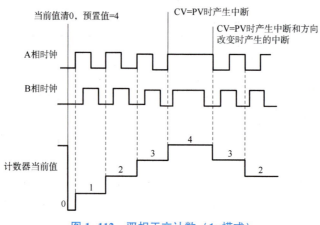

图 1-112　双相正交计数（1×模式）

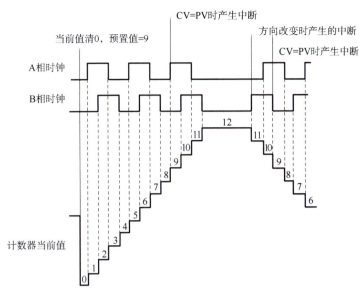

图 1-113　双相正交计数（4×模式）

（2）高速计数器的工作模式

S7-200 SMART 的高速计数器有 8 种工作模式：具有内部方向控制功能的单相时钟计数器（模式 0、1）；具有外部方向控制功能的单相时钟计数器（模式 3、4）；具有加、减时钟脉冲输入的双相时钟计数器（模式 6、7）；A/B 相正交计数器（模式 9、10）。

根据有无外部复位输入，上述 4 类工作模式又可以分别分为两种。每种计数器所拥有的工作模式与其占有的输入端子的数目有关，见表 1-45。

表 1-45　高速计数器的工作模式和输入端子的关系及说明

HSC 模式	编号、功能及说明		占用的输入端子及功能		
	HSC0		I0.0	I0.1	I0.4
	HSC1		I0.1	×	×
	HSC2		I0.2	I0.3	I0.5
	HSC3		I0.3	×	×
0	单路脉冲输入的内部方向控制加/减计数，控制字 SM37.3 = 0，减计数；SM37.3 = 1，加计数		脉冲输入端	×	×
1				×	复位端
3	单路脉冲输入的外部方向控制加/减计数，方向控制端 = 0，减计数；方向控制端 = 1，加计数		脉冲输入端	方向控制端	×
4					复位端
6	两路脉冲输入的双相正交计数。加计数端有脉冲输入，加计数；减计数端有脉冲输入，减计数		加计数脉冲输入端	减计数脉冲输入端	×
7					复位端
9	两路脉冲输入的双相正交计数。A 相脉冲超前 B 相脉冲，加计数；A 相脉冲滞后 B 相脉冲，减计数		A 相脉冲输入端	B 相脉冲输入端	
10					复位端

选用某个高速计数器在某种工作方式下工作后，高速计数器所使用的输入不是任意选择的，必须按指定的输入点输入信号。

3. 高速计数器的控制字节和状态字节

（1）控制字节

定义了高速计数器的工作模式后，还要设置高速计数器的有关控制字节。每个高速计数器均有一个控制字节，它决定了计数器的计数允许或禁用、方向控制、对所有其他模式的初始化计数方向、装入初始值和预置值等。高速计数器控制中字节每个控制位的说明见表1-46。

表1-46　高速计数器控制中字节控制位的说明

HSC0	HSC1	HSC2	HSC3	说明
SM37.0	不支持	SM57.0	不支持	复位有效电平控制： 0=高电平有效；1=低电平有效
SM37.1	SM47.1	SM57.1	SM137.1	保留
SM37.2	不支持	SM57.2	不支持	正交计数器计数倍率选择： 0=4×计数倍率；1=1×计数倍率
SM37.3	SM47.3	SM57.3	SM137.3	计数方向控制位： 0=减计数；1=加计数
SM37.4	SM47.4	SM57.4	SM137.4	向HSC写入计数方向： 0=无更新；1=更新计数方向
SM37.5	SM47.5	SM57.5	SM137.5	向HSC写入预置值： 0=无更新；1=更新预置值
SM37.6	SM47.6	SM57.6	SM137.6	向HSC写入初始值： 0=无更新；1=更新初始值
SM37.7	SM47.7	SM57.7	SM137.7	向HSC指令执行允许控制： 0=禁用HSC；1=启用HSC

（2）状态字

每个高速计数器都有一个状态字节，它的状态位表示当前计数方向、当前值是否大于或等于预置值。每个高速计数器状态字节的状态位见表1-47，状态字节的0~4位不用。监控高速计数器状态的目的是使外部事件产生中断，以完成重要的操作。

表1-47　高速计数器状态字节的状态位的说明

HSC0	HSC1	HSC2	HSC3	说明
SM36.5	SM46.5	SM56.5	SM136.5	当前计数方向状态位： 0=减计数；1=加计数
SM36.6	SM46.6	SM56.6	SM136.6	当前值等于预置值状态位： 0=不相等；1=相等
SM36.7	SM46.7	SM56.7	SM136.7	当前值大于预置值状态位： 0=小于或等于；1=大于

4. 高速计数器指令及应用

（1）高速计数器指令

高速计数器指令有两条：高速计数器定义指令HDEF和高速计数器指令HSC。高速计数器指令格式见表1-48。

表 1-48　高速计数器指令格式

梯形图	HDEF EN　ENO HSC MODE	HSC EN　ENO N
语句表	HDEF　HSC，MODE	HSC　N
功能说明	高速计数器定义指令 HDEF	高速计数器指令 HSC
操作数	HSC：高速计数器的编号，为常量（0~3） MODE 工作模式：为常量（0~10，2、5、8 除外）	N：高速计数器的编号，为常量（0~3）
ENO=0 的 出错条件	SM4.3（运行时间）；0003（输入点冲突）；0004（中断时的非法指令）；000A（HSC 重复定义）	SM4.3（运行时间），0001（HSC 在 HDEF 之前），0005（HSC/PLS 同时操作）

◆ 高速计数器定义指令 HDEF。该指令指定高速计数器 HSCx 的工作模式。工作模式的选择即选择了高速计数器的输入脉冲、计数方向、复位和启动功能。每个高速计数器只能用一条"高速计数器定义"指令。

◆ 高速计数器指令 HSC。根据高速计数器控制位的状态和按照 HDEF 指令指定的工作模式，控制高速计数器。参数 N 指定高速计数器的编号。

（2）高速计数器指令的使用

◆每个高速计数器都有一个 32 位初始值（就是高速计数器的起始值）和一个 32 位预置值（就是高速计数器运行的目标值），当前值（就是当前计数器）和预置值均为带符号的整数值。要设置高速计数器的当前值和预置值，必须设置控制字节。令其第 5 位和第 6 位为 1，允许更新当前值和预置值，当前值和预置值写入特殊内部标志位存储区。然后执行 HSC 指令，将新数值传输到高速计数器。初始值、预置值和当前值的寄存器与计数器的对应关系表见表 1-49。

表 1-49　初始值、预置值和当前值的寄存器与计数器的对应关系

要装入的数值	HSC0	HSC1	HSC2	HSC3
初始值	SMD38	SMD48	SMD58	SMD138
预置值	SMD42	SMD52	SMD62	SMD142
当前值	HSC0	HSC1	HSC2	HSC3

除控制字节、预置值和当前值外，还可以使用数据类型 HC（高速计数器当前值）加计数器编号（0、1、2 或 3）的形式读取每个高速计数器的当前值。因此，读取操作可直接读取当前值，但只有用上述 HSC 指令才能执行写入操作。

◆ 执行 HDEF 指令之前，必须将高速计数器控制字节的位设置成需要的状态，否则将采用默认设置。默认设置如下：复位输入高电平有效，正交计数速率选择 4× 模式。执行 HDEF 指令后，就不能再改变计数器的设置。

（3）高速计数器指令的初始化

◆ 用 SM0.1 对高速计数器指令进行初始化（或在启用时对其进行初始化）。

◆ 在初始化程序中，根据希望的控制方法设置控制字节（SMB37、SMB47、SMB57、

SM137），如设置 SMB47＝16#F8，则允许计数、允许写入当前值、允许写入预置值、更新计数方向为加计数，若将正交计数频率设为 4×模式，则复位和启动设置为高电平有效。

◆ 执行 HDEF 指令，设置 HSC 的编号（0～3），设置工作模式（0～10）。如 HSC 的编号设置为 1，工作模式输入设置为 10，则为具有复位功能的正交计数工作模式。

◆ 把初始值写入 32 位当前寄存器（SMD38、SMD48、SMD58、SMD138）。如写入 0，则清除当前值，用指令 MOVD　0，SMD48 实现。

◆ 把预置值写入 32 位当前寄存器（SMD42、SMD52、SMD62、SMD142）。如执行指令 MOVD1000，SMD52，则设置预置值为 1000。若写入预置值为 16#00，则高速计数器处于不工作状态。

◆ 为了捕捉当前值等于预置值的事件，将条件 CV＝PV 中断事件（如事件 16）与一个中断程序相联系。

◆ 为了捕捉计数方向的改变，将方向改变的中断事件（如事件 17）与个中断程序相联系。

◆ 为了捕捉外部复位，将外部复位中断事件（如事件 18）与一个中断程序相联系。

◆ 执行全部中断允许指令（END）允许 HSC 中断。

◆ 执行 HSC 指令使 S7-200 SMART 对高速计数器进行编程。

◆ 编写中断程序

练一练

【例 1-33】 用高速计数器 HSC0 计数，当计数值达到 500～1 000 时报警，报警灯 Q0.0 亮。

从控制要求可以看出，报警有上限 1 000 和下限 500。因此，当高速计数达到计数值时，要两次执行中断程序。主程序如图 1-114 所示。中断程序 0 如图 1-115 所示，中断程序 1 如图 1-116 所示。

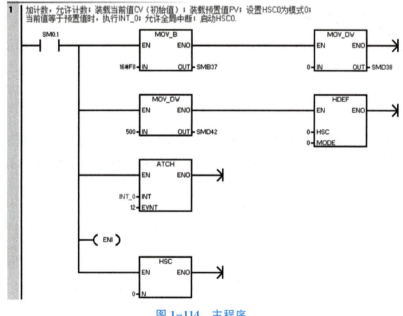

图 1-114　主程序

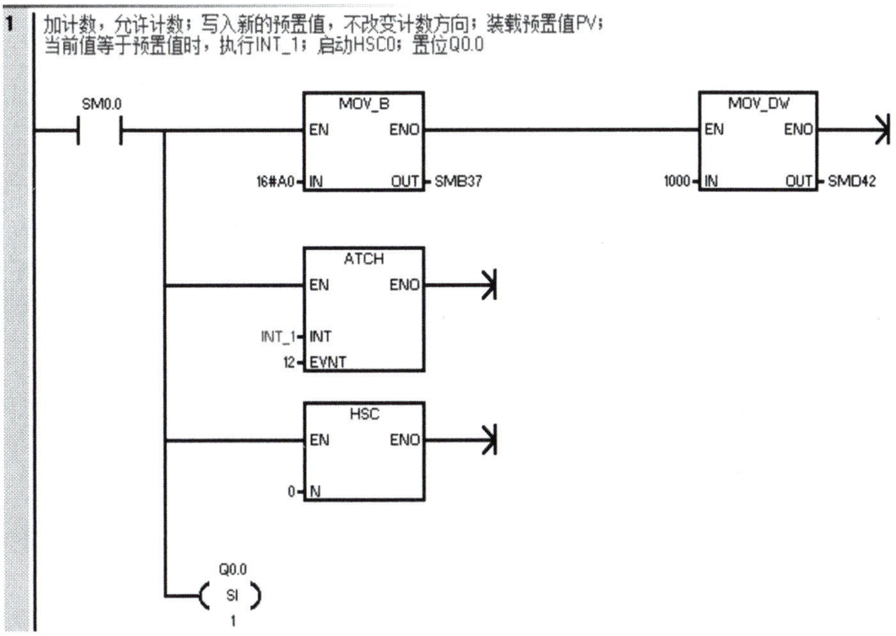

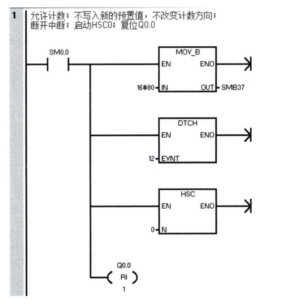

图 1-115　中断程序 0

图 1-116　中断程序 1

三、PLS 指令应用

高速脉冲输出用在 PLC 的某些输出端产生高速脉冲，用来驱动负载实现精确控制，这在步进电动机控制中有广泛的应用。PLC 的数字量输出分继电器和晶体管输出，继电器输出一般用于开关频率不高于 0.5 Hz（通 1 s，断 1 s）的场合，对于开关频率较高的应用场合，则应选用晶体管输出。

1. 高速脉冲输出的形式

S7-200 SMART CPU 提供两种开环运动控制的方式：脉冲宽度调制和运动轴。脉冲宽度调制（Pulse Width Modulation，PWM），内置于 CPU 中，用于速度、位置或占空比的控制；运动轴内置于 CPU 中，用于速度和位置的控制。

CPU 提供最多 3 个数字量输出（Q0.0、Q0.1 和 Q0.3），这 3 个数字量输出可以通过 PWM 向导组态为 PWM 输出，或者通过运动向导组态为运动控制输出。当作为 PWM 操作组态输出时，输出的周期是固定不变的，脉宽或脉冲占空比可通过程序进行控制。脉宽的变化可在应用中控制速度或位置。

运动轴提供了带有集成方向控制和禁用输出的单脉冲串输出。运动轴还包括可编程输入，允许将 CPU 组态为包括自动参考点搜索在内的多种操作模式。运动轴为步进电动机或伺服电动机的速度和位置开环控制提供了统一的解决方案。

2. 高速脉冲的输出端子

S7-200 SMART PLC 经济型的 CPU 没有高速脉冲输出点，标准型的 CPU 有高速脉冲输出点，CPU ST30/ST40T/ST60 有 3 个脉冲输出通道 Q0.0、Q0.1 和 Q0.3，CPU ST20 有 2 个脉冲输出通道 Q0.0 和 Q0.1，支持的最高脉冲频率为 100 kHz。PWM 脉冲发生器与过程映像寄存器共同使用 Q0.0、Q0.1 和 Q0.3。如果不需要使用高速脉冲输出，Q0.0、Q0.1 和 Q0.3 可以作为普通的数字量输出点使用；一旦需要使用高速脉冲输出功能，必须通过 Q0.0、Q0.1 和 00.3 输出高速脉冲，此时如果对 Q0.0、Q0.1 和 Q0.3 执行输出刷新、强制输出、立即输出等指令，均无效。建议在启用 PWM 操作之前，用 R 指令将对应的过程映像输出寄存器复位为 0。

3. 脉冲输出指令

脉冲输出指令（PLS）配合特殊存储器用于配置高速输出功能。脉冲输出指令格式见表 1-50。

表 1-50　脉冲输出指令格式

梯形图	语句表	操作数
PLS —EN ENO— —N	PLS　N	N：常量 （0，1 或 2）

PWM 的周期范围为 10~65 535 μs 或者 2~65 535 ms，PWM 的脉冲宽度时间范围为 10~65 535 μs 或者 2~65 535 ms。

4. 与 PLS 指令相关的特殊寄存器

如果要装入新的脉冲宽度（SMW70、SMW80 或 SMW570）和周期（SMW68、SMW78 或 SMW578），应该在执行 PLS 指令前装入这些值到控制寄存器，然后 PLS 指令会从特殊寄存器 SM 中读取数据，并按照存储数值控制 PWM 发生器。这些特殊寄存器分为三大类：PWM 功能状态字、PWM 功能控制字和 PWM 功能寄存器。这些寄存器的含义见表 1-51~表 1-53。

表 1-51　PWM 功能状态字

Q0.0	Q0.1	Q0.3	功能描述
SM67.0	SM77.0	SM567.0	更新 PWM 周期值：0=不更新，1=更新
SM67.1	SM77.1	SM567.1	更新 PWM 脉冲宽度值：0=不更新，1=更新
SM67.2	SM77.2	SM567.2	保留
SM67.3	SM77.3	SM567.3	选择 PWM 时间基准：0=μs/刻度，1=ms/刻度
SM67.4	SM77.4	SM567.4	保留
SM67.5	SM77.5	SM567.5	保留
SM67.6	SM77.6	SM567.6	保留
SM67.7	SM77.7	SM567.7	PWM 允许输出：0=禁止，1=允许

表 1-52　PWM 功能控制字

Q0.0	Q0.1	Q0.3	功能描述
SMW68	SMW78	SMW568	PWM 周期值（范围：2~65 535）
SMW70	SMW80	SMW570	PWM 脉冲宽度值（范围：0~65 535）

表 1-53　PWM 功能寄存器

控制字节	启用	时基	脉冲宽度	周期时间
16#80	是	1 μs/周期	—	—
16#81	是	1 μs/周期	—	更新
16#82	是	1 μs/周期	更新	—
16#83	是	1 μs/周期	更新	更新
16#88	是	1 ms/周期	—	—
16#89	是	1 ms/周期	—	更新
16#8A	是	1 ms/周期	更新	—
16#8B	是	1 ms/周期	更新	更新

注意：受硬件输出电路响应速度的限制，对于 Q0.0、Q0.1 和 Q0.3，从断开到接通为 1.0 μs，从接通到断开 3.0 μs，因此最小脉宽不可能小于 4.0 μs。最大的频率为 100 kHz，因此最小周期为 10.0 μs。

练一练

【例 1-34】用 CPU ST40 的 Q0.0 端输出一串脉冲，周期为 100 ms，脉冲宽度时间为 50 ms，要求有启停控制。

根据控制要求编程，程序如图 1-117 所示。

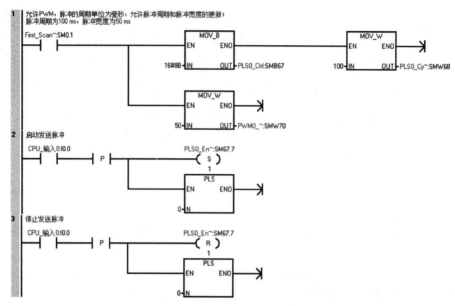

图 1-117　高速脉冲输出指令的应用

知识模块 2　触摸屏控制技术

随着工业自动化水平的迅速提高和计算机在工业领域的广泛应用，人们对工业自动化的要求越来越高。组态控制软件和触摸屏控制技术已成为自动化控制领域中一个重要的部分，正突飞猛进地发展着。特别是近几年，组态控制软件和触摸屏新技术、新产品层出不穷。在组态控制软件和触摸屏技术快速发展的今天，作为从事自动化相关行业的技术人员，了解掌握组态控制软件和触摸屏是必需的。

2.1　MCGS 嵌入版组态软件概述

MCGS（Monitor and Control Generated System）嵌入版组态软件是专门为 MCGS 触摸屏开发的一套组态软件。它包括组态环境和运行环境两部分，MCGS 嵌入版组态软件为用户提供了解决实际工程问题的完整方案和开发平台，能够完成现场数据采集、实时和历史数据处理、报警和安全机制、程序控制、动画显示、趋势曲线和报表输出以及企业监控网络等功能。

应用 MCGS 嵌入版组态软件开发出来的 MCGS 触摸屏监控系统适用于对功能、可靠性、成本、体积、功耗等综合性能有严格要求的数据采集监控系统。通过对现场数据采集处理，以动画显示、报警处理、流程控制和报表输出等多种方式向用户提供解决实际工程问题的方案，在自动化领域有着广泛的应用。

2.1.1　MCGS 嵌入版组态软件的结构

MCGS 嵌入版的组态环境还包括组态环境和模拟运行环境。模拟运行环境用于对组态后的工程进行模拟测试，方便用户对组态过程的调试。组态环境和模拟运行环境相当于一套完整的工具软件，可以在计算机机上运行。它帮助工程人员设计和构造自己的组态工程并进行功能测试。

MCGS 嵌入版组态软件的运行环境应用最多的是窗口，窗口直接提供给用户使用。在窗口内，用户可以放置不同的构件和创建图形对象并调整画面的布局，还可以组态配置不同参数以完成不同的功能。在 MCGS 嵌入版组态软件中，每个应用系统只能有一个主控窗口和一个设备窗口，但可以有多个用户窗口和多个运行策略，实时数据库中也可以有多个数据对象。MCGS 嵌入版组态软件用主控窗口、设备窗口和用户窗口来构成一个应用系统的人机交互图形界面，组态配置各种不同类型和功能的对象或构件，实现对实时数据进行可视化处理。

2.1.2　组态软件运行

MCGS 嵌入版组态软件包括组态环境、运行环境、模拟运行环境三部分。文件

McgsSetE.exe 对应于组态环境、文件 McgsCE.exe 对应于运行环境、文件 CEEMU.exe 对应于模拟运行环境。组态环境和模拟运行环境安装在计算机中，运行环境安装在 MCGS 的触摸屏中。组态环境是用户组态工程的平台，模拟运行环境在计算机上模拟工程的运行情况，用户可以不必连接触摸屏对工程进行运行和检查。运行环境是组态软件安装到触摸屏内存的运行环境。

单击桌面上的"MCGS 组态环境"的快捷图标，即可进入 MCGS 嵌入版的组态环境界面，如图 2-1 所示。在此环境中，用户可以根据自己的需求建立工程。当组态完工程后，在计算机的模拟运行环境中试运行，以检查是否符合组态要求。也可以将工程下载到触摸屏的实际环境中运行。

在 MCGS 嵌入版组态软件的组态环境下选择工具菜单的下载配置，将弹出"下载配置"对话框，选择好背景方案，如图 2-2 所示。

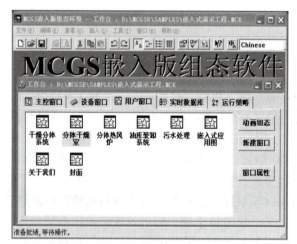

图 2-1　MCGS 组态环境界面

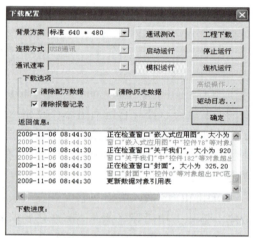

图 2-2　"下载配置"对话框

2.1.3　一个工程实例

要设计一个工程，首先要了解工程的系统构成和工艺流程，明确主要的技术要求，搞清工程所涉及的相关硬件和软件。在此基础上，拟定组建工程的总体规划和设想。比如：控制流程如何实现，需要什么样的动画效果，应具备哪些功能，需要何种工程报表，需不需要曲线显示等。只有这样，才能在组态过程中有的放矢，达到完成工程的目的。

下面通过一个循环水控制系统的组态过程，学习如何使用 MCGS 嵌入版组态软件完成组态工程。工程样例中涉及动画制作、控制流程的编写、模拟设备的连接、报表曲线显示等多项组态操作。

1. 循环水控制系统的工艺流程

循环水控制系统是由一个水泵、两个水罐、一个进水阀、一个出水阀、一个控制阀、一个水池、四个指示灯、八个开关以及三个滑动输入器组成。该系统是由水泵→水罐1→进水阀→水池→控制阀→水罐2→出水阀组成一个循环水控制回路。在水罐1、水池、水罐2的旁边设有一个滑动输入器控制相应液位的大小。每个开关旁设有指示灯，用来指示每个开关的运行状态。

2. 工程运行效果图

工程运行效果图主要根据工艺要求或者工程设计要求规划出最终效果图。效果图设计要简捷明快，最大限度地反映工作现场的实际设备情况。工程最终效果图如图 2-3～图 2-5 所示。

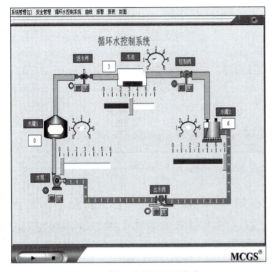

图 2-3　循环水控制系统窗口

图 2-4　曲线窗口

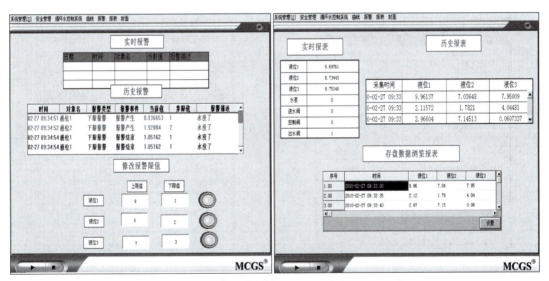

图 2-5　报警窗口和报表窗口

3. 创建 MCGS 组态工程

（1）MCGS 工程文件打开与保存

计算机上安装了"MCGS 嵌入版组态软件"，在 Windows 桌面上会有"MCGS 组态环境"与"MCGS 运行环境"图标。单击桌面上的"MCGS 组态环境"快捷图标，即可进入 MCGS 嵌入版组态环境界面，如图 2-6 所示。

图 2-6　MCGS 嵌入版组态环境界面

在菜单"文件"中选择"新建工程"菜单项，如果 MCGS 安装在 D：根目录下，则会在 D:\MCGSE\WORK\下自动生成新的工程文件，默认的工程名为新建工程×.MCG（×表示新建工程的顺序号，如：0、1、2、等），如图 2-7 所示。

在菜单"文件"中选择"工程另存为"菜单项，如图 2-8 所示，把新建工程另存为 D:\MCGSE\WORK\循环水控制系统，保存路径如图 2-9 所示。

图 2-7　新建工程路径　　　　　　图 2-8　工程另存为路径

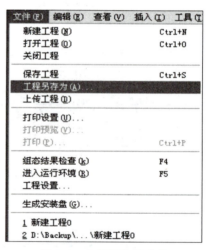

图 2-9　新建工程保存路径

（2）建立组态工程画面

① 进入 MCGS 组态工作台，单击"用户窗口"，在"用户窗口"中单击"新建窗口"按钮，则生成"窗口 0"，如图 2-10 所示。

② 选中"窗口 0"，单击"窗口属性"，进入"用户窗口属性设置"弹出框，将窗口名称改为循环水控制系统；窗口标题改为循环水控制系统；其他属性设置不变，单击"确认"按钮，如图 2-11 所示。

 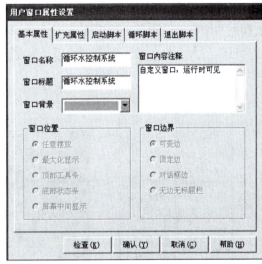

图 2-10　新建窗口　　　　　　　　　　图 2-11　用户窗口属性设置弹出框

③ 在"用户窗口"中，选中"循环水控制系统"，右击，选择下拉菜单中的"设置为启动窗口"选项，将该窗口设置为启动窗口，如图 2-12 所示。

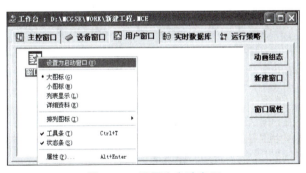

图 2-12　设置为启动窗口

（3）编辑组态工程画面

制作窗口文字框图的操作步骤如下：

① 选中"循环水控制系统"窗口图标，单击"动画组态"按钮，进入动画组态窗口编辑画面。单击工具条中的"工具箱"按钮，打开绘图工具箱。图标对应于选择器，用于在编辑图形时选取用户窗口中指定的图形对象；图标 用于打开和关闭常用图符工具箱，从常用图符工具箱中选取图形对象放置在用户窗口中，起标注用户应用系统图形界面的

作用。MCGS 组态环境系统内部提供了 27 种常用的图符对象，称为系统图符对象，如图 2-13 所示。

②选择"工具箱"内的"标签"按钮 A，鼠标的光标呈"十"字形，在窗口顶端中心位置拖曳鼠标，根据需要拉出一定大小的矩形。在光标闪烁位置输入文字"循环水控制系统"，按 Enter 键文字输入完毕。

③选中当前的文字框设置：设定文字框颜色；单击工具条上的 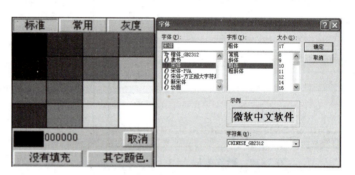 （填充色）按钮，设定文字框的背景颜色为没有填充颜色；单击工具条上的 （线色）按钮，设置文字框的边线颜色为没有边线颜色；单击工具条上的 A^a （字符字体）按钮，设置文字字体为宋体，字型为粗体，大小为一号；单击工具条上的 （字符颜色）按钮，将文字颜色设为绿色。文字框设定完成，如图 2-14 所示。

图 2-13　系统图符对象

图 2-14　字符颜色和字符字体提示框

（4）制作组态工程流程图

①单击绘图工具箱中的插入元件图标，弹出"对象元件库管理"弹出框，如图 2-15 所示。

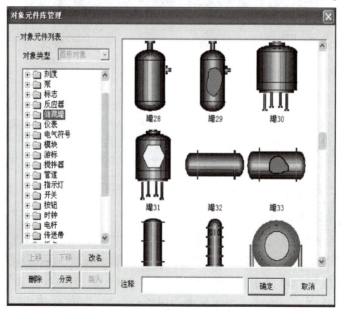

图 2-15　"对象元件库管理"弹出框

②从"储藏罐"类中选取罐 17、罐 23。

③从"阀"和"泵"类中分别选取 2 个阀、1 个泵。

④参照效果图（图 2-3），将储藏罐、阀、泵等构件调整为适当大小放到适当位置。

⑤水池是手动制作的。在工具箱中选取 ▭，调整大小，放在适当的位置。在常用符号中选取 ▯，调整大小，并与矩形重叠放置。同时，右击，选中"排列"选项，把 ▯ 设置为最前面的属性设置，如图 2-16 所示。双击进入 ▯ 的属性设置，选择"大小变化"，按图 2-17 所示进行设置。

图 2-16　水池

图 2-17　水池的动画组态属性设置

⑥选中工具箱内的流动块动画构件图标 ▥，鼠标的光标呈"十"字形，移动鼠标至窗口的预定位置。单击移动鼠标，在鼠标光标后形成一道虚线，拖动一定距离后，单击，生成一段流动块。再拖动鼠标，生成下一段流动块，并调整大小和相应的位置。

⑦当用户想结束绘制时，双击即可。

⑧当用户想修改流动块时，选中流动块（流动块的周围出现选中标志：白色小方块），鼠标指针指向小方块，按住左键不放拖动鼠标，即可调整流动块的形状。

⑨使用工具箱中的 Ａ 图标，将阀门和罐 1 进行文字注释。依次为水泵、水罐 1、进水阀、水池、控制阀、水罐 2、出水阀。文字注释的设置使用"编辑画面"中的"制作文字框图"。

⑩每个泵和阀门做出相应的指示灯，从"指示灯"选取指示灯 3。每个泵和阀门做出相应的开关，从"工具箱"选取按钮放到适当的位置后退出。

⑪每个仪表都是从工具箱中选取的，把仪表 1 放到适当的位置并调整大小。以仪表 1 为例讲解仪表属性设置，如图 2-18 所示。

⑫通过窗口画面的设置，最后生成的整体画面如图 2-19 所示，选择"文件"菜单中的"保存窗口"选项 ▤ 保存画面。

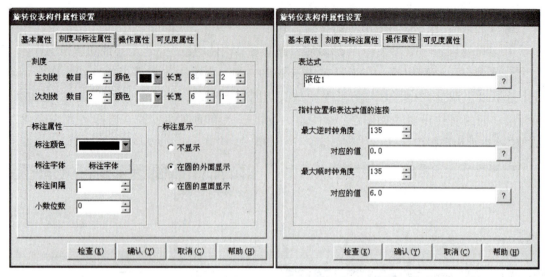

图 2-18   旋转仪表构件属性设置

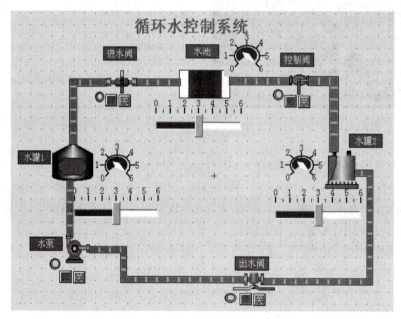

图 2-19   循环水控制系统的整体画面

2.2   MCGS 嵌入版组态软件的动态链接

MCGS 嵌入版组态软件中提供了各种动画构件的属性设置，能够使静态的图形按照实际生产的工作情况动起来。

2.2.1   数据对象

数据对象是构成实时数据库的基本单元，建立实时数据库的过程也是定义数据对象的过程。数据对象有开关型、数值型、字符型、事件型和组对象这五种类型。定义数据对象主要包括数据变量的名称、类型、初始值、数值范围、确定与数据变量存盘相关的参数、存盘的周期、存盘的时间范围和保存期限等。分析和建立实例工程中与设备控制相关的数据对象，再根据需要对数据对象进行设置。实例工程中用到相关的变量见表 2-1。

表 2-1　变量列表

对象名称	类型	功能说明
水泵	开关型	控制制水泵"启动""停止"的变量
控制阀	开关型	控制控制阀"打开""关闭"的变量
出水阀	开关型	控制出水阀"打开""关闭"的变量
进水阀	开关型	控制进水阀"打开""关闭"的变量
液位 1	数值型	水罐 1 的水位高度，用来控制 1#水罐水位的变化
液位 2	数值型	水池的水位高度，用来控制水池水位的变化
液位 3	数值型	水罐 2 的水位高度，用来控制 2#水罐水位的变化
液位 1 上限	数值型	用来在运行环境下设定水罐 1 的上限报警值
液位 1 下限	数值型	用来在运行环境下设定水罐 1 的下限报警值
液位 2 上限	数值型	用来在运行环境下设定水池的上限报警值
液位 2 下限	数值型	用来在运行环境下设定水池的下限报警值
液位 3 上限	数值型	用来在运行环境下设定水罐 2 的上限报警值
液位 3 下限	数值型	用来在运行环境下设定水罐 2 的下限报警值
液位组	组对象	用于历史数据、历史曲线、报表输出等功能构件

实例工程中用到的相关变量的建立方法与过程如下：

（1）建立实时数据库

打开工作台的"实时数据库"窗口标签，进入实时数据库窗口页面，如图 2-20 所示。单击"新增对象"按钮，在窗口的数据变量列表中增加新的数据变量。多次按该按钮，则增加多个数据变量，系统默认定义的名称为"InputUser1""InputUser2""InputUser3"等。

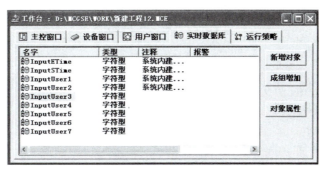

图 2-20　实时数据库

（2）数值型数据对象的属性设置

在实时数据库中找到相对应用的数据变量，双击选中变量，打开"数据对象属性设置"窗口。指定名称类型；用户将系统定义的默认名称改为用户定义的名称。指定注释类型；在注释栏中输入变量注释文字。循环水控制系统中要定义的数据变量过程以"液位2"变量为例进行设置。设置过程如图 2-21~图 2-23 所示。

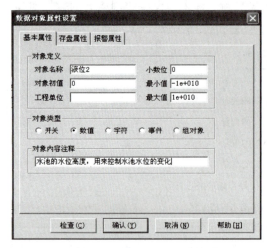

图 2-21　数据对象基本属性

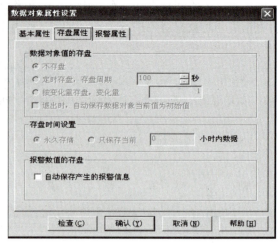

图 2-22　数据对象存盘属性

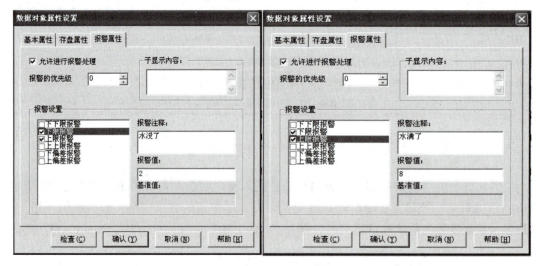

图 2-23　数据对象报警属性

（3）开关型数据对象的属性设置

对于水泵、出水阀、进水阀、控制阀四个开关型数据对象，设置属性时只要把数据对象名称改为水泵、出水阀、进水阀、控制阀即可；对象类型选中"开关"，其他属性不变，如图 2-24~图 2-27 所示。

（4）组对象型数据对象的属性设置

新建一个数据变量，打开基本属性，对象名称为液位组，对象类型为组对象，其他属性设置不变。在组对象型存盘属性中，数据对象值的存盘选中定时存盘，存盘周期设为 5 s。在组对象成员中选择"液位1""液位2""液位3"。具体设置如图 2-28~图 2-30 所示。

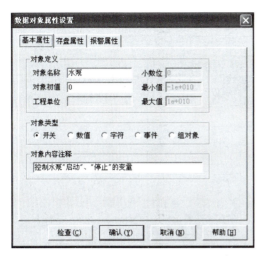

图 2-24　水泵变量的属性设置

图 2-25　出水阀变量的属性设置

图 2-26　进水阀变量的属性设置　　　　图 2-27　控制阀变量的属性设置

图 2-28　组变量基本属性设置　　　　图 2-29　组变量存盘属性设置

图 2-30　组变量组对象成员属性设置

2.2.2　动态连接

MCGS 嵌入式组态软件实现图形动画设计的主要方法是将用户窗口中图形控件与实时数据库中的数据对象建立相关性连接，并设置相应的动画属性。在系统运行过程中，由数据对象的实时采集值来控制图形对象的外观和状态特征相应的图形动画的运动，从而实现了图形的动画效果。

1. 图形控件动画设置

对工程样例中的图形控件进行动画属性设置如下：在用户窗口中打开循环水控制系统窗口，选中水罐 1，双击，弹出"单元属性设置"窗口，如图 2-31 所示。单击"单元属性设置"窗口中的"动画连接"选项卡，选择"八边形"，则会出现 > 按钮，如图 2-32 所示。单击 > 按钮，则进入"动画组态属性设置"窗口，按图 2-33 所示进行修改，其他属性设置不变。设置好后，单击"确认"按钮，变量连接成功。对于水罐 2，只需要把"液位 2"改为"液位 1"；最大变化百分比 100，对应的表达式的值由 10 改为 6 即可，其他属性设置不变。

图 2-31　"单元属性设置"窗口

图 2-32　"动画连接"选项卡

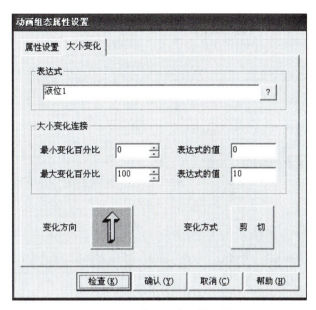

图 2-33　动画组态属性设置

2. 开关型构件进行动画设置

在用户窗口中打开循环水控制系统窗口，选中进水阀，双击，弹出"单元属性设置"窗口，如图 2-34 所示。打开"单元属性设置"窗口中的"动画连接"选项卡，选择"组合图符"，则会出现 > 按钮，如图 2-35 所示。单击 > 按钮进入"动画组态属性设置"窗口，按图 2-36 所示进行修改，其他属性设置不变。设置好后，单击"确认"按钮完成变量的连接。水泵、出水阀、控制阀的属性设置与进水阀属性设置相同。

进水阀的动画组态属性设置中，可以在"属性设置"选项卡中调入进水阀其他的属性设置窗口，如图 2-37 所示。

图 2-34　"单元属性设置"窗口

图 2-35　"动画连接"选项卡

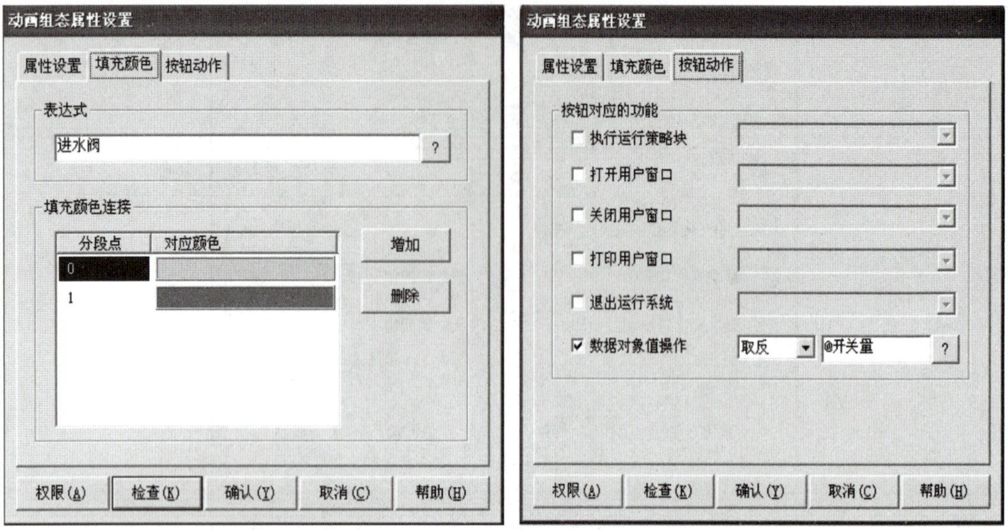

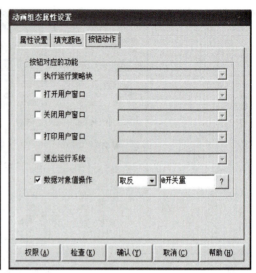

图 2-36 "动画组态属性设置"窗口

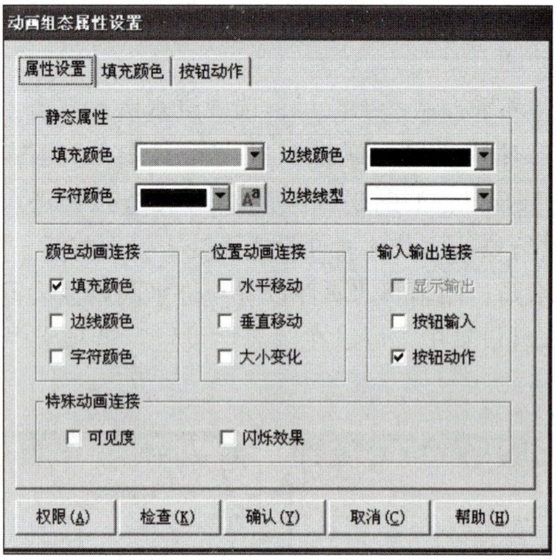

图 2--37 "属性设置"选项卡

3. 流动块构件属性设置

在循环水控制系统中，水管中的水的流动效果是通过设置流动块构件属性来实现的。对流动块构件进行动画设置：在"用户窗口"中打开"循环水控制系统窗口"，选中水泵右侧的流动块，双击，弹出"流动块构件属性设置"窗口，如图 2-38 所示。修改流动块构件的基本属性，单击流动块构件的"流动属性"选项卡，按照图 2-39 所示进行修改。流动块构件的可见度属性不修改，如图 2-40 所示。

对于水罐 1 与进水阀之间的流动块构件属性设置，只需要把相应表达式改为"进水阀 = 1"即可，其他属性不修改，如图 2-41 所示。对于进水阀与水池之间的流动块构件属性设置，只需要把相应表达式改为"进水阀 = 1"即可，其他属性设置不修改。单击"确认"按钮完成设置，如图 2-41 所示。

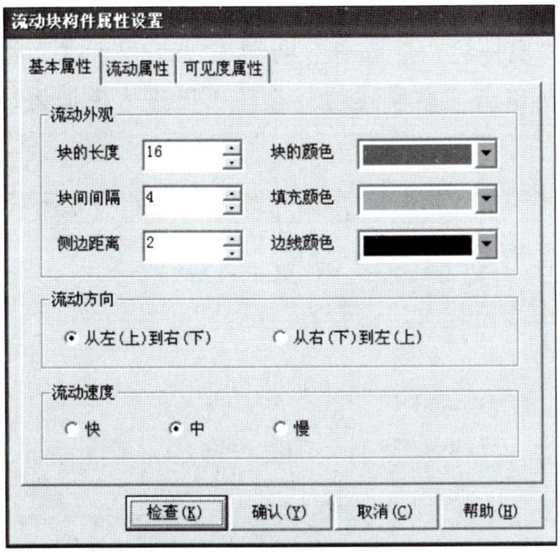

图 2-38　"基本属性"设置窗口

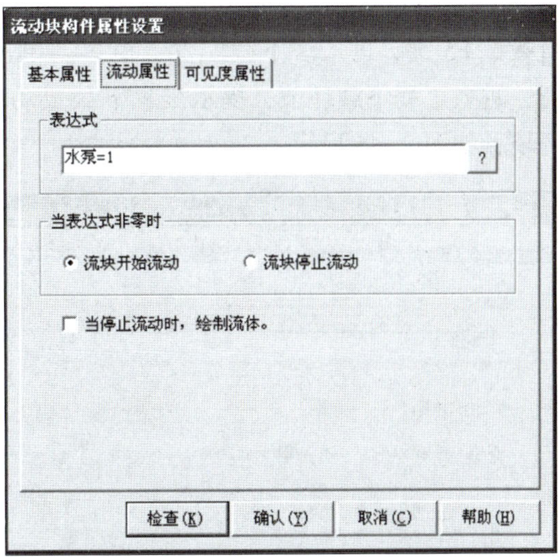

图 2-39　"流动属性"设置窗口

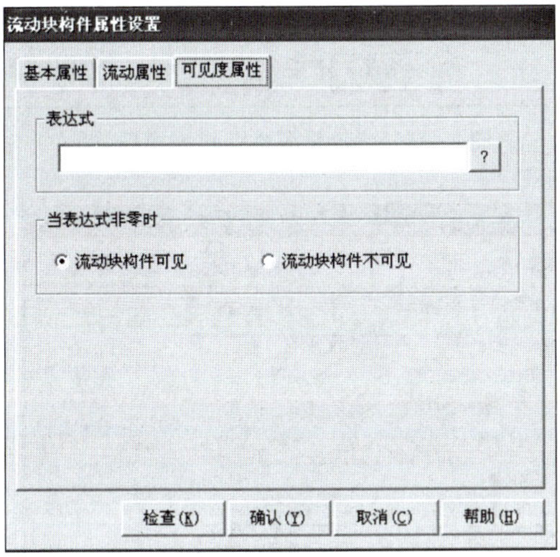

图 2-40　"可见度属性"设置窗口

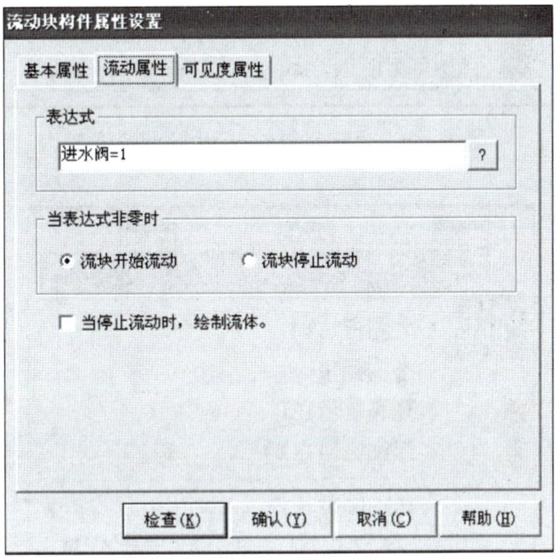

图 2-41　"流动属性"设置窗口（1）

　　对于水池与控制阀之间的流动块构件属性设置，只需要把相应表达式改为"控制阀=1"即可；对于控制阀与水罐 2 之间的流动块构件属性设置，只需要把相应表达式改为"控制阀=1"即可，如图 2-42 所示。对于水罐 2 与出水阀之间的流动块构件属性设置，只需要把相应表达式改为"进水阀=1"即可。对于出水阀与水泵之间的流动块构件属性设置，只需要把相应表达式改为"进水阀=1"即可，流动块构件属性设置完成。建立过程如图 2-43所示。

　　至此，动画构件的属性设置已经完成，进入模拟运行环境让工程运行起来，检查动画构件是否按照相应动作条件进行正常工作。在运行之前，需要进行窗口设置，在"用户窗口"中选中循环水控制系统窗口，右击，选择"设置为启动窗口"，如图 2-44 所示，这样样例工程进入运行环境后，会自动打开"循环水控制系统窗口"。

上述操作完成后，进入运行模拟环境，在"文件"菜单中，选择"进入运行环境"或直接按 F5 键，进入"下载配置"窗口。单击"模拟运行"按钮，再单击"工程下载"按钮，进入工程下载环节，提示工程下载成功后，单击"启动运行"按钮可以进入模拟运行环境，如图 2-45 所示。

图 2-42　"流动属性"设置窗口（2）　　　　　图 2-43　"流动属性"设置窗口（3）

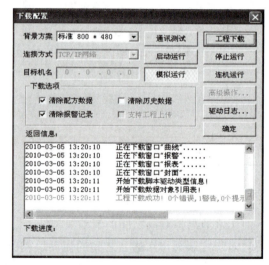

图 2-44　设置为启动窗口　　　　　　　　　图 2-45　"下载配置"窗口

打开模拟运行环境窗口，移动鼠标到"水泵""进水阀""控制阀""出水阀"旁边的开关按钮部分，单击开关按钮，指示灯由红色变为绿色，同时流动块运动起来，如图 2-46 所示。

4. 滑动输入器构件的属性设置

虽然流动块运动起来了，但水罐 1、水罐 2、水池仍没有变化，这是由于没有信号输入，也没有人为地改变其值。在"工具箱"中选中滑动输入器图标，当鼠标变为"十"字形后，拖动鼠标到适当大小，然后双击进入属性设置窗口进行设置，使水罐1、水罐2、水池动作起来。具体操作如图2-47所示。

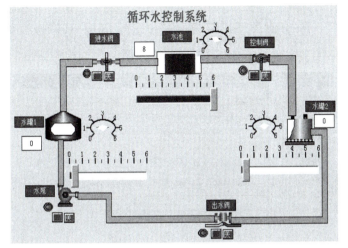

图 2-46　模拟运行环境窗口

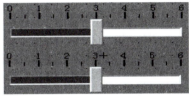

图 2-47　滑动输入器构件

以液位1为例进行讲解：在"滑动输入器构件属性设置"窗口的"基本属性"选项卡中进行输入器构件的外观和滑块指向的设置，"滑块指向"选中"无指向"，如图2-48所示。在"刻度与标注属性"选项卡中，把"主划线数目"改为6，"次划线数目"改为2，"标注间隔"改为1，如图2-49所示。在"操作属性"选项卡中，把对应数据对象的名称改为"液位1"，"滑块在最右（上）边时对应的值"改为6，其他属性设置不变，如图2-50所示。"可见度属性"选项卡中的设置如图2-51所示。

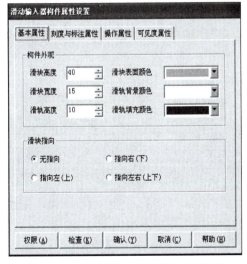

图 2-48　滑动输入器构件基本属性设置

图 2-49　滑动输入器构件刻度与标注属性设置

5. 显示输出框的属性设置

进入模拟运行环境后，通过拉动滑动输入器使水罐1、水池、水罐2中的液面动起来。为了准确了解水罐1、水池、水罐2的数值，可以用提示框显示其数值。以水罐1为例介绍制作过程：在"工具箱"中单击"标签"图标，调整大小，放在水罐下面，双击进行属性设置，在"输入输出连接"选择显示输出，扩展属性不进行设置，在"显示输出"选项卡中，表达式为"液位1"，输出值类型设定为"数值量输出"。具体操作如图2-52、图2-53所示。

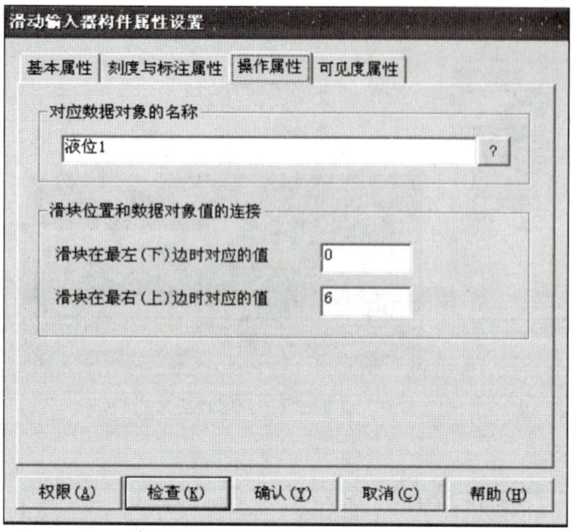

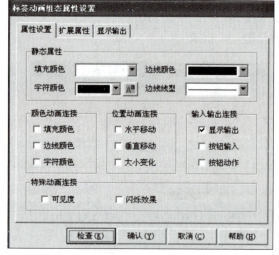

图 2-50 滑动输入器构件操作属性设置

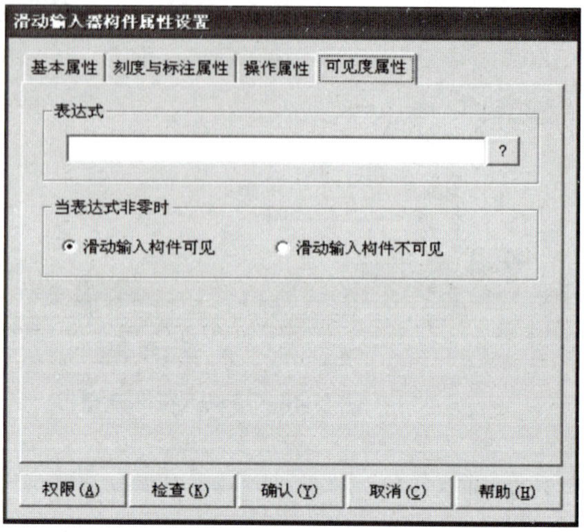

图 2-51 滑动输入器构件可见度属性设置

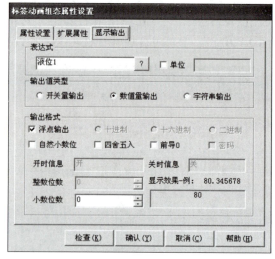

图 2-52 标签动画组态属性设置

图 2-53 标签动画组态属性显示输出设置

6. 旋转仪表的属性设置

MCGS 嵌入式组态软件提供了多种仪表的形式供选择，利用仪表构件在模拟画面中显示仪表的运行状态。具体制作如下：在"工具箱"中单击"旋转仪表"图标，或到元件库进行选取，调整仪表大小放在水罐1旁边，双击，进行旋转仪表构件属性设置，具体操作如图2-54所示。单击工具条中的图标进入运行环境后，通过拉动滑动输入器使整个画面动起来。

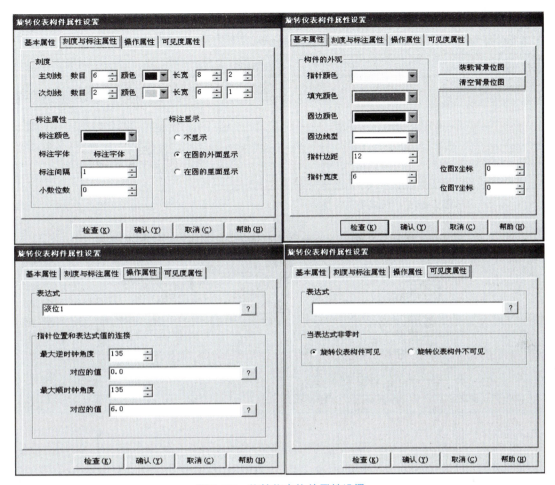

图 2-54　旋转仪表构件属性设置

2.2.3　设备连接

模拟设备是 MCGS 嵌入版组态软件根据设置的参数产生一组模拟曲线的数据，以供不同的实际工业现场调试工程使用。模拟设备构件可以产生标准的正弦波、方波、三角波、锯齿波信号，并且信号的幅值和周期都可以任意设置。通过模拟设备构件的连接，可以使动画不需要手动操作就完全自动地运行起来。在启动 MCGS 嵌入版组态软件的运行环境时，模拟设备自动装载到设备工具箱中，进行模拟设备构件运行。下面按照步骤装载模拟设备构件：

① 在"设备窗口"中双击"设备窗口"图标，如图 2-55 所示。

② 单击工具条中"工具箱"图标，打开"设备工具箱"窗口，如图 2-56 所示。

③ 单击"设备工具箱"中的"设备管理"按钮，弹出如图 2-57 所示窗口。

④ 在"可选设备"列表中，单击"通用设备"，然后单击"模拟数据设备"，在下方出现"模拟设备"图标。双击"模拟设备"图标，即可将"模拟设备"添加到右侧"选定设备"列表中，如图 2-58 所示。

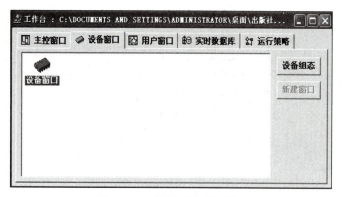

图 2-55 "设备窗口"图标

图 2-56 "设备工具箱"窗口

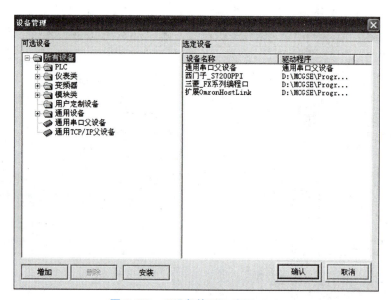

图 2-57 "设备管理"窗口（1）

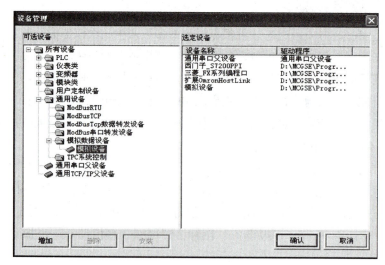

图 2-58 "设备管理"窗口（2）

⑤ 选中“选定设备”列表中的“模拟设备”，单击“确认”按钮，“模拟设备”被添加到“设备工具箱”中，如图 2-59 所示。

设备工具箱
设备管理
通用串口父设备
西门子_S7200PPI
三菱_FX系列编程口
扩展OmronHostLink
模拟设备

图 2-59　添加“模拟设备”窗口

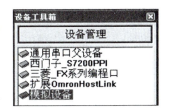

设置模拟设备的具体操作如下：在“设备属性设置”中，单击“内部属性”，会出现…按钮，单击，进入“内部属性”设置窗口，设置好后，单击“确认”按钮退回“基本属性”窗口。接着通过通道连接标签建立设备与变量的连接，在“通道连接”的“对应数据对象”中输入变量，如“液位 1”，表示液位 1 当前与模拟设备的通道 0 建立连接关系。下面详细介绍模拟设备的添加及属性设置。

双击“设备工具箱”中的“模拟设备”，模拟设备被添加到设备组态窗口中。选择“设备 0-［模拟设备］”，打开“设备编辑窗口”，如图 2-60 所示。

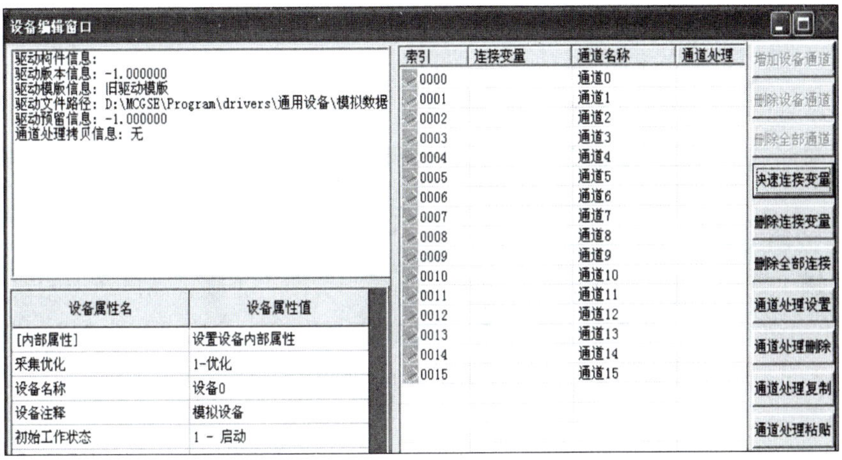
设备编辑窗口
驱动构件信息:
驱动版本信息: -1.000000
驱动模版信息: 旧驱动模版
驱动文件路径: D:\MCGSE\Program\drivers\通用设备\模拟数据
驱动预留信息: -1.000000
通道处理拷贝信息: 无
设备属性名
设备属性值
[内部属性]
设置设备内部属性
采集优化
1-优化
设备名称
设备0
设备注释
模拟设备
初始工作状态
1 - 启动
索引
连接变量
通道名称
通道处理
0000 通道0
0001 通道1
0002 通道2
0003 通道3
0004 通道4
0005 通道5
0006 通道6
0007 通道7
0008 通道8
0009 通道9
0010 通道10
0011 通道11
0012 通道12
0013 通道13
0014 通道14
0015 通道15
增加设备通道
删除设备通道
删除全部通道
快速连接变量
删除连接变量
删除全部连接
通道处理设置
通道处理删除
通道处理复制
通道处理粘贴

图 2-60　设备编辑窗口

单击基本设备属性提示框中的“内部属性”选项，该选项右侧会出现按钮，单击此按钮，进入“内部属性”窗口。将通道 1、2、3 的最大值分别设置为 10、9、8，单击“确定”按钮，完成“内部属性”设置。具体操作如图 2-61 所示。

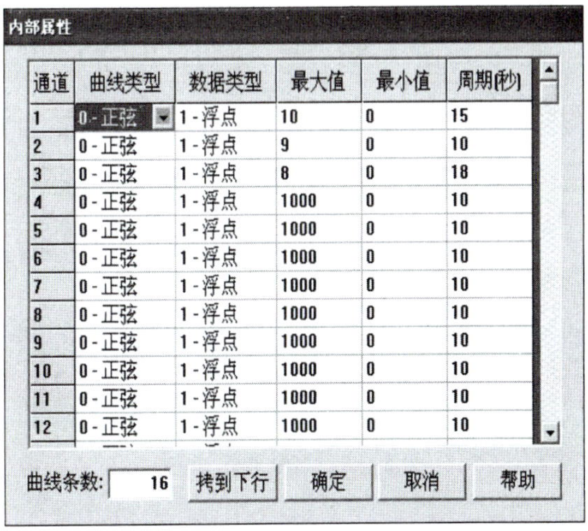
内部属性
通道　曲线类型　数据类型　最大值　最小值　周期(秒)
1　0-正弦　1-浮点　10　0　15
2　0-正弦　1-浮点　9　0　10
3　0-正弦　1-浮点　8　0　18
4　0-正弦　1-浮点　1000　0　10
5　0-正弦　1-浮点　1000　0　10
6　0-正弦　1-浮点　1000　0　10
7　0-正弦　1-浮点　1000　0　10
8　0-正弦　1-浮点　1000　0　10
9　0-正弦　1-浮点　1000　0　10
10　0-正弦　1-浮点　1000　0　10
11　0-正弦　1-浮点　1000　0　10
12　0-正弦　1-浮点　1000　0　10
曲线条数: 16
拷到下行
确定
取消
帮助

图 2-61　内部属性设置窗口

索引	连接变量	通道名称	通道处理
0000	液位1	通道0	
0001	液位2	通道1	
0002	液位3	通道2	
0003		通道3	
0004		通道4	
0005		通道5	
0006		通道6	
0007		通道7	
0008		通道8	
0009		通道9	
0010		通道10	
0011		通道11	
0012		通道12	
0013		通道13	
0014		通道14	
0015		通道15	

图 2-62　通道连接标签

单击"通道连接"标签，进入通道连接设置窗口。选中通道 0 对应数据对象输入框，输入"液位1"；按相同方法将通道 1 和通道 2 对应数据对象"液位 2"和"液位 3"建立连接，单击"确定"按钮完成设备属性设置，如图 2-62 所示。

通过上述操作，完成了模拟设备的建立和连接。进入模拟运行环境，检查循环水控制系统的水罐 1、水池、水罐 2 是否自动运行起来。检查时发现，阀门不会根据水罐 1、水池、水罐 2 的水位变化自动开启与关闭。在调试过程中，可以通过编写控制流程的脚本程序来完成整体调节过程。

2.2.4　编写控制流程

脚本程序是由工程设计人员编制的，用来完成特定操作和处理的程序。脚本程序编程语法简单，下面通过编写循环水控制系统的控制流程的脚本程序进行演示，来学习脚本程序的编写方法。

1. 分析控制流程

当"水罐 1"的液位达到 9 m 时，要把"水泵"关闭，否则自动启动"水泵"；当"水罐 2"的液位不足 1 m 时，要自动关闭"出水阀"，否则自动开启"出水阀"；当"水罐 1"的液位大于 1 m，同时"水罐 2"的液位小于 6 m 时，要自动开启"调节阀"，否则自动关闭"调节阀"。

2. 编写脚本程序

① 打开工作台窗口，选择"运行策略"，双击，在弹出的窗口中双击 图标，进入"策略属性设置"窗口，如图 2-63 所示。把"循环时间"设为 200 ms，单击"确认"按钮即可。

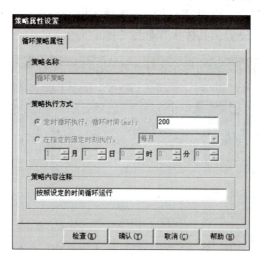

图 2-63　策略属性设置

② 在策略组态中，单击工具条中的"新增策略行"按钮 ，如图 2-64 所示。

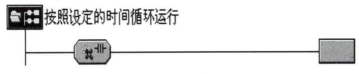

图 2-64　新增策略行

③ 在策略组态中，如果没有出现策略工具箱，则单击工具条中的"工具箱"图标，弹出"策略工具箱"窗口，如图 2-65 所示。单击"策略工具箱"中的"脚本程序"，把鼠标移出"策略工具箱"，会出现一个小手，把小手放在其上，单击，如图 2-66 所示。

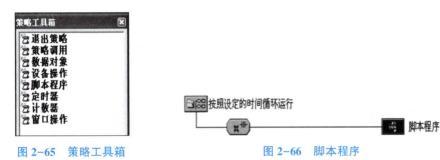

图 2-65　策略工具箱　　　　　　图 2-66　脚本程序

双击进入脚本程序编辑环境，输入下面的脚本程序，脚本程序编写完毕。脚本程序如下：

IF 液位 1 > 1 AND 液位 1 < 5 THEN 水泵 =1 ELSE 水泵 =0 ENDIF

IF 液位 2 < 5 AND 液位 2 > 2 THEN 进水阀 =1 ELSE 进水阀 =0 ENDIF

IF 液位 3 < 4 AND 液位 3 > 2 THEN 控制阀 =1 ELSE 控制阀 =0 ENDIF

IF 液位 3 > 4 THEN 出水阀 =1 ELSE 出水阀 =0 ENDIF

脚本程序编写完成后，单击"检查"按钮，检查脚本程序语法正确与否。当语法正确后，单击"确定"按钮完成脚本程序的设置，退出运行策略窗口。之后进入模拟运行环境时，就会按照脚本程序编写的控制流程出现相应的动画效果。循环水控制系统的动画效果如图 2-67 所示。

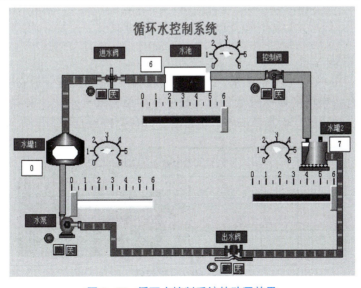

图 2-67　循环水控制系统的动画效果

2.3　MCGS 嵌入版组态软件的数据报表

数据报表在实际控制系统中起到重要的作用，它可以实现数据显示、查询、分析、统计、打印，是整个工厂控制系统的最终结果输出；数据报表是对生产过程中系统监控对象的状态的综合记录和规律总结。数据报表分为两种类型：实时数据报表和历史数据报表。

2.3.1　实时数据报表

1. 报表窗口

打开 MCGS 组态平台，单击"用户窗口"，在"用户窗口"中单击"新建窗口"按钮，产生一个新窗口。单击"窗口属性"按钮，弹出"用户窗口属性设置"窗口。将窗口名称和窗口标题都改为"报表"，进行如图 2-68 所示设置。单击"确认"按钮，再单击"动画组态"，进入"报表"窗口。用"标签"作注释：实时数据，历史数据，存盘数据，浏览报表。

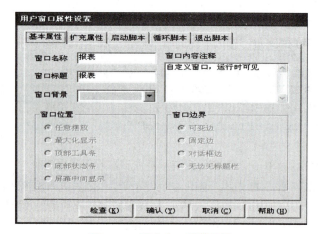

图 2-68　用户窗口属性设置

2. 建立自由表格

在"工具箱"中单击"自由表格"图标，拖放到窗口适当位置，放在实时数据的下面。双击表格，进入自由表格的属性设置窗口，如要改变单元格大小，把鼠标移到 A 与 B 或 1 与 2 之间，当鼠标变化时，拖动鼠标即可；右击，进行编辑与调整，如图 2-69 所示。

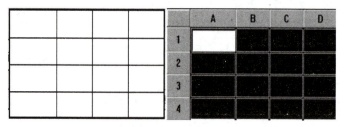

图 2-69　自由表格

对自由表格的属性进行修改，把自由表格删减为 A、B 两列并添加为 7 行，然后双击 A 列的单元格，并输入相应的文字，如图 2-70 所示。在 A1 单元格中右击，选项"连接"或直接按 F9 键，再右击，从实时数据库选取所要连接的变量，双击或直接输入，如图 2-71、图 2-72 所示。

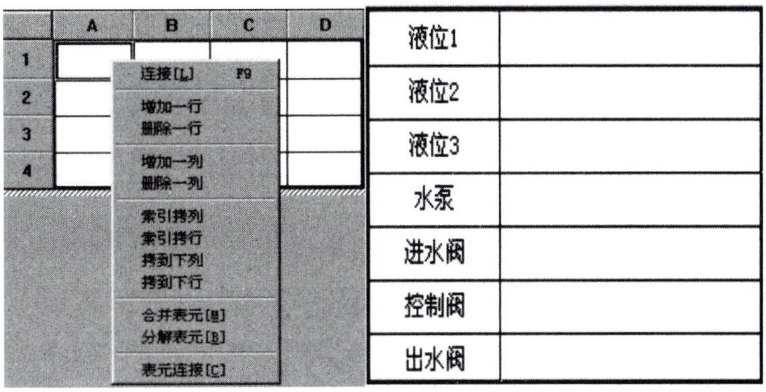

图 2-70　自由表格的修改

图 2-71　自由表格的变量选择

3. 建立菜单管理

在 MCGS 组态平台上，单击"主控窗口"，在"主控窗口"中单击"菜单组态"，在工具条中单击"新增菜单项"图标，会弹出"操作 0"菜单。双击"操作 0"菜单，弹出"菜单属性设置"窗口，如图 2-73、图 2-74 所示。

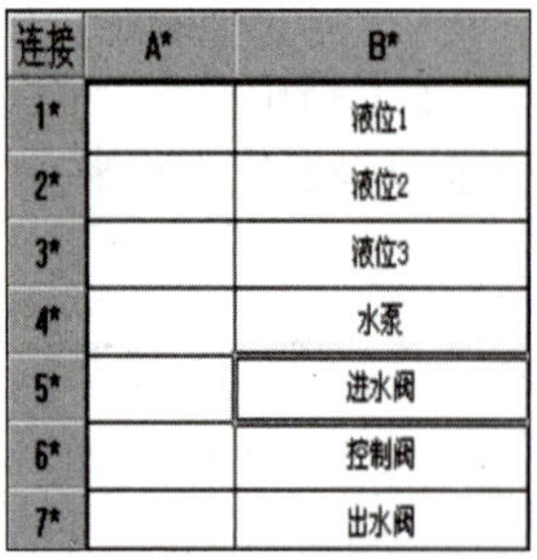

连接	A*	B*
1*		液位1
2*		液位2
3*		液位3
4*		水泵
5*		进水阀
6*		控制阀
7*		出水阀

图 2-72　自由表格的连接变量

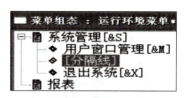

图 2-73　菜单组态

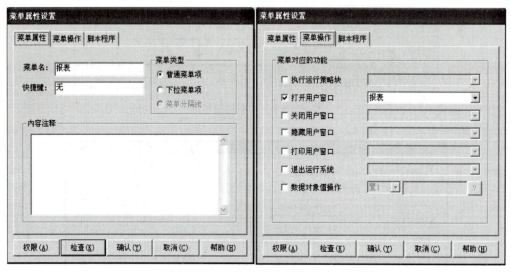

图 2-74　菜单属性设置

按 F5 键进入运行环境后，单击菜单项中的"数据显示"，会打开"数据显示"窗口，实时数据显示，如图 2-75 所示。

图 2-75　运行环境下的菜单管理

2.3.2　历史报表

历史报表通常应用在从历史数据库中提取数据记录，以一定的格式显示历史数据。实现历史报表有两种方式：一种是利用"存盘数据浏览"构件，另一种是利用"历史表格"构件。

1. 存盘数据浏览实现的历史报表

打开 MCGS 组态平台，单击"用户窗口"，进入"报表"窗口，在"工具箱"中单击"存盘数据浏览"图标，拖放到窗口中存盘数据浏览报表的下面。双击表格，进入存盘数据浏览的属性设置窗口，改变单元格大小，把鼠标移到 A 与 B 或 1 与 2 之间，当鼠标变化时拖动鼠标即可；右击，进行编辑与调整，如图 2-76 所示。

对存盘数据浏览的属性设置进行修改，把存盘数据浏览表格删减为 5 列并添加为 3 行的形式，然后双击第 1 行的表格并输入相应的文字，如图 2-77 所示。双击，进入存盘数据浏览的属性设置窗口，存盘数据浏览主要设置数据来源、显示属性、时间条件、外观设置，其他属性设置不变，具体操作如图 2-78 所示。

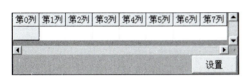

图 2-76　存盘数据浏览构件

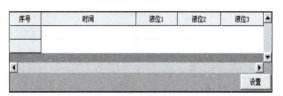

图 2-77　存盘数据浏览的属性设置报表

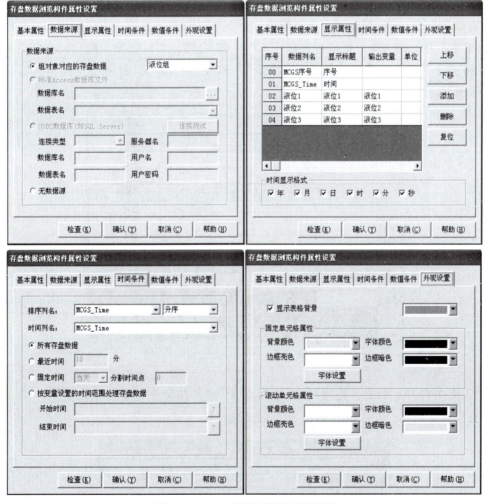

图 2-78　存盘数据浏览的属性设置

上述操作完成后，按 F5 键进入运行环境，打开菜单项中的"报表"窗口，检查存盘数据浏览显示是否符合实际要求，如图 2-79 所示。

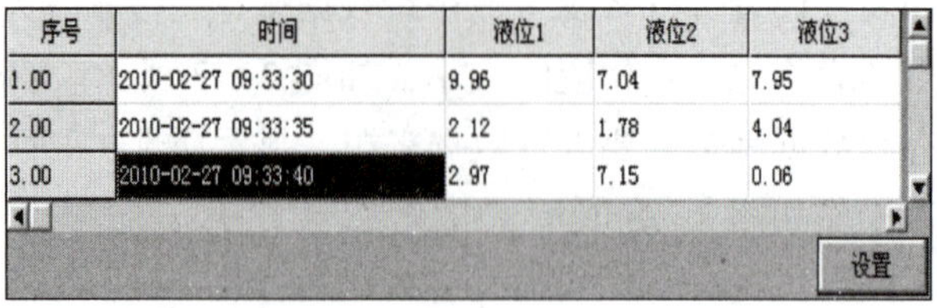

序号	时间	液位1	液位2	液位3
1.00	2010-02-27 09:33:30	9.96	7.04	7.95
2.00	2010-02-27 09:33:35	2.12	1.78	4.04
3.00	2010-02-27 09:33:40	2.97	7.15	0.06

图 2-79　运行环境下的存盘数据浏览构件显示表格

2. 历史表格实现的历史报表

历史表格是利用 MCGS 嵌入版组态软件的历史表格构件来完成的。历史表格构件是基于"Windows 下的窗口"形式建立的，用户在窗口利用历史表格构件的格式编辑功能，配合 MCGS 组态软件的画图功能制作出各种报表。

打开 MCGS 组态平台，单击"用户窗口"，进入"报表"窗口，在"工具箱"中单击"历史表格"图标，拖放到窗口中历史报表的下面。双击表格，进入历史报表的属性设置窗口，如要改变单元格大小，把鼠标移到在 C1 与 C2 之间，当鼠标发生变化时，拖动鼠标改变单元格大小；右击，进行编辑。拖动鼠标从 R2C1 到 R5C3，表格会反黑。具体操作如图 2-80 所示。

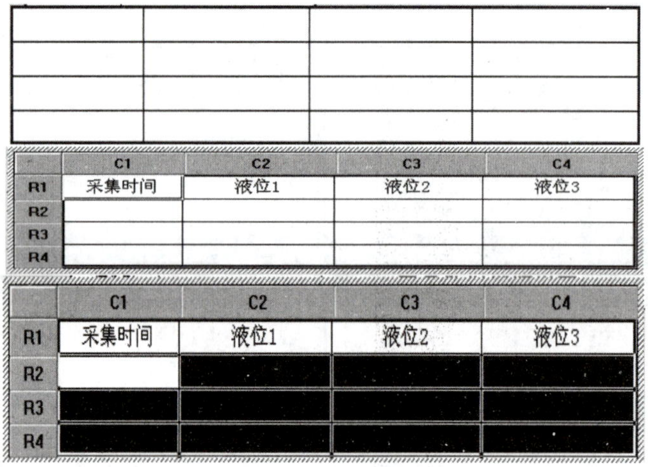

图 2-80　历史表格设置

在表格中右击，单击"连接"，或直接按 F9 键，在菜单中单击"表格"→"合并表格"，会出现反斜杠，进行如图 2-81 所示的相关设置。

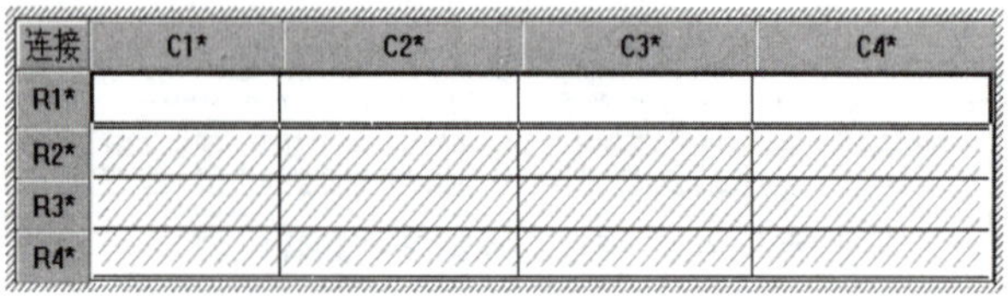

图 2-81　历史表格的连接设置

双击表格中反斜杠处，弹出"数据库连接设置"窗口，主要设置数据来源、显示属性、时间条件，其他设置不变。具体设置如图 2-82 所示，设置完毕后，单击"确认"按钮退出。

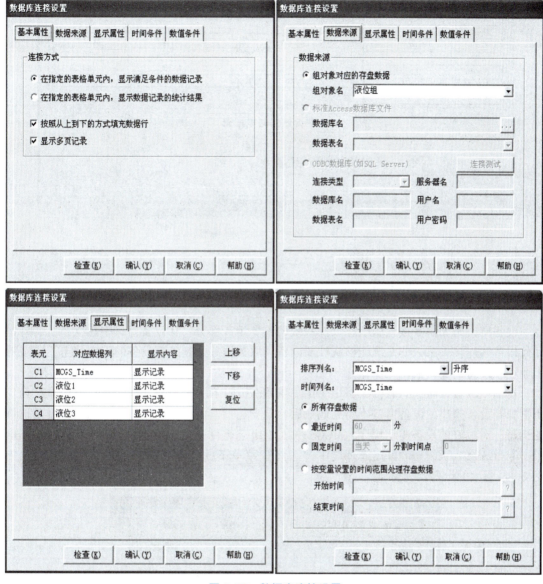

图 **2-82** 数据库连接设置

这时进入运行环境，就可以看到自己的劳动成果了，如图 2-83 所示。数据表格的整体画面如图 2-84 所示。

采集时间	液位1	液位2	液位3
0-02-27 09:33	9.96137	7.03648	7.95009
0-02-27 09:33	2.11572	1.7821	4.04481
0-02-27 09:33	2.96604	7.14513	0.0607337

图 **2-83** 运行环境下的历史数据构件显示表格

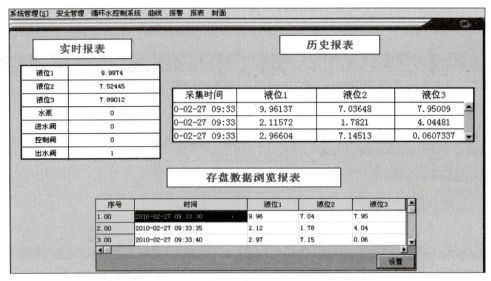

图 2-84　数据表格的整体画面

2.4　MCGS 组态软件的设备窗口

设备窗口是 MCGS 嵌入版组态软件系统的重要组成部分，在设备窗口中建立系统与外部硬件设备的连接关系，使系统能够从外部设备读取数据并控制外部设备的工作状态，实现对工业过程设备的实时监控与操作。

在 MCGS 嵌入版组态软件中，一个用户工程只允许有一个设备窗口。运行时由主控窗口负责打开设备窗口，设备窗口不可见地在后台独立运行。设备窗口负责管理和调度设备构件的运行。对编好的设备驱动程序，MCGS 嵌入版组态软件使用设备构件管理工具进行管理。单击 MCGS 嵌入版组态软件组态环境中"工具"菜单下的"设备构件管理"项，将弹出如图 2-85 所示的设备管理窗口。

图 2-85　设备管理窗口

2.4.1　外部设备的添加

设备驱动程序的登记方法如下：在设备管理窗口左边列出系统现在支持的所有设备，右边列出所有已经登记的设备，用户只需在窗口左边的列表框中选中需要使用的设备，单击"增加"按钮，即完成了 MCGS 嵌入版组态软件设备的登记工作，如图 2-86 所示。在窗口右边的列表框中选中需要删除的设备，单击"删除"按钮即完成了 MCGS 嵌入版组态软件设备的删除登记工作。

在设备管理窗口左边的列表框中列出了系统目前支持的所有设备，设备是按一定分类方法分类排列的，用户可以根据分类方法查找自己需要的设备。系统对设备驱动采用了一定的分类方法进行排列，如图 2-87 所示。

图 2-86　设备管理器可选设备

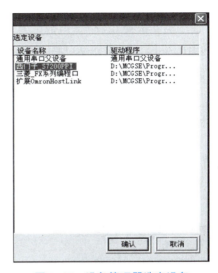

图 2-87　设备管理器选定设备

2.4.2　外部设备的选择

设备构件是 MCGS 嵌入版组态软件系统对外部设备实施驱动的中间媒介，通过建立的数据通道，在实时数据库与测控对象之间实现数据交换，达到对外部设备工作状态进行实时检测与控制的目的。MCGS 嵌入版组态软件系统内部设立有"设备工具箱"，工具箱内提供了与常用硬件设备相匹配的设备构件。

下面以西门子 S7-200 PLC 设备与触摸屏的连接为例进行讲解。在进行 PLC 设备的通信连接时，要在"通用串口父设备"的下级进行建立。先将左边的"通用串口父设备"放到设备窗口后，在设备工具箱中选取西门子_Smart200 PLC 设备，并放到通用串口父设备的子集中，至此，完成了西门子_Smart200 PLC 设备的选择，如图 2-88 所示。

图 2-88　通用设备的选择

2.4.3 设备构件的连接实例

西门子_Smart200设备连接完成后,可以对其进行通信协议的设置。双击"西门子_Smart200",进入设备编辑窗口,检查驱动构件信息是否正确。单击图标,进入设备属性值的内部属性进行操作,弹出"西门子_Smart200"通道属性设置窗口,如图2-89所示。以PLC的位操作变量为例进行举例,操作如下:单击"全部删除"按钮,把系统默认的位变量删除,然后单击"增加通道"按钮,弹出添加设备通道对话框。寄存器类型选择M或者V,寄存器作为输入寄存器,默认的I寄存器无法使用,所以全部删除。寄存器地址选择0地址,数据类型选择0,位通道数量为2,操作方式选择读写方式,单击"确认"按钮完成添加通道的操作,如图2-90所示。

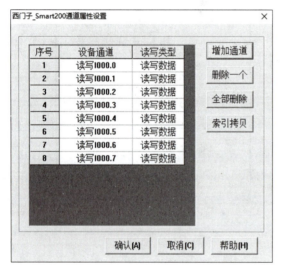

图2-89 通道属性设置窗口   图2-90 添加完通道的属性设置窗口

下面进行通道连接的操作,单击"快速连接变量"按钮,弹出"快速连接"提示框,选择"默认设备变量连接"后单击"确认"按钮,如图2-91所示。回到设备编辑窗口查看设备变量连接情况,完成后单击"确认"按钮退出设备编辑窗口,弹出添加设备对象提示框,选择"全部添加"完成全部操作,结果如图2-92所示。

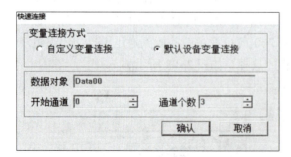

图2-91 快速连接变量

图2-92 设备变量连接

2.5 MCGS 组态软件的用户窗口

用户窗口是组成 MCGS 嵌入版组态软件图形界面的基本单位，所有的图形界面都是由一个或多个用户窗口组合而成的，用户窗口的显示和关闭是由各种功能构件来控制的。用户窗口相当于一个"容器"，用来放置图元、图符和动画构件等各种图形对象。通过对图形对象的组态设置，建立与实时数据库的连接来完成图形界面的设计工作。

2.5.1 用户窗口对象

1. 图形对象

图形对象放置在用户窗口中，它是组成用户应用系统图形界面的最小单元。MCGS 嵌入版组态软件中的图形对象包括图元对象、图符对象和动画构件三种类型。图形对象可以从 MCGS 嵌入版组态软件提供的绘图工具箱和常用图符工具箱中选取，如图 2-93 所示。在绘图工具箱中提供了常用的图元对象和动画构件，在常用图符工具箱中提供了常用的图形。

图 2-93 绘图工具箱和
常用图符工具箱

2. 图元对象

图元对象是构成图形对象的最小单元，多种图元对象的组合可以构成新的、复杂的图形对象。MCGS 嵌入版组态软件为用户提供了 8 种图元对象：直线、弧线、矩形、圆角矩形、椭圆、折线或多边形、标签、位图。

文本图元对象是由多个字符组成的一行字符串，该字符串显示于指定的矩形框内。MCGS 嵌入版组态软件把这样的字符串称为文本图元。

3. 图符对象

多个图元对象按照一定规则组合在一起所形成的图形对象，称为图符对象。图符对象是作为一个整体而存在的，可以随意移动和改变大小。MCGS 嵌入版组态软件系统内部提供了 27 种常用的图符对象，放在常用图符工具箱中，称为系统图符对象。

MCGS 嵌入版组态软件提供的系统图符有平行四边形、等腰梯形、菱形、八边形、注释框、十字形、立方体、楔形、六边形、等腰三角形、直角三角形、五角星形、星形、弯曲管道、罐形、粗箭头、细箭头、三角箭头、凹槽平面、凹平面、凸平面、横管道、竖管道、管道接头、三维锥体、三维球体、三维圆环。

4. 动画构件

动画构件是将工程监控作业中经常操作或观测用的一些功能性器件软件化，做成外观相似、功能相同的构件存入 MCGS 嵌入版组态软件的"工具箱"。动画构件可以供用户在图形对象组态配置时选用，完成一个特定的动画功能。MCGS 嵌入版组态软件目前提供的动画构件有输入框构件、流动块构件、百分比填充构件、标准按钮构件、动画按钮构件、旋钮输入构件、滑动输入器构件、旋转仪表构件、动画显示构件、实时曲线构件、历史曲线构件、报警显示构件、自由表格构件、历史表格构件、存盘数据浏览构件等。

2.5.2 创建用户窗口

打开 MCGSE 组态环境的"工作台"窗口,选择"用户窗口"页签,单击"新建窗口"按钮,即可定义一个新的用户窗口,如图 2-94 所示。

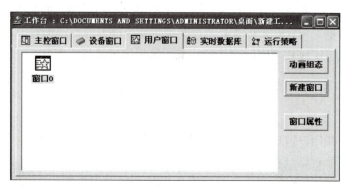

图 2-94 新建窗口

在"用户窗口"页签中,与在 Windows 系统的文件操作窗口中一样,以大图标、小图标、列表、详细资料四种方式显示用户窗口,也可以剪切、复制、粘贴指定的用户窗口,还可以直接修改用户窗口的名称。

MCGS 嵌入版组态软件的"用户窗口"也是作为一个独立的对象而存在的,它包含的许多属性需要在组态时正确设置。在对话框中,可以分别对用户窗口的"基本属性""扩充属性""启动脚本""循环脚本"和"退出脚本"等属性进行设置。

2.6 MCGS 嵌入版组态软件的脚本程序

MCGS 嵌入版组态软件脚本程序的作用是为编制各种特定的流程控制程序和操作处理程序提供方便的途径。脚本程序被封装在一个功能构件里(称为脚本程序功能构件),在后台由独立的线程来运行和处理。

脚本程序编辑环境是用户书写脚本语句的地方。脚本程序编辑环境主要由脚本程序编辑框、编辑功能按钮、MCGS 嵌入版组态软件操作对象列表和函数列表、脚本语句和表达式 4个部分构成。

2.6.1 脚本程序的语言要素

在 MCGS 嵌入版组态软件中,脚本程序使用的语言非常类似普通的 Basic 语言,脚本程序的语言要素主要有数据类型、变量、常量及函数、运算符。

1. 脚本程序的数据类型

MCGS 嵌入版组态软件脚本语言使用的数据类型只有三种:

开关型:表示开或者关的数据类型,通常 0 表示关,非 0 表示开。也可以作为整数使用。

数值型:值在 $3.4×10^{-38}~3.4×10^{38}$ 范围内。

字符型：最多由 512 个字符组成的字符串。

2. 脚本程序的变量、常量及函数

变量：脚本程序中，用户不能定义子程序和子函数，其中数据对象可以看作脚本程序中的全局变量，所有的程序段都可共用。可以用数据对象的名称来读写数据对象的值，也可以对数据对象的属性进行操作。

开关型、数值型、字符型三种数据对象分别对应于脚本程序中的三种数据类型。在脚本程序中，不能对组对象和事件型数据对象进行读写操作，但可以对组对象进行存盘处理。

常量：主要有开关型常量、数值型常量、字符型常量。

系统变量：MCGS 嵌入版组态软件系统定义的内部数据对象作为系统内部变量，在脚本程序中可自由使用。在使用系统变量时，变量的前面必须加 " $ " 符号，如 \$Date。

系统函数：MCGS 嵌入版组态软件系统定义的内部函数，在脚本程序中可自由使用。在使用系统函数时，函数的前面必须加 "!" 符号，如!abs( )。

属性和方法：MCGS 嵌入版组态软件系统内的属性和方法都是相对于 MCGS 嵌入版组态软件的对象而言的。

表达式：由数据对象、括号和运算符组成的运算式称为表达式，表达式的计算结果称为表达式的值。表达式是构成脚本程序的最基本元素。

3. 脚本程序的运算符

① 算术运算符，有 ∧ 乘方、＊ 乘法、／ 除法、\ 整除、＋ 加法、－减法、Mod 取模运算。

② 逻辑运算符，有 AND 逻辑与、NOT 逻辑非、OR 逻辑或、XOR 逻辑异或。

③ 比较运算符，有> 大于、>＝ 大于等于、＝ 等于、<＝ 小于等于、< 小于、<> 不等于。

2.6.2　脚本程序的基本语句

MCGS 嵌入版组态软件脚本程序包括了几种最简单的语句：赋值语句、条件语句、退出语句、注释语句和循环语句。所有的脚本程序都可由这五种语句组成，当需要在一个程序行中包含多条语句时，各条语句之间须用 ":" 分开，程序行也可以是没有任何语句的空行。大多数情况下，一个程序行只包含一条语句。赋值程序行中，根据需要，可在一行放置多条语句。

1. 脚本程序的赋值语句

赋值语句的形式为：数据对象＝表达式。赋值号用 " ＝ " 表示，它的具体含义是：把 " ＝ " 右边表达式的运算值赋给左边的数据对象。赋值号左边必须是能够读写的数据对象。例如：开关型数据、数值型数据以及能进行写操作的内部数据对象，而组对象、事件型数据对象、只读的内部数据对象、系统函数以及常量，均不能出现在赋值号的左边，因为不能对这些对象进行写操作。

赋值号的右边为表达式，表达式的类型必须与左边数据对象值的类型相符，否则系统会提示 "赋值语句类型不匹配" 的错误信息。

2. 脚本程序的条件语句

条件语句有如下三种形式：

```
If [表达式] Then [赋值语句或退出语句]
If [表达式] Then
    [语句]
End If
If [表达式] Then
    [语句]
Else
    [语句]
End If
```

条件语句中的四个关键字"If""Then""Else""End If"不分大小写。如拼写不正确，检查程序会提示出错信息。

3. 脚本程序的循环语句

循环语句为 While 和 EndWhile，其结构为：

```
While [条件表达式]
….
EndWhile
```

当条件表达式成立时（非零），循环执行 While 和 EndWhile 之间的语句，直到条件表达式不成立（为零）时退出。

2.6.3 脚本程序的实例

MCGS 嵌入式组态系统内嵌 255 个系统计时器。计时器的系统序号为 1~255，以 1 号计数器为例，要求用按钮启动、停止 1 号计数器，使 1 号计数器复位，给 1 号计数器限制最大值。具体制作操作过程如下：

1. 建立计数器所需的变量

在 MCGS 组态软件开发平台上，单击"实时数据库"，单击"新增对象"按钮，新增四个变量：计数器 1 号、计数器 1 号工作状态、显示时间、计数器 1 号最大值。分别按照如图 2-95 所示进行设置。

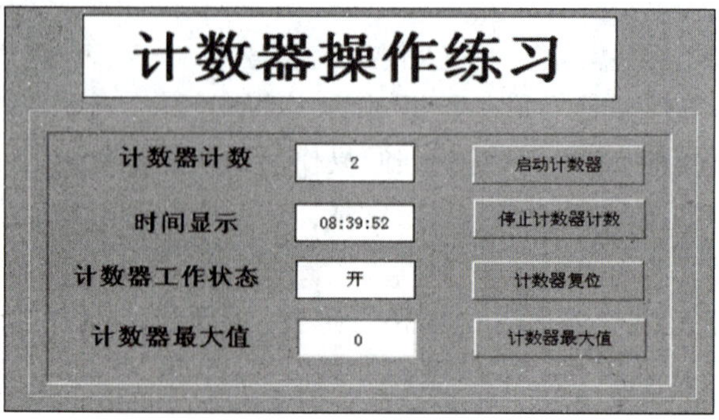

图 2-95　计时器的运行效果

2. 制作用户窗口画面

在 MCGS 组态软件开发平台上，单击"用户窗口"，再双击"脚本程序窗口"，进入"动画组态"窗口，从"工具箱"中选中 5 次"标签"，按效果图放置，分别为：1 号计数器操作演示，1 号计数器计数，1 号计数器时间显示，1 号计数器工作状态，1 号计数器最大值。再从"工具箱"中选中 3 次"标签"，按效果图放置，用于"1 号计数器计数""时间显示""1 号计数器工作状态"在运行时对应显示。从"工具箱"中选中"输入框"，用于"1 号计数器最大值"运行时进行输入。所用到的数据变量（计数器 1 号、计数器 1 号时间显示、计数器 1 号工作状态、计数器 1 号最大值）在变量的属性设置中进行设置。计时器的运行效果如图 2-95 所示。

3. 用户窗口画面变量连接设置

① 先对三个显示输出框进行变量连接，如图 2-96~图 2-100 所示。

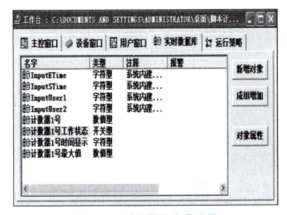

图 2-96 计数器的变量设置

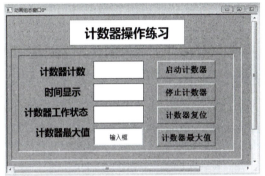

图 2-97 用户窗口的界面

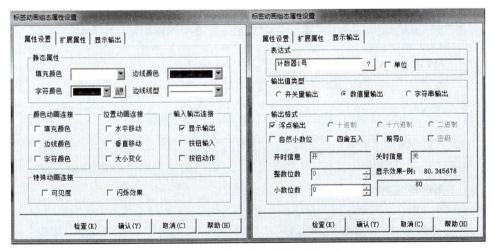

图 2-98 计数器计数的显示框设置

② 对计数器 1 号最大值的输入框进行变量连接设置，如图 2-101 所示。

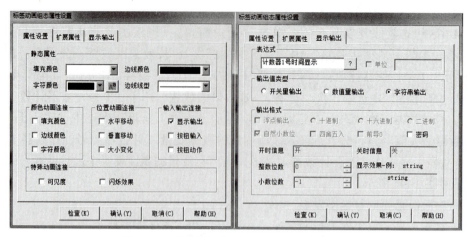

图 2-99　计数器 1 号时间显示的显示框设置

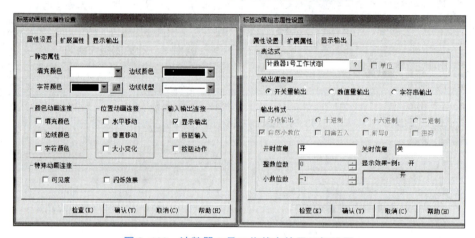

图 2-100　计数器 1 号工作状态的显示框设置

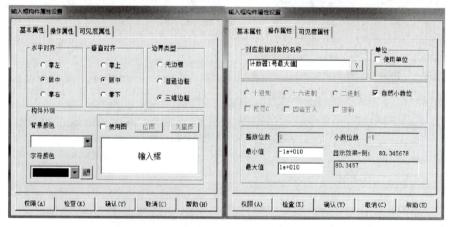

图 2-101　计数器 1 号最大值的输入框设置

4. 脚本程序注释

启动计数器的脚本程序为：!TimerRun（1）；停止计数器计数的脚本程序为：!TimerStop（1）；计数器复位的脚本程序为：!TimerReset（1,0）；计数器最大值的脚本程序为：!TimerSetLimit

（1,计数器 1 号最大值,0）。

用户窗口的脚本程序为：

计数器 1 号 =!TimerValue(1,0)

计数器 1 号时间显示= ＄Time

计数器 1 号工作状态=! TimerState(1)

对 4 个标准按钮进行属性设置，如图 2-102~图 2-105 所示。

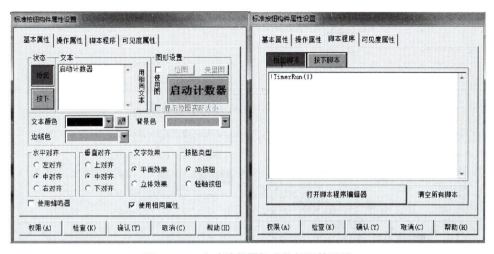

图 2-102　启动计数器标准按钮属性设置

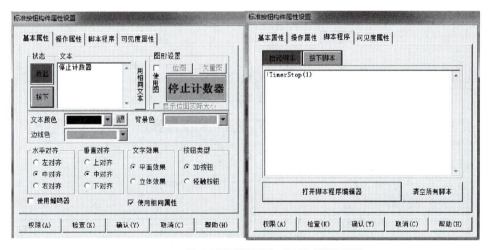

图 2-103　停止计数器计数标准按钮属性设置

5. 编辑用户窗口的脚本程序

用户窗口的脚本程序如图 2-106 所示。脚本程序编写完成后，单击"检查"按钮，检查脚本程序语法正确与否，当语法正确后，单击"确认"按钮完成脚本程序的设置，退出循环脚本编辑窗口。进入模拟运行环境时，就会按照脚本程序编写的计数器的使用方式出现相应的工作状态。

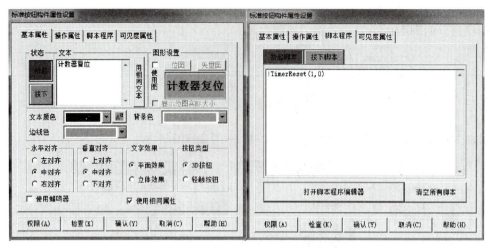

图 2-104　计数器复位标准按钮属性设置

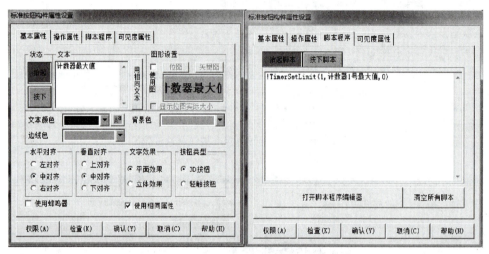

图 2-105　计数器最大值标准按钮属性设置

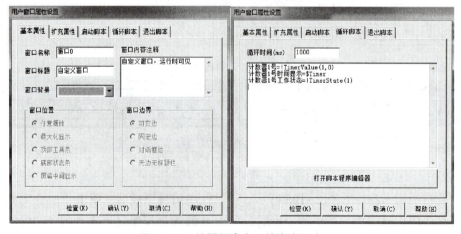

图 2-106　编辑用户窗口的脚本程序

知识模块 3 变频器的应用

变频器是利用电力半导体器件的通断，将固定频率的交流电变换成频率、电压连续可调的交流电，以供电动机运转的电气装置。

3.1 MM420 变频器

3.1.1 MM420 变频器简述

1. MM420 变频器简介

MICRO MASTER420（MM420）是用于控制三相交流电动机速度的变频器系列，如图 3−1所示。该系列有多种型号，从单相电源电压 AC 200~240 V，额定功率 120 W，到三相电源电压 AC 200~240 V/AC 380~480 V，额定功率 11 kW。

图 3−1 MM420 变频器

MM420 变频器由微处理控制器控制，并采用绝缘栅双极型晶体管（IGBT）作为功率输出器件，具有很高的运行可靠性和功能多样性。其脉冲宽度调制的开关频率是可选的，因而降低了电动机的运行噪声。全面而完善的保护功能为变频器和电动机提供了良好的保护。

MM420 既可以用于单机驱动系统，也可以集成到自动化系统中。MM420 有多种可选件供用户选用，如基本操作面板（BOP）和高级操作面板（AOP）等。

MM420 变频器的主要特性为：

◆ 易于安装、调试，牢固的 EMC 设计。

◆ 可由 IT（中性点不接地）电源供电。

◆ 对控制信号的响应是快速和可重复的。

◆ 参数设置的范围很广，确保它可对广泛的应用对象进行配置。

◆ 采用模块化设计，配置非常灵活，电缆连接简便。

◆ 脉宽调制的频率高，因而电动机运行的噪声低。

◆ 详细的变频器状态信息和信息集成功能。

◆ 有多种可选件供用户选用：用于与 PC 通信的通信模块、基本操作面板（BOP）、高级操作面板（AOP）、用于进行现场总线通信的 PROFIBUS 通信模块。

2. MM420 变频器技术参数

选择使用 MM420 变频器时，首先应了解其技术参数。MM420 变频器技术参数见表 3-1。

表 3-1 MM420 变频器技术参数

特性	技术规格
输入电压和功率	（200~240 V）±10%单相，交流 0.12~3.0 kW
	（200~240 V）±10%单相，交流 0.12~5.5 kW
	（380~400 V）±10%单相，交流 0.37~11.0 kW
输入频率	47~63 Hz
输出频率	0~650 Hz
功率因数	0.98
变频器效率	96%~98%
控制方法	线性 U/F 控制：带磁通电流控制 FCC 的线形控制；平方 U/F 控制；多点 U/F 控制
脉冲调制频率	2~16 Hz
固定频率	7 个，可编程
数字输入	3 个可编程输入，可切换为高电平/低电平有效（PNP/NPN）
模拟输入	1 个（0~10 V），用于频率设置值输入或 PI 反馈信号，可标定或用作第 4 个数字输入
继电器输出	1 个，可编程，30 V/5 A（电阻性负载），~250 V/2 A（电感性负载）
模拟量输出	1 个，可编程（0~20 mA）
串行接口	RS-485，选件 RS-232
防护等级	IP20
温度范围	-10~+50 ℃
相对湿度	<95%，无结露

3. MM420 变频器的接线原理与接线端子

MM420 变频器的电路分为两部分：一部分是完成电能转换的主电路；另一部分是处理信息的收集、变换和传输的控制电路。MM420 变频器的接线原理如图 3-2 所示。

（1）主电路

主电路是由电源输入单相或三相恒压恒频的正弦交流电，经整流电路转换成恒定的直流电压，供给逆变电路。逆变电路在 CPU 的控制下，将恒定的直流电压逆变成电压、频率均可调的三相交流电供给电动机负载，如图 3-2 所示。

（2）控制电路

控制电路由 CPU、模拟输入、模拟输出、数字输入、数字输出继电器触点和操作面板组成，如图 3-2 所示。

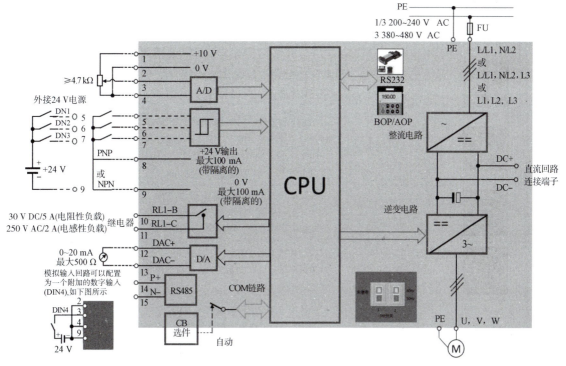

图 3-2 MM420 变频器的接线原理图

（3）接线端子

图 3-2 中，端子 1、2 是变频器为用户提供的 10 V 直流稳压电源。当采用模拟电压信号输入方式输入给定频率时，为≥4.7 kΩ 电位器提供直流电源。

端子 3、4 为用户提供模拟电压给定输入端，作为频率给定信号，经过变频器内部模数转换器 A/D，将模拟量信号转换为数字量信号，传输给 CPU 控制系统。

端子 5、6、7 为用户提供 3 个完全可编程的数字量输入端，数字量输入信号经光耦合器输入给 CPU，对电动机进行正反转点动、正反转连续和固定频率设定值控制。

端子 8、9 为 24 V 直流电源端，为用户提供 24 V 的直流电源。

端子 10、11 为输出继电器的 1 对触点。

端子 12、13 为 1 对 0~20 mA 模拟量输出。

端子 14、15 为 RS-485 通信端。

4. MM420 变频器基本面板的按键功能

MM420 变频器基本面板 BOP 外形如图 3-3 所示。基本面板分为显示部分和按键。显示部分可以显示参数的序号和数值、设定值、实际值、报警和故障信息等，按键可以改变变频器的参数。按键的具体功能见表 3-2。

图 3-3 MM420 变频器基本面板 BOP

表 3-2　MM420 变频器基本面板的按键功能

显示/按钮	功能	功能说明
┌ 0000	状态显示	LCD 显示变频器当前的设定值
Ⅰ	启动变频器	按此键启动变频器。缺省值运行时，此键是被封锁的。为了使此键的操作有效，应设定 P0700=1
0	停止变频器	OFF1：按此键，变频器将按选定的斜坡下降速率减速停车，缺省值运行时，此键被封锁；为了允许此键操作，应设定 P0700=1 OFF2：按此键两次（或一次，但时间较长），电动机将在惯性作用下自由停车。此功能总是"使能"的
↻	改变电动机的转动方向	按此键可以改变电动机的转动方向。电动机的反向用负号（-）表示或用闪烁的小数点表示。缺省值运行时，此键是被封锁的，为了使此键的操作有效，应设定 P0700=1
jog	电动机点动	在变频器无输出的情况下按此键，将使电动机启动，并按预设定的点动频率运行。释放此键时，变频器停车。如果电动机正在运行，按此键将不起作用
Fn	功能	此键用于浏览辅助信息。 变频器运行过程中，在显示任何一个参数时按下此键并保持 2 s 不动，将显示以下参数值（在变频器运行中，从任何一个参数开始）： 1. 直流回路电压（用 d 表示，单位：V） 2. 输出电流（A） 3. 输出频率（Hz） 4. 输出电压（用 o 表示，单位：V）。 5. 由 P0005 选定的数值（如果 P0005 选择显示上述参数中的任何一个（3、4 或 5)，这里将不再显示)。 连续多次按下此键，将轮流显示以上参数。 跳转功能：在显示任何一个参数（rXXXX 或 PXXXX）时短时间按下此键，将立即跳转到 r0000，如果需要的话，可以接着修改其他的参数。跳转到 r0000 后，按此键将返回原来的显示点。 故障确认：在出现故障或报警的情况下，按此键可对故障或报警进行确认
P	访问参数	按此键即可访问参数
▲	增加数值	按此键即可增加面板上显示的参数数值
▼	减少数值	按此键即可减少面板上显示的参数数值

5. 基本操作面板修改设置参数的方法

MM420 在缺省设置时，用 BOP 控制电动机的功能是被禁止的。如果要用 BOP 进行控制，参数 P0700 应设置为 1，参数 P1000 也应设置为 1。用基本操作面板（BOP）可以修改任何一个参数。修改参数的数值时，BOP 有时会显示"busy"，表明变频器正忙于处理优先级更高的任务。下面就以设置 P1000＝1 的过程为例，来介绍通过基本操作面板（BOP）修改设置参数的流程。具体设置过程见表 3-3。

表 3-3　基本操作面板（BOP）修改设置参数流程

	操作步骤	BOP 显示结果
1	按 P 键，访问参数	r0000
2	按 ▲ 键，直到显示 P1000	P1000
3	按 P 键，直到显示 in000，即 P1000 的第 0 组值	in000
4	按 P 键，显示当前值 2	2
5	按 ▼ 键，达到所要求的值 1	1
6	按 P 键，存储当前设置	P1000
7	按 Fn 键，显示 r0000	r0000
8	按 P 键，显示频率	50.00

练一练

【例 3-1】MM420 变频器参数设定，将参数 P0003 的数值由 1 改为 3。

P0003 参数的功能：此参数用于定义用户访问级，P0003 的设定值与对应功能如下：

P0003＝1 标准级，可以访问经常使用的参数。

P0003＝2 扩展级，允许扩展参数的范围。

P0003＝3 专家级，只供专家使用。

P0003＝4 维修级，只供授权的维修人员使用，具有密码保护功能。

将参数 P0003 的数值由 1 改为 3，实质上是将参数的访问级别由标准级改为专家级，其修改过程见表 3-4。

表 3-4　变频器参数值（P0003）的修改

	操作步骤	BOP 显示结果
1	按 P 键，访问参数	r0000
2	按 ▲ 键，直到显示 P0003	P0003
3	按 P 键，进入参数访问级	1
4	按 ▼ 或 ▲ 键，改变访问级的参数，修改为 3	3
5	按 P 键，存储当前设置	P0003

练一练

【例3-2】 快速改变参数的数值。

如果参数的数值较大，单纯按🔼或🔽键，改变数值很麻烦。我们不妨一位一位地修改，会更方便。例如，参数 P0311＝1000，现要将其值修改为1236，具体步骤如下：

① 按🔘功能键，最右边的一个数字闪烁；

② 按🔼或🔽键，修改这位数字的数值；

③ 再按🔘功能键，相邻的下一个数字闪烁；

④ 再反复执行②③步，直到改变成想要的数值1236；

⑤ 按🅿键，存储改变的数值并退出访问级。

3.1.2 MM420变频器快速调试及变频器恢复为工厂的缺省设定值

1. MM420变频器快速调试

P0010的参数过滤功能和P0003选择用户访问级别的功能在调试时是十分重要的，由此可以选定一组允许进行快速调试的参数。电动机的设定参数和斜坡函数的设定参数都包括在内。在快速调试的各个步骤都完成以后，应选定P3900，如果它置为1，将执行必要的电动机计算，并使其他所有的参数（P0010＝1不包括在内）恢复为缺省设置值。只有在快速调试方式下才进行这一操作。快速调试的步骤如图3-4所示。

基本面板快速调试的一般规律：

第一步：进入快速调试状态，即 P0010＝1。

第二步：设置电动机参数。注意，一定要按照实际控制电动机的铭牌去设置额定电压 P0304、额定电流 P0305、额定功率 P0307、额定频率 P0310 和额定转速 P0311。

第三步：选择命令源，即设置 P0700。P0700＝1，由基本面板的按键来控制；P0700＝2，由外部端子来控制，这里的控制包括启、停等的设置。

第四步：设置频率参数。设定频率参数 P1000，P1000＝1，由基本面板控制频率的升降；P1000＝2，模拟量输入设定频率；P1000＝3，固定频率设置。最大频率为 P1082；最小频率为 P1080。

第五步：斜坡时间设定，包括斜坡上升时间 P1120 和斜坡下降时间 P1121。

第六步：结束快速调试，即 P3900＝1 或 P0010＝0。

2. 将变频器恢复为工厂的缺省设定值

当变频器的参数设定错误时，将影响变频器的正常运行，可以使用基本面板或高级面板操作，将变频器的所有参数恢复到工厂默认值。步骤如下：

① 设定 P0003＝1。

② 设定 P0010＝30。

③ 设定 P0970＝1。

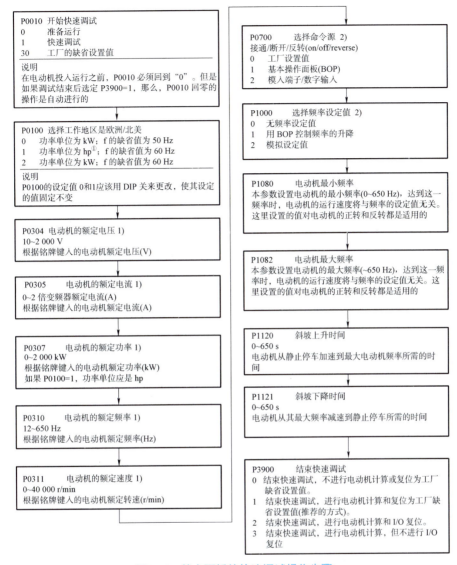

图 3-4   基本面板的快速调试操作步骤

3.1.3   MM420 变频器控制实例

1. MM420 变频器实现三相异步电动机的正、反转控制

变频器经常用于控制电动机的正、反转运行，来实现机械结构的前进与后退、上升与下降等。

（1）任务引入

有 1 台三相异步电动机，额定电压为 380 V，额定功率为 60 W、额定电流为 0.39 A，额定频率为 50 Hz，额定转速为 1 400 r/min。现需要用西门子 MM420 变频器对其实现正、反

---

①   1 hp = 745.7 W。

转控制，按照上述要求完成任务，如图 3-5 所示。

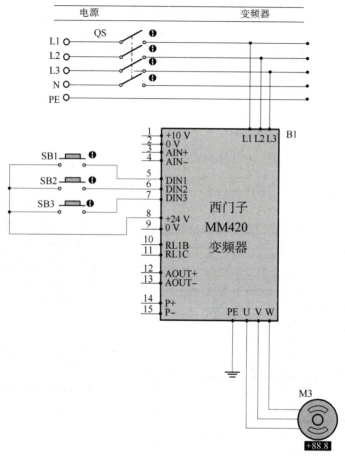

图 3-5　变频器正、反转控制电路

（2）任务实施

① 电路原理图。

本任务具体操作为：通过外部端子控制电动机启动/停止、正转/反转；打开"SB1""SB3"，电动机正转；打开"SB2"，电动机反转；关闭"SB2"，电动机正转；在正转/反转的同时，关闭"SB3"，电动机停止。

② 参数设置。

参数设置见表 3-5。

表 3-5　变频器电动机正反转控制参数设置表

序号	变频器参数	设定值	功能说明
1	P0010	30	恢复工厂默认值
2	P0970	1	将全部参数复位
3	P0010	1	开始快速调试
4	P0304	380	电动机的额定电压（V）

序号	变频器参数	设定值	功能说明
5	P0305	0.39	电动机的额定电流（A）
6	P0307	0.06	电动机的额定功率（kW）
7	P0310	50.00	电动机的额定频率（Hz）
8	P0311	1400	电动机的额定转速（r/min）
9	P3900	1	结束快速调试
10	P0003	2	参数可以访问扩展级
11	P1000	1	操作面板（BOP）控制频率
12	P1040	40	给定频率
13	P1080	0.00	电动机的最小频率（0 Hz）
14	P1082	50.00	电动机的最大频率（50 Hz）
15	P1120	0.6	斜坡上升时间（0.6 s）
16	P1121	0.6	斜坡下降时间（0.6 s）
17	P0700	2	选择命令源（由端子排控制）
18	P0701	1	ON/OFF（接通正转/停车命令1）
19	P0702	12	反转
20	P0703	4	OFF3（停车命令3），按斜坡函数曲线快速停车
21	P0010	0	准备运行

③ 调试。

➢ 按照变频器外部接线图完成变频器的接线，认真检查，确保正确无误。

➢ 打开电源开关，按照参数设定表正确设置变频器参数。

➢ 打开开关 "SB1" "SB3"，观察并记录电动机的运转情况。

➢ 按下操作面板上的 🔼 按钮，增加变频器输出频率。

➢ 打开开关 "SB1" "SB2" "SB3"，观察并记录电动机的运转情况。

➢ 关闭开关 "SB3"，观察并记录电动机的运转情况。

2. MM420 变频器实现三相异步电动机的多段速控制

（1）任务引入

有 1 台三相异步电动机，额定电压为 380 V，额定功率为 60 W，额定电流为 0.39 A，额定频率为 50 Hz、额定转速为 1 400 r/min。现需要用西门子 MM420 变频器对其实现 7 段调速控制，7 段调速频率分别为 10 Hz、20 Hz、30 Hz、50 Hz、−40 Hz、−30 Hz、−20 Hz。按照上述要求完成任务。

（2）任务实施

① 电路原理图。

本任务具体操作为：通过外部 7 个端子开关的二进制组合来实现 7 段速度，数字量端子开关组合与固定频率对应关系见表 3-6。

表 3-6　数字量端子开关组合与固定频率对应关系

固定频率参数	DIN3 (P0703)	DIN2 (P0702)	DIN1 (P0701)	输出频率
	0	0	0	OFF
P1001	0	0	1	固定频率 1
P1002	0	1	0	固定频率 2
P1003	0	1	1	固定频率 3
P1004	1	0	0	固定频率 4
P1005	1	0	1	固定频率 5
P1006	1	1	0	固定频率 6
P1007	1	1	1	固定频率 7

变频器电动机 7 段调速控制电路如图 3-6 所示。

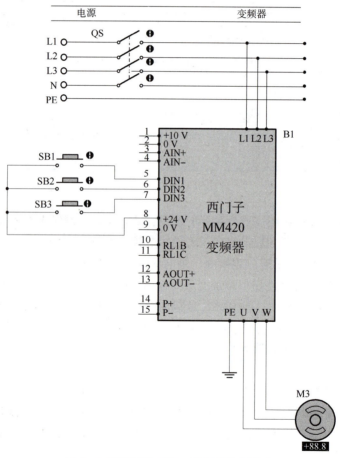

图 3-6　变频器电动机 7 段调速控制电路

② 参数设置。

参数设置见表 3-7。

表 3-7　变频器电动机 7 段调速控制参数设置表

序号	变频器参数	设定值	功能说明	备注
1	P0010	30	恢复工厂默认值	
2	P0970	1	将全部参数复位	
3	P0010	1	开始快速调试	
4	P0304	380	电动机的额定电压（V）	
5	P0305	0.39	电动机的额定电流（A）	
6	P0307	0.06	电动机的额定功率（kW）	
7	P0310	50.00	电动机的额定频率（Hz）	
8	P0311	1400	电动机的额定转速（r/min）	
9	P3900	1	结束快速调试	
10	P0003	2	参数可以访问扩展级	
11	P1000	1	操作面板（BOP）控制频率	
12	P1080	−50	电动机的最小频率（0 Hz）	
13	P1082	50.00	电动机的最大频率（50 Hz）	
14	P1120	0.6	斜坡上升时间（0.6 s）	
15	P1121	0.6	斜坡下降时间（0.6 s）	
16	P0700	2	选择命令源（由端子排控制）	
17	P0701	17	二进制编码+ON 命令	设置数字量端子 5 的功能
18	P0702	17	二进制编码+ON 命令	设置数字量端子 6 的功能
19	P0703	17	二进制编码+ON 命令	设置数字量端子 7 的功能
20	P1001	10	固定频率设定	第 1 段输出频率设定
21	P1002	20	固定频率设定	第 2 段输出频率设定
22	P1003	30	固定频率设定	第 3 段输出频率设定
23	P1004	50	固定频率设定	第 4 段输出频率设定
24	P1005	−40	固定频率设定	第 5 段输出频率设定
25	P1006	−30	固定频率设定	第 6 段输出频率设定
26	P1007	−20	固定频率设定	第 7 段输出频率设定
27	P0010	0	准备运行	

③ 调试。

➢ 按照变频器外部接线图完成变频器的接线，认真检查，确保正确无误。

➢ 打开电源开关，按照参数设定表正确设置变频器参数；设置完成后，按 🆁+🅿 键进入监控状态。

➢ 观察变频器的输出频率，接通 DIN1 开关，此时输出频率应当为 10 Hz；接通 DIN2 开关，此时输出频率应当为 20 Hz；接通 DIN1 和 DIN2 开关，此时输出频率应当为 30 Hz；接通 DIN3 开关，此时输出频率应当为 50 Hz；接通 DIN1 和 DIN3 开关，此时输出频率应当为 -40 Hz；接通 DIN2 和 DIN3 开关，此时输出频率应当为 -30 Hz；接通 DIN1、DIN2 和 DIN3 开关，此时输出频率应当为 -20 Hz；断开开关，电动机停止。

3. MM420 变频器实现三相异步电动机的外部模拟量方式的变频调速控制

（1）任务引入

有 1 台三相异步电动机，额定电压为 380 V，额定功率为 60 W，额定电流为 0.39 A，额定频率为 50 Hz，额定转速为 1 400 r/min。现需要用西门子 MM420 变频器对其实现模拟量控制，按照上述要求完成任务。

（2）任务实施

① 电路原理图。

模拟量控制电路如图 3-7 所示。

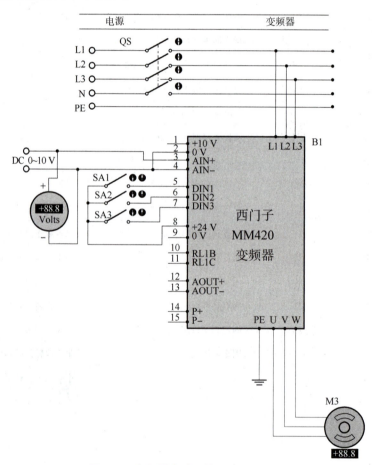

图 3-7　变频器电动机模拟量控制电路

② 参数设置。

参数设置见表 3-8。

表 3-8　变频器电动机模拟量控制参数设置

序号	变频器参数	设定值	功能说明	备注
1	P0010	30	恢复工厂默认值	
2	P0970	1	将全部参数复位	
3	P0010	1	开始快速调试	
4	P0304	380	电动机的额定电压（V）	
5	P0305	0.39	电动机的额定电流（A）	
6	P0307	0.06	电动机的额定功率（kW）	
7	P0310	50.00	电动机的额定频率（Hz）	
8	P0311	1400	电动机的额定转速（r/min）	
9	P3900	1	结束快速调试	
10	P0003	2	参数可以访问扩展级	
11	P1000	2	外部模拟量给定	
12	P1080	−50	电动机的最小频率（0 Hz）	
13	P1082	50.00	电动机的最大频率（50 Hz）	
14	P1120	0.6	斜坡上升时间（0.6 s）	
15	P1121	0.6	斜坡下降时间（0.6 s）	
16	P0700	2	选择命令源（由端子排控制）	
17	P0701	1	ON/OFF（接通正转/停车命令 1）	接通正转，断开停机
18	P0702	2	ON/OFF（接通反转/停车命令 2）	接通反转，断开停机
19	P0703	3	OFF2（停车命令 2），按惯性自由停车	自由停车
20	P0010	0	准备运行	

③ 调试。

➤ 按照变频器外部接线图完成变频器的接线，认真检查，确保正确无误。

➤ 打开电源开关，按照参数设定表正确设置变频器参数。

➤ 打开开关"SB1"，启动变频器正转；关闭开关"SB1"，停止变频器。

➤ 打开开关"SB2"，启动变频器正转；关闭开关"SB2"，停止变频器。

➤ 当变频器正转/反转时，打开开关"SB3"，变频器按惯性自由停止。

➤ 调节输入电压，观察并记录电动机的运转情况。

3.1.4　USS 通信方式的变频器调速控制

1. USS 概述

USS 协议是由 SIEMENSAG 定义的，是简单的串行数据通信协议，SIEMENS 所有传动产品都支持这个通用协议。与 Profibus 及其他通信协议相比，USS 协议无须购置通信附件，是一种低成本、高性能的工业网络组态连接方案。

西门子公司的变频器都有一个串行通信接口，采用 RS-485 半双工通信方式，以通用串行接口协议（Universal Serial Interface Protocol，USS）作为现场监控和调试协议，其设计标准适用于工业环境的应用对象。USS 协议是主从结构的协议，规定了在 USS 总线上可以有一个主站和最多30个从站，总线上的每个从站都有一个站地址（在从站参数中设置），主站依靠它识别每个从站，每个从站也只能对主站发来的报文做出响应并回送报文，从站之间不能直接进行数据通信。另外，还有一种广播通信方式，主站可以同时给所有从站发送报文，从站在接收到报文并做出相应的回应后，可不回送报文。USS 协议由于其简单、高效、灵活、易于实现，也被广泛应用在这些场合。

（1）USS 协议具有以下一些优点

① 是开放的、定义透明的系统。

② 在工业应用中效果很好。

③ 减少了现场布线的数量；便于重新编程、监测和控制。

④ 速度快，可达 12 Mbaud，一个 DP 系统最多可以连接 125 个从站。

⑤ 可以由一个主站或多个主站进行操作。

⑥ 通信方式可以是点对点或广播方式。

（2）S7-200 SMART PLC CPU 通信接口的引脚分配

S7-200 SMART 上的通信接口是与 RS-485 兼容的 D 型连接器，具体引脚定义见表 3-9。

表 3-9　RS-485 接口的引脚功能

连接器	针脚	信号名称	信号功能
	1	SG 或 GND	机壳接地
	2	24 V 返回	逻辑地
	3	RXD+或 TXD+	RS-485 信号 B，数据发送/接收+端
	4	发送申请	RTS（TTL）
	5	+5 V 返回	逻辑地
	6	+5 V	+5 V，100 Ω 串联电阻
	7	+24 V	+24 V
	8	RXD-或 TXD-	RS-485 信号 A，数据发送/接收-端
	9	不用	10 位协议选择（输入）
	连接器外壳	屏蔽	机壳接地

（3）USS 通信硬件连接

◆ 通信注意事项。

① 在条件允许的情况下，USS 主站尽量选用直流型的 CPU。当使用交流型的 CPU 与单相变频器进行 USS 通信时，CPU 和变频器的电源必须接成同相位。

② 一般情况下，USS 通信电缆采用双绞线即可，如果干扰比较大，可采用屏蔽双绞线。

③ 在采用屏蔽双绞线作为通信电缆时，把具有不同电位参考点的设备互连后，在连接电缆中会形成不应有的电流，这些电流会导致通信错误或设备损坏。要确保通信电线连接的所有设备共用一个公共电路参考点，或是相互隔离，以防止干扰电流产生。屏蔽层必须接到外壳地或 9 针连接器的 1 脚。

④ 尽量采用较高的通信速率，通信速率只与通信距离有关，与干扰没有直接关系。

⑤ 终端电阻的作用是防止信号反射，并不用来抗干扰。在通信距离很近，波特率较低

或点对点的通信情况下，可不用终端电阻。

⑥ 不要带电插拔通信电缆，尤其是正在通信过程中，这样极易损坏传动装置和 PLC 的通信端口。

◆ S7-200 SMART 与变频器的连接。

将变频器（以 MM420 为例）的通信端口 P+(14)和 N-(15)分别接至 S7-200 SMART 通信口的 3 号与 8 号针即可。

2. USS 专用指令

通过 USS 协议与变频器通信，使用 USS 指令库中已有的子程序和中断程序使变频器的控制更加简便。可以用 USS 指令控制变频器和读取/写入变频器的参数。用于变频器控制的编程软件需要安装 STEP 7-Micro/WIN 指令库，库中的 USS Protocol 提供变频器控制指令。如图 3-8 所示。

下面具体介绍 USS 协议库指令。

（1）USS_INIT 指令

USS_INIT 变频器初始化指令被用于启用和初始化或禁止 MicroMaster 驱动器通信。在使用任何其他 USS 协议指令之前，必须先执行 USS_INIT 指令，且无错。一旦该指令完成，立即设置"完成"位，才能继续执行下一条指令。指令格式如图 3-9 所示。指令说明如下：

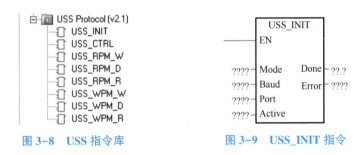

图 3-8　USS 指令库　　　　图 3-9　USS_INIT 指令

◆ EN：使能输入端，仅限每次通信状态时执行一次 USS_INIT 指令。使用边沿检测指令，以脉冲方式打开 EN 输入。要改动初始化参数，可执行一条新的 USS_INIT 指令。

◆ Mode：USS 输入数值选择通信协议，输入值 1 将端口 0 分配给 USS 协议，并启用该协议；输入值 0 将端口 0 分配给 PPI，并禁止 USS 协议。数据类型为字节型数据。

◆ Baud（波特率）：PLC 与变频器通信波特率的设定，此参数要和变频器的参数设置一致，允许值为 1 200 b/s、2 400 b/s、4 800 b/s、9 600 b/s、19 200 b/s、38 400 b/s、57 600 b/s 或 115 200 b/s。参数为双字型的数据。

◆ Port：设置物理通信端口（0 为 CPU 中集成的 RS-485，1 为可选 CM01 信号板上的 RS-485 或 RS-232）。

◆ Active：表示启动变频器，表示网络上哪些 USS 从站要被主站访问，即在主站的轮询表中启动。网络上作为 USS 从站的每个变频器都有不同的 USS 地址，主站要访问的变频器，其地址必须在主站的轮询表中才能启动。USS_INIT 指令只用一个 32 位的双字来映像 USS 从站有效地址表，Active 的无符号整数值就是它在指令输入端口的取值。Active 参数设置示意表见表 3-10，在这个 32 位的双字中，每一位的位号表示 USS 从站的地址号；要在网络中启动某地址号的变频器，则需要把相应位号的位设为"1"，不需要启动的 USS 从站相应的位设置为"0"，最后对此双字取无符号整数就可以得出 Active 参数的取值。假设在某次 PLC 控制系统设计中，使用站地址为 3 的 MM420 变频器，则须在位号为 03 的位单元格中填入 1，其他不需要启动的地址对应位设置为"0"，取整数，计算出 Active 参数值为16#00000008。

表 3-10   Active 参数设置示意表

位号	31	30	29	28	—	04	03	02	01	00
对应从站地址	31	30	29	28	—	04	03	02	01	00
从站启动标志	0	0	0	0	—	0	1	0	0	0
取 16 进制无符号数	0				0		8			
Active 值	16#00000008									

◆ Done：当 USS_INIT 指令完成时，Done 输出为"1"。BOOL 型数据。

◆ Error：指令执行错误代码输出，字节型数据。

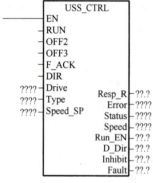

图 3-10   USS_CTRL 指令

（2）USS_CTRL 指令

USS_CTRL 指令用于控制处于启动状态的变频器，每台变频器只能使用一条该指令。该指令将用户放在一个通信缓冲区内，如果数据端口 Drive 指定的变频器被 USS_INIT 指令的 Active 参数选中，则缓冲区内的命令将被发送到该变频器。USS_CTRL 指令的梯形图如图 3-10 所示。指令说明如下：

◆ USS_CTRL 指令用于控制 Active（启动）变频器，USS_CTRL 指令将选择的命令放在通信缓冲区中，然后送至变频器 Drive（变频器地址），条件是已在 USS_INIT 指令的 Active（启动）参数中选择该变频器。

◆ 仅限为每台变频器指定一条 USS_CTRL 指令。

◆ 某些变频器仅将速度作为正值报告，如果速度为负值，变频器将速度作为正值报告，但会以与 D_Dir（方向）位相反的方向进行旋转。

◆ EN 位必须为 ON，才能启用 USS_CTRL 指令。该指令应当始终启用（可使用 SMB0.0）。

◆ RUN 表示变频器是运行（ON）还是停止（OFF）。当 RUN（运行）为 ON 时，变频器收到一条命令，按指定的速度和方向开始运行。为了使变频器运行，必须满足以下条件：

① Drive（变频器地址）在 USS_CTRL 中必须被选为 Active（启动）。

② OFF2 和 OFF3 必须被设为 0。

③ Fault（故障）和 Inhibit（禁止）必须为 0。

◆ 当 RUN 为 OFF 时，会向变频器发出一条命令，将速度降低，直至电动机停止。OFF2 用于允许变频器自由降速至停止。OFF3 用于命令变频器迅速停止。

◆ Resp_R（收到应答）位确认收到变频器应答。对所有的启动变频器进行轮询，查找最新变频器状态信息。每次 S7-200 SMART 收到变频器应答时，Resp_R 位均会打开，进行一次扫描，所有数值均被更新。

◆ F_ACK（故障确认）位用于确认变频器中的故障。当从 0 变为 1 时，变频器清除故障。

◆ DIR（方向）位（"0/1"）用来控制电动机转动方向。

◆ Drive（变频器地址）输入的是 MicroMaster 变频器的地址，向该地址发送 USS_CTRL 命令，有效地址为 0~31。

◆ Type（变频器类型）输入选择的变频器类型。将 MicroMaster3（或更早版本）变频器的类型设为 0，将 MicroMaster 4 或 SINAMICS G110 变频器的类型设为 1。

◆ Speed_SP（速度设定值）必须是一个实数，给出的数值是变频器的额定转速百分比还是绝对的频率值取决于变频器中的参数设置（如 MM420 的 P2009）。如为额定转速的百分比，则范围为 -200.0%~200.0%。Speed_SP 的负值会使变频器反向旋转。

◆ Fault 表示故障位的状态（0=无错误，1=有错误），变频器显示故障代码（有关变频器信息，请参阅用户手册）。要清除故障位，需纠正引起故障的原因，并接通 F_ACK 位。

◆ Inhibit 表示变频器上的禁止位状态（0=不禁止，1=禁止）。欲清除禁止位，Fault 位必须为 OFF，RUN、OFF2 和 OFF3 输入也必须为 OFF

◆ D_Dir（运行方向回馈）表示变频器的旋转方向。

◆ Run_EN（运行模式回馈）表示变频器是在运行（1）还是停止（0）。

◆ Speed（速度回馈）是变频器返回的实际运转速度值。若以额定转速百分比表示变频器速度，其范围为 -200.0%~200.0%。

◆ Status 是变频器返回的状态字原始数值。

◆ Error 是一个包含对变频器最新通信请求结果的错误字节。USS 指令执行错误代码定义了可能因执行指令而导致的错误条件。

◆ Resp_R（收到的响应）位确认来自变频器的响应。对所有的启动变频器都要轮询最新的变频器状态信息。每次 S7-200 SMART PLC 接收到来自变频器的响应时，Resp_R 位就会接通一次扫描，并更新一次所有相应的值。

（3）变频器参数阅读指令 USS_RPM

变频器参数阅读指令共有三条：USS_RPM_W 指令读取一个不带符号的字参数；USS_RPM_D 指令读取一个不带符号的双字参数；USS_RPM_R 指令读取一个浮点参数。同时，只能有一个读（USS_RPM）或写（USS_WPM）变频器参数的指令启动。当变频器确认接收命令或返回一条错误信息时，就完成了对 USS_RPM 指令的处理，在进行这一处理并等待响应到来时，逻辑扫描依然继续进行。USS_RPM 指令的梯形图如图 3-11 所示，指令说明如下：

◆ 一次仅限启用一条读取（USS_RPM）指令。

◆ EN：EN 位必须为 ON，才能启用请求传送功能，并应当保持 ON，直到设置"完成"位，表示进程完成。例如，当 XMT_REQ 位为 ON，在每次扫描时，向 MicroMaster 变频器传送一条 USS_RPM 请求。因此，XMT_REQ 输入应当通过一个脉冲方式打开。

◆ XMT-REQ：参数阅读请求，只能使用脉冲信号触发，XMT_REQ 输入值为"1"，变频器参数传送到 PLC，XMT_REQ 输入值为"0"，停止参数传送。

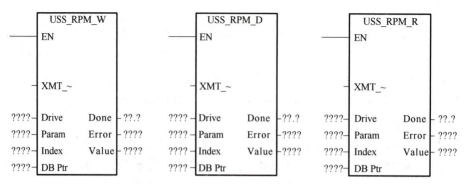

图 3-11　变频器参数阅读指令

◆ Drive：Drive 中输入的是 MicroMaster 变频器的地址，USS_RPM 指令被发送至该地址。单台变频器的有效地址是 0~31。

◆ Param（参数）：变频器的参数号码。要读取的参数，如 22 是转速，24 是输出频率，25 是输出电压，27 是输出电流，它们的数据类型均为浮点数。

◆ Index：变频器参数的下标号。

◆ DB Ptr：用于参数传送 16 位缓冲存储器地址（分配给库用的存储区），需 20 个字节。

◆ Done：当 USS_RPM 指令正确执行完成时，"Done" 输出为 "1"。

◆ Error：指令执行错误代码输出。

◆ Value：变频器的参数值，读出的值所存储的地址。

例如，图 3-12 所示程序段为读取电动机的运行频率（参数 r0024），由于此参数是一个实数，而参数读/写指令必须与参数的类型配合，因此选用实数型参数读功能块。

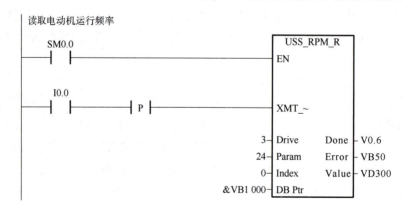

图 3-12　读参数功能块示意图

程序编写完成后，还需要分配库存储区，操作如图 3-13 所示。

（4）变频器参数写入指令 USS_WPM

USS_WPM 变频器参数写入指令的作用是通过 PLC 程序向变频器写入参数。该指令共有三条：USS_WPM_W 指令写入一个不带符号的字参数；USS_WPM_D 指令写入一个不带符号的双字参数；USS_WPM_R 指令写入一个浮点参数。指令格式如图 3-14 所示。

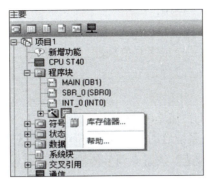

图 3-13　库存储区地址分配

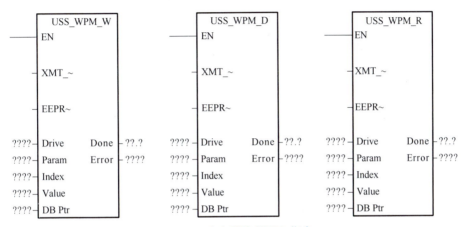

图 3-14　变频器参数写入指令

指令说明如下：

◆ 一次仅限启用一条写入（USS_WPM）指令。

◆ 当 MicroMaster 变频器确认收到命令或发送一个错误条件时，USS_WPM 事项完成。当该进程等待应答时，逻辑扫描继续执行。

◆ EN：EN 位必须为 ON，才能启用请求传送，并应当保持打开状态，直到设置 Done 位，表示进程完成。例如，当 XMT_REQ 位为 ON 时，在每次扫描时向 MicroMaster 变频器传送一条 USS_WPM 请求。因此，XMT_REQ 输入应当通过一个脉冲方式打开。

◆ XMT-REQ：参数写入请求，"1"表示 PLC 参数写入变频器，"0"表示停止参数传送。XMT_REQ 输入应当通过一个边沿脉冲信号触发。

◆ EEPROM：当变频器打开，输入为"1"时，同时写入变频器的 RAM 和 EEPROM；为"0"时，只写入 RAM 中。注意，该功能不支持 MM3 变频器，因此该输入必须关闭 EEPROM。

◆ Drive：变频器的地址。单台变频器的有效地址是 0~31。

◆ Param：变频器的参数号。

◆ Index：变频器参数下标号。

◆ Value：写入的变频器参数值。

◆ DB Ptr：用于参数传送的 16 位缓冲存储器地址。

◆ Done：当指令正确执行完成时，"Done"输出为"1"。

◆ Error：指令执行错误代码输出。

注意：在任一时刻，USS 主站内只能有一个参数读/写功能块有效，否则会出错。因此，如果需要读/写多个参数（来自一个或多个变频器），在编程时，必须进行读/写指令之间的轮流处理。

3. USS 通信应用实例

用 PLC 实现由变频器驱动的传输链速度控制。控制要求为：按下启动按钮后，传输链电动机启动，并以 20 Hz 频率运行。在系统启动后，若长按速度设置按钮 3 s 及以上，可进入速度设置状态，此时通过"增速"或"减速"按钮来调节传输链的运行速度，每按一次，传输链运行速度增加或减少 2 Hz，速度调节按钮按下的时间若超过 3 s，则系统自动退出速度设置状态，系统下次启动后仍以 20 Hz 频率运行。无论何时按下停止按钮，传输链电动机停止运行。

根据上述控制要求，本项目需要依次完成 I/O 分配、PLC 电气原理图设计及接线、变频器参数设置、PLC 程序编辑、编译及下载调试。

（1）I/O 分配的设计

根据项目分析可知，电动机速度控制的 I/O 分配表见表 3-11。

表 3-11　电动机速度控制 I/O 分配表

序号	元器件	地址	功能	输入/输出
1	SB1	I0.0	启动按钮	输入继电器
2	SB2	I0.1	停止按钮	输入继电器
3	SB3	I0.2	速度设置按钮	输入继电器
4	SB4	I0.3	增速按钮	输入继电器
5	SB5	I0.4	减速按钮	输入继电器
6	KM	Q0.0	交流接触器	输出继电器

（2）PLC 电气原理图设计及接线

根据控制要求及表 3-11 的 I/O 分配表，电动机速度控制硬件原理图如图 3-15 所示（此项目变频器采用西门子 MM420）。

（3）变频器参数设置

变频器连接到 PLC 并使用 USS 进行通信前，必须对变频器的有关参数进行设置，设置步骤见表 3-12。

表 3-12　变频器参赛设置表

序号	参数	数值	含义	备注
1	P0010	30	恢复工厂默认值	
2	P0970	1	将全部参数复位	
3	P0003	3	允许读/写所有参数（用户访问级为专家级）	
4	P0010	1	快速调试	
5	P0100	0	功率单位为 kW	
6	P0304	380	电动机的额定电压	
7	P0305	0.39	电动机的额定电流	
8	P0307	0.06	电动机的额定功率	

续表

序号	参数	数值	含义	备注
9	P0310	50	电动机的额定频率	
10	P0311	1400	电动机的额定速度	
11	P0700	5	（通过 COM 链路 28、29）（RS485）	
12	P1000	5	（COM 链路的 USS）端子 28、29	
13	P1080	5.00	电动机最小频率	
14	P1082	50.00	电动机最大频率	
15	P1120	0.6	斜坡上升时间	
16	P1121	0.6	斜坡下降时间；0 自由停车	
17	P2000	50	基准频率	
18	P2009	0	频率设定值为百分比	
19	P2010	6	波特率设置为 9 600	
20	P2011	3	设置变频器为 3 号站	
21	P2012	2	USS PZD（过程数据）区长度为 2 B	
22	P2014	0	串行链路超出时间	
23	P0971	1	设置的参数保存到 MM420 的 EEPROM 中	
24	P3900	3	结束快速调试	
25	P0010	0	变频器进入运行状态	

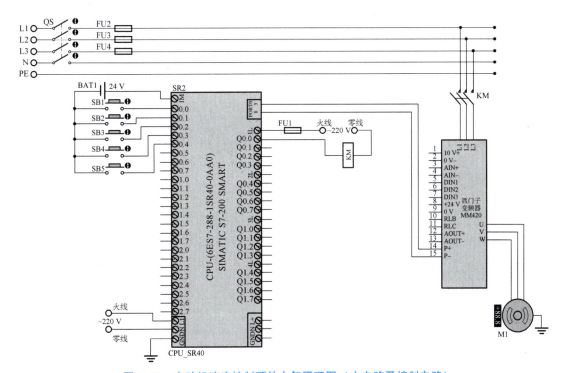

图 3-15　电动机速度控制硬件电气原理图（主电路及控制电路）

（4）PLC 程序编辑

根据本项目控制要求，使用 USS 通信指令编写的电动机速度控制 PLC 梯形图程序如

図 3-16 所示。

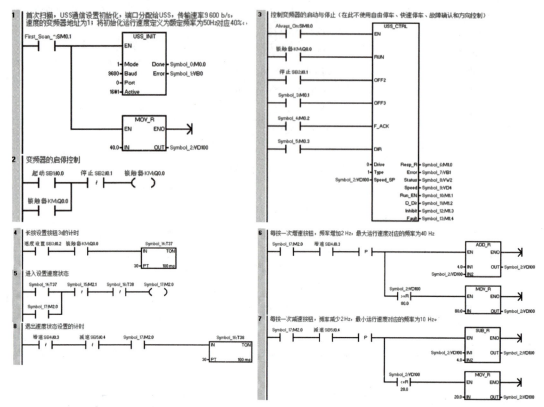

图 3-16　电动机速度控制 PLC 梯形图

（5）PLC 程序调试运行

将程序块下载到 PLC 中，启动程序监控功能。首先按下启动按钮，观察电动机能否启动，运行频率是否为 20 Hz；长按设置速度按钮 3 s 以上，然后调节速度增加或速度减小按钮，观察变频器的输出频率是否有变化，而且最大运行频率为 40 Hz，最小运行频率为 10 Hz；再按下停止按钮，观察电动机是否在按下停止按钮后停止运行。若调试现象与控制要求相同，则说明程序编写正确。

3.2　G120 变频器

3.2.1　西门子 G120 变频器简介

1. 初识西门子 G120 变频器

西门子 G120 是一种包含各种功能单元的模块化变频器系统，包括控制单元（CU）电源模块（PM），通过控制单元，可与本地控制器以及监视设备进行通信。西门子 G120 系列变频器尤其适合用作整个工业与贸易领域内的通用变频器，例如，可在汽车、纺织、印刷、化工等领域以及一般高级应用（如输送应用）中使用。

西门子 G120 的特点有：①基于集成化的安全保护技术，设备运行更安全，操作更简便。②由于集成了安全保护功能，使具有安全保护的自动化和驱动系统的购建费用大大减

· 156 ·

少，同时也有效地保证了人机安全。③使用 PROFIBUS 和 PROFINET 总线标准，全球首次将这两种总线通信直接集成在变频器中。④更多节点，多种网络拓扑，具有更高的性能。⑤节能，节省空间，无须制动电阻。采用创新的功率模块，可实现优化的能量回馈。全功率段都能实现换相整流，不产生任何系统干扰。而且所需线电流最小，与常规变频器相比，降低到 80%。⑥采用全新冷却概念，鲁棒性大大增强。⑦通过外部散热片冷却功率模块，散热效率高。⑧功率部分的散热全部由外部散热片来完成，电子部分的冷却则通过系统对流，这使其可用于更加苛刻的气候环境。电子部分增加了牢固的涂层。

G120 变频器控制单元的框图如图 3-17 所示，控制端子定义见表 3-13。

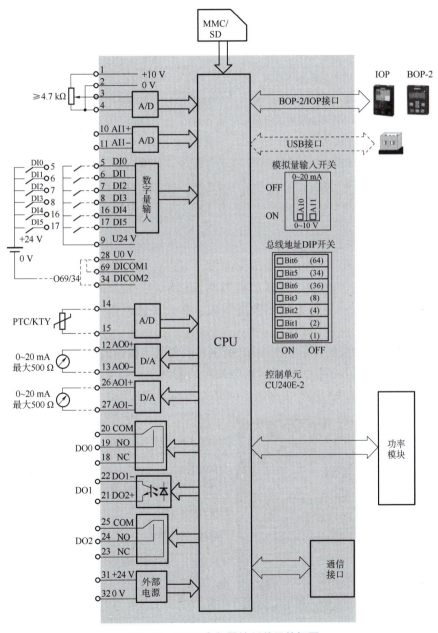

图 3-17　G120 变频器控制单元的框图

表 3-13　G120 控制端子

端子序号	端子名称	功能	端子序号	端子名称	功能
1	+10 V　OUT	输出+10 V	18	DO0　NC	数字输出 0/常闭触点
2	GND	输出 0 V/GND	19	DO0　NO	数字输出 0/常闭触点
3	AI0+	模拟输入 0（+）	20	DO0　COM	数字输出 0/公共点
4	AI0-	模拟输入 0（-）	21	DO1　POS	数字输出 1+
5	DI0	数字输入 0	22	DO1　NEG	数字输出 1-
6	DI1	数字输入 1	23	DO2　NC	数字输出 2/常闭触点
7	DI2	数字输入 2	24	DO2　NO	数字输出 2/常开触点
8	DI3	数字输入 3	25	DO2　COM	数字输出 2/公共点
9	+24 V　OUT	隔离输出+24 V OUT	26	AO1+	模拟输出 1（+）
12	AO0+	模拟输出 0（+）	27	AO1-	模拟输出 1（-）
13	AO0-	GND/模拟输出 0（-）	28	GND	GND/max，100 mA
14	T1　MOTOR	连接 PTC/KTY84	31	+24 V　IN	外部电源
15	T1　MOTOR	连接 PTC/KTY84	32	GND　IN	外部电源
16	DI4	数字输入 4	34	DI　COM2	公共端子 2
17	DI5	数字输入 5	69	DI　COM1	公共端子 1

2. BOP-2 基本操作面板

BOP-2 基本操作面板安装于控制单元上方，可以用于对变频器的调试、运行监控以及输入某个参数的设置。BOP-2 操作面板为两行显示：一行显示参数值，一行显示参数名称。变频器的参数可以复制上传到操作面板，在必要的时候，可以下载到相同类型的变频器中。

BOP-2 基本操作面板的外形如图 3-18 所示，利用基本操作面板，可以改变变频器的参数。BOP-2 可显示 5 位数字，可以显示参数的序号和数值、报警和故障信息以及设定值和实际值。参数的信息不能用 BOP-2 存储。BOP-2 基本操作面板上按钮的功能见表 3-14。

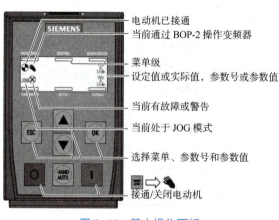

图 3-18　基本操作面板

表 3-14　BOP-2 基本操作面板上按钮的功能

按钮	功能说明
OK	①在菜单选择时，表示确认所选的菜单项； ②当参数选择时，表示确认所选的参数和参数值设置，并返回上一级画面； ③在故障诊断画面，使用该按钮可以清除故障信息
▲	① 在菜单选择时，表示返回上一级的画面； ② 当参数修改时，表示改变参数号或参数值； ③ 在"HAND"模式下，点动运行方式下，长时间同时按▲和▼键可以实现以下功能：若在正向运行状态下，则将切换到反向状态；若在停止状态下，则将切换到运行状态
▼	① 在菜单选择时，表示进入下一级的画面； ② 当参数修改时，表示改变参数号或参数值
ESC	① 若按该按钮 2 s 以下，表示返回上一级菜单，或表示不保存所修改的参数值； ② 若按该按钮 3 s 以上，将返回监控画面 注意：在参数修改模式下，此按钮表示不保存所修改的参数值，除非之前已经按"OK"按钮
∣	① 在"AUTO"模式下，该按钮不起作用； ② 在"HAND"模式下，表示启动命令
○	① 在"AUTO"模式下，该按钮不起作用； ② 在"HAND"模式下，若连续按两次，将按照"OFF2"自由停车； ③ 在"HAND"模式下，若按一次，将按照"OFF1"停车，即按 P1121 的下降时间停车
HAND AUTO	BOP（HAND）与总线或端子（AUTO）的切换按钮。 ①在"HAND"模式下，按下该键，切换到"AUTO"模式。 启动及停止按键不起作用。 ②在"AUTO"模式下，按下该键，切换到"HAND"模式。 启动及停止按键将起作用。切换到"HAND"模式时，速度设定值保持不变。 ③在电动机运行期间，可以实现"HAND"和"AUTO"模式的切换

3. 快速调试模式

快速调试模式是通过设置电动机参数、变频器的命令源、速度设定源等基本参数，从而达到简单快速运转电动机的一种操作模式。使用 BOP-2 进行快速调试步骤见表 3-15。

表 3-15　BOP-2 快速调试步骤

序号	操作步骤	示意图
1	按▲或▼键将光标移动到"SETUP"	SETUP
2	按 **OK** 键进入"SETUP"菜单，显示工厂复位功能。 如果需要复位，按 **OK** 键，按▲或▼键选择"YES"，按 **OK** 键开始工厂复位，面板显示"BUSY"； 如果不需要工厂复位，按▼键	RESET

续表

序号	操作步骤	示意图
3	按 OK 键进入 P1300 参数，按 ▲ 或 ▼ 键选择参数值，按 OK 键确认参数。 P1300=0　线性 V/F 控制 P1300=2　抛物线 V/F 控制 P1300=20　无传感器矢量控制–转速控制 P1300=22　无传感器矢量控制–转矩控制	CTPL MOD P1300
4	按 OK 键进入 P100 参数，按 ▲ 或 ▼ 键选择参数值，按 OK 键确认参数。 通常国内使用的电动机为 IEC 电动机，该参数设置为 0。 P100=0　IEC（50 Hz，kW） P100=1　NEMA（60 Hz，hp） P100=2　NEMA（60 Hz，kW）	EUP/USR P100
5	P304 电动机额定电压（查看电动机铭牌），按 OK 键进入 P304 参数，按 ▲ 或 ▼ 键选择参数值，按 OK 键确认参数	MOT VOLT P304
6	P305 电动机额定电压（查看电动机铭牌），按 OK 键进入 P305 参数，按 ▲ 或 ▼ 键选择参数值，按 OK 键确认参数	MOT CURR P305
7	P307 电动机额定功率（查看电动机铭牌），按 OK 键进入 P307 参数，按 ▲ 或 ▼ 键选择参数值，按 OK 键确认参数	MOT POW P307
8	P311 电动机额定转速（查看电动机铭牌），按 OK 键进入 P311 参数，按 ▲ 或 ▼ 键选择参数值，按 OK 键确认参数	MOT RPM P311
9	P1900 电动机参数识别。按 OK 键进入 P1900 参数，按 ▲ 或 ▼ 键选择参数值，按 OK 键确认参数。 注：P1300=20 或 22 时，该参数被自动设置为 2	MOT ID P1900
10	P15 预定义接口宏。按 OK 键进入 P15 参数，按 ▲ 或 ▼ 键选择参数值，按 OK 键确认参数	MAc PRr P15
11	P1080 电动机最低转速，按 OK 键进入 P1080 参数，按 ▲ 或 ▼ 键选择参数值，按 OK 键确认参数	MIN RPM P1080
12	P1120 斜坡上升时间，按 OK 键进入 P1120 参数，按 ▲ 或 ▼ 键选择参数值，按 OK 键确认参数	RAMP UP P1120
13	P1121 斜坡下降时间，按 OK 键进入 P1121 参数，按 ▲ 或 ▼ 键选择参数值，按 OK 键确认参数	RAMP DWN P1121
14	参数设置完毕后，进入结束快速调试画面	FINISH
15	按 OK 键进入，按 ▲ 或 ▼ 键选择"YES"，按 OK 键确认确认结束快速调试	FINISH YES

续表

序号	操作步骤	示意图
16	面板显示"BUSY",变频器进行参数计算	- BUSY -
17	计算完成后,短暂显示"DONE"画面,随后返回到"MONITOR"菜单	- DONE -

如果在快速调试中设置 P1900 不等于 0,在快速调试后,变频器会显示报警 A07991,提示激活电动机数据辨识,等待启动命令(详细信息请参考变频器使用说明书 5.2 节"静态识别")。

4. 参数设置方法

BOP-2 修改参数值是在菜单"PARAMS"和"SETUP"中进行的。设置参数时,先要选择参数号,然后修改参数值。

■ 选择参数号:当显示的参数号闪烁时,按▲和▼键选择所需的参数号;然后按◼OK键进入参数,显示当前参数值。

■ 修改参数值:当显示的参数值闪烁时,按▲和▼键调整参数值;然后按◼OK键保存参数值。

(1)示例:修改 P700[0]的参数值

① 按▲或▼键,将光标移动到"PARAMS"。

② 按 OK 键进入"PARAMS"菜单。

③ 按▲或▼键选择"EXPERTFILTER"功能

④ 按◼OK键进入,面板显示 r 或 p 参数,并且参数号不断闪烁,按▲或▼键选择所需的参数 P700。

⑤ 按◼OK键,焦点移动到参数下标 [00],[00] 不断闪烁,按▲或▼键可以选择不同的下标。本例选择下标 [00]。

⑥ 按◼OK键,焦点移动到参数值,参数值不断闪烁,按▲或▼键调整参数值。

⑦ 按◼OK键,保存参数值,画面返回到步骤④的状态。

(2)恢复工厂设置

① 按▲或▼键,将光标移动到"EXTRAS"。

② 按◼OK键进入"EXTRAS"菜单,按▲或▼键找到"DRVRESET"功能。

③ 按◼OK键激活复位出厂设置,按◼ESC键取消复位出厂设置。

④ 按◼OK键后,开始恢复参数,BOP-2 上会显示"BUSY"。

⑤ 复位完成后,BOP-2 显示 DONE,按◼OK或◼ESC键返回"EXTRAS"菜单。

5. BOP-2 手动模式

BOP-2 面板上的手动/自动切换键◼HAND/AUTO可以切换变频器的手动/自动模式。手动模式下面板上会显示"◥"符号。手动模式有两种操作方式:启停操作和点动操作。

■ 启停操作：按一下■键启动变频器，并以"SETPOINT"功能中设定的速度运行；按一下■键，停止变频器。

■ 点动操作：长按■键，变频器按照点动速度运行，释放■键，变频器停止运行，点动速度在 P1058 中设置。

在 BOP-2 面板"CONTROL"菜单下提供了 3 个功能：

① SETPOINT：设置变频器启停操作的运行速度。

② JOG：使能点动控制。

③ REVERSE：设定值反向。

■ SETPOINT 功能

在"CONTROL"菜单下按■或■键，选择"SETPOINT"功能，按■键进入"SET-POINT"功能，按■或■键可以修改"SP_0.0"设定值，修改值立即生效。

■ 激活 JOG 功能

① "CONTROL"菜单下按■或■键，选择"JOG"功能。

② 按■键进入"JOG"功能。

③ 按■或■键选择 ON。

④ 按■键使能点动操作，面板上会显示"JOG"符号。

■ 激活 REVERSE 功能

① 在"CONTROL"菜单下按■或■键，选择"REVERSE"功能。

② 按■键进入"REVERSE"功能。

③ 按■或■键，选择 ON。

④ 按■键，使能设定值反向。激活设定值反向后，变频器会把启停操作方式或点动操作方式的速度设定值反向。

6. 上传参数和下载参数

■ 上传参数：变频器 → BOP-2

① 按■或■键，将光标移动到"EXTRAS"。

② 按■键进入"EXTRAS"菜单

③ 按■或■键，选择"TO BOP"功能。

④ 按■键进入"TO BOP"功能。

⑤ 按■键开始上传参数，BOP-2 显示上传状态。

⑥ BOP-2 将创建一个所有参数的 zip 压缩文件。

⑦ BOP-2 上会显示备份过程。

⑧ 备份完成后，会有"Done"提示，按■键或■键返回"EXTRAS"菜单。

■ 下载参数：BOP-2 → 变频器

① 按■或■键，将光标移动到"EXTRAS"。

② 按■键进入"EXTRAS"菜单

③ 按■或■键，选择"FROM BOP"功能。

④ 按■键进入"FROM BOP"功能。

⑤ 按 **OK** 键开始下载参数，BOP-2 显示下载状态。

⑥ BOP-2 解压数据文件。

⑦ 下载完成后，会有"Done"提示，按 **OK** 键或 **ESC** 键返回到"EXTRAS"菜单。

3.2.2　西门子变频器 G120 多段速度控制及应用案例

在基本操作面板上进行手动频率给定，方法简单，对资源消耗少，但这种频率给定方法对于操作者来说比较麻烦，而且不容易实现自动控制，而通过 PLC 控制的多段频率给定和通信频率给定，就容易实现自动控制。如果预定义的接口宏能满足要求，则直接使用预定义的接口宏；如不能满足要求，则可以修改预定义的接口宏。以下将用控制示例介绍 G120 变频器的多段频率给定。

控制要求：用一台晶体管输出 CPU ST20 控制一台 G120 频器，当按下按钮 SB1 时，三相异步电动机以 180 r/min 正转；当按下按钮 SB2 时，三相异步电动机以 360 r/min 正转；当按下按钮 SB3 时，三相异步电动机以 540 r/min 反转。已知电动机的功率为 0.06 kW，额定转速为 1 440 r/min，额定电压为 380 V，额定电流为 0.35 A，额定频率为 50 Hz，设计方案，并编写程序。

1. 主要软硬件配置

① 1 台已经安装好 STEP7-Micro/WIN SMART V2.5 软件的电脑。

② 1 台 G120C 变频器、1 台 CPU ST20。

③ 1 台电动机。

硬件接线如图 3-19 所示。需要注意的是，PLC 为晶体管输出时，其 2M（0 V）必须与变频器的 GND（数字地）短接，否则 PLC 的输出不能形成回路。

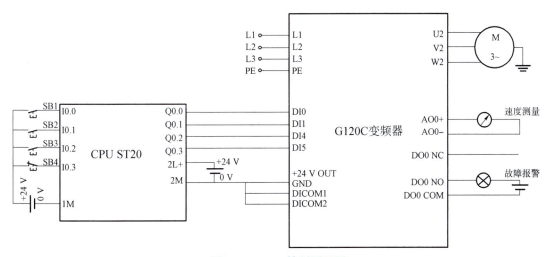

图 3-19　PLC 控制原理图

2. 参数的设置

多段频率给定时，当 DI0 和 DI4 端子与变频器的+24 V OUT（端子 9）连接时，对应一个转速；当 DI0 和 DI5 端子同时与变频器的+24 V OUT（端子 9）连接时，再对应一个转速。DI1、DI4 和 DI5 端子与变频器的+24 V OUT 接通时为反转。变频器参数见表 3-16。

表 3-16　变频器参数（多段速度控制）

序号	参数	设定值	单位	说明
1	P0003	3	—	权限级别
2	P0010	1/0	—	驱动调试参数筛选，先设置为 1
3	P0015	1	—	驱动设备宏指令
4	P0304	380	V	电动机的额定电压
5	P0305	0.35	A	电动机的额定电流
6	P0307	0.06	kW	电动机的额定功率
7	P0310	50	Hz	电动机的额定频率
8	P0311	1440	r/min	电动机的额定转速
9	P0010	0	—	当 P0015 和电动机参数设置完毕后，再设置为 0
10	P1003	180	r/min	固定转速 1
11	P1004	360	r/min	固定转速 2
12	P1070	1024	—	固定设定值作为主设定值

当 Q0.0 和 Q0.2 为 1 时，变频器的 9 号端子与 DI0 和 DI4 端子连通，电动机以 180 r/min（固定转速 1）的转速运行，固定转速 1 设定在参数 P1003 中。当 Q0.0 和 Q0.3 同时为 1 时，DI0 和 DI5 端子同时与变频器的+24 V OUT（端子 9）连接，电动机以 360 r/min（固定转速 2）的转速正转运行，固定转速 2 设定在参数 P1004 中。当 Q0.1、Q0.2 和 Q0.3 同时为 1 时，DI1、DI4 和 DI5 端子同时与变频器的+24 V OUT（端子 9）连接，电动机以 540 r/min（固定转速 1+固定转速 2）的转速反转运行。

3. 编制 PLC 梯形图程序

本案例的 PLC 梯形图程序如图 3-20 所示。

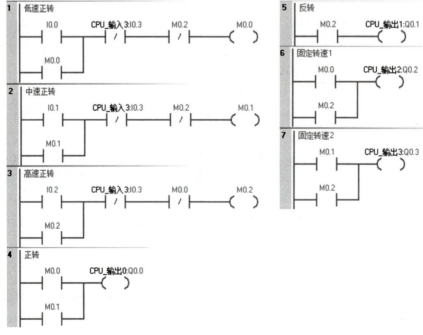

图 3-20　PLC 梯形图

3.2.3　西门子变频器 G120 模拟量控制及应用案例

数字量多段频率给定可以设定速度段数量是有限的，不能做到无级调速，而外部模拟量输入可以做到无级调速，也容易实现自动控制，而且模拟量可以是电压信号或者电流信号，使用比较灵活，因此应用较广。

1. 模拟量模块简介

（1）模拟量 I/O 扩展模块的规格

模拟量 I/O 扩展模块包括模拟量输入模块、模拟量输出模块和模拟量输入/输出模块。部分模拟量模块的规格见表 3-17。

表 3-17　模拟量 I/O 扩展模块的规格

型号	输入点	输出点	电压	功率	电源要求	
					SM 总线	DC 24 V
EM AE04	4	0	DC 24 V	1.5 W	80 mA	40 mA
EM AQ02	0	2	DC 24 V	1.5 W	80 mA	50 mA
EM AM06	4	2	DC 24 V	2 W	80 mA	60 mA

（2）模拟量 I/O 扩展模块的规格

S7-200 SMART PLC 的模拟量模块用于输入和输出电流或者电压信号。模量输出模块的接线如图 3-21 所示。

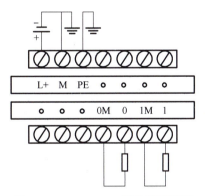

图 3-21　EM AM06 模块的接线图

模拟量输入模块有两个参数容易混淆，即模拟量转换的分辨率和模拟量转换的精度（误差）。分辨率是 AD 模拟量转换芯片的转换精度，即用多少位的数值来表示模拟量。若 S7-200 SMART PLC 模拟量模块的转换分辨率是 12 位，则能够反映模拟量变化的最小单位是满量程的 1/4 096。模拟量转换的精度除了取决于 AD 转换的分辨率外，还受到转换芯片的外围电路的影响。在实际应用中，输入的模拟量信号会有波动、噪声和干扰，内部模拟电路也会产生噪声、漂移，这些都会对转换的最后精度造成影响。这些因素造成的误差要大于 AD 芯片的转换误差。

当模拟量的扩展模块的输入点/输出点有信号输入或者输出时，LED 指示灯不会亮，这点与数字量模块不同，因为西门子模拟量模块上的指示灯没有与电路相连。

使用模拟量模块时，要注意以下问题。

① 模拟量模块有专用的插针与 CPU 通信，并通过此电缆由 CPU 向模拟量模块提供 DC 5 V 的电源。此外，模拟量模块必须外接 DC 24 V 电源。

② 每个模块能同时输入/输出电流或者电压信号。双极性就是信号在变化的过程中要经过"零"，单极性不经过"零"。由于模拟量转换为数字量是有符号整数，所以双极性信号对应的数值会有负数。在 S7-200 SMART PLC 中，单极性模拟量输入/输出信号的数值范围是 0~27 648；双极性模拟量信号的数值范围是-27 648~+27 648。

③ 一般电压信号比电流信号容易受干扰，应优先选用电流信号。电压型的模拟量信号由于输入端的内阻很高（S7-200 SMART PLC 的模拟量模块为 10 MΩ），极易引入干扰。一般电压信号用于控制设备柜内的电位器设置，或者用于距离非常近、电磁环境好的场合。电流型信号不容易受到传输线沿途的电磁干扰，因而在工业现场获得广泛的应用。电流信号可以传输比电压信号远得多的距离。

④ 对于模拟量输出模块，电压型和电流型信号的输出信号的接线相同，但在硬件组态时，要区分是电流还是电压信号。

⑤ 模拟量输出模块总是要占据两个通道的输出地址。即便有些模块（EM AEO4）只有一个实际输出通道，它也要占用两个通道的地址。

2. 模拟量频率给定的应用

控制要求：用一台触摸屏 HMI、PLC 对变频器进行调速，已知电动机的技术参数，功率为 0.06 kW，额定转速为 1 440 r/min，额定电压为 380 V，额定电流为 0.35 A，额定频率为 50 Hz。

（1）软硬件主要配置

① 1 台已经安装好 STEP7-Micro/WIN SMART V2.5 软件的电脑。

② 1 台 G120C 变频器、1 台电动机和 1 个触摸屏 HMI。

③ 1 台 CPU ST20 和 1 个模拟量模块 EM AM06。

将 PLC、变频器、模拟量输出模块 EMAM06 和电动机按照图 3-22 所示进行接线。

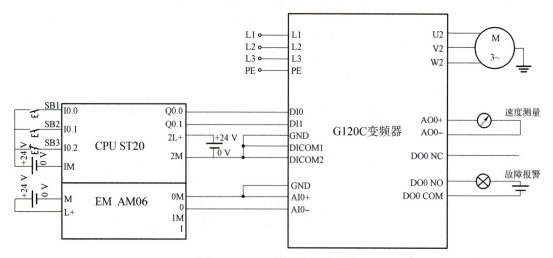

图 3-22　PLC 控制电气原理图

（2）变频器参数设置

参照 G120 变频器的说明书，按照本案例的控制要求设置变频器参数，见表 3-18。

表 3-18 变频器参数（模拟量给定频率控制）

序号	参数	设定值	单位	说明
1	P0003	3	—	权限级别
2	P0010	1/0	—	驱动调试参数筛选，先设置为 1
3	P0015	1	—	驱动设备宏指令
4	P0304	380	V	电动机的额定电压
5	P0305	0.35	A	电动机的额定电流
6	P0307	0.06	kW	电动机的额定功率
7	P0310	50	Hz	电动机的额定频率
8	P0311	1 440	r/min	电动机的额定转速
9	P0010	0	—	当 P0015 和电动机参数设置完毕后，再设置为 0
10	P0756	0	—	模拟量输入类型，0 表示电压范围为 0~10 V

注意：P0756 设定成 0，表示电压信号对变频器调速，这是容易忽略的；此外，还要将 I/O 控制板上的 DIP 开关设定为 "ON"。

（3）编制 PLC 梯形图程序

本案例的 PLC 梯形图程序如图 3-23 所示。程序编辑、编译无误后，通过网线把 PLC 程序从电脑下载到 PLC 中，并进行实时调试、运行。

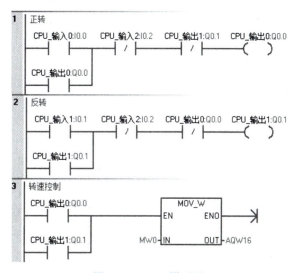

图 3-23 PLC 梯形图

3.2.4 西门子变频器 G120 通信（USS）控制及应用案例

1. USS 协议简介

USS 协议是西门子公司所有传动产品的通用通信协议，它是一种基于串行总线进行数据通信的协议。USS 协议是主-从结构的协议，规定了在 USS 总线上可以有一个主站和最多 31

个从站；总线上的每个从站都有一个站地址（在从站参数中设定），主站依靠它识别每个从站；每个从站也只对主站发来的报文作出响应并回送报文，从站之间不能直接进行数据通信。另外，还有一种广播通信方式，即主站可以同时给所有从站发送报文，从站在接收到报文并作出相应的响应后，可不回送报文。

（1）使用 USS 协议的优点

① 对硬件设备要求低，减少了设备之间的布线。

② 无须重新连线就可以改变控制功能。

③ 可通过串行接口设置来改变传动装置的参数。

④ 可实时监控传动系统。

（2）USS 通信硬件连接注意要点

① 条件许可的情况下，USS 主站尽量选用直流型的 CPU（针对 S7-200 SMART 系列）。

② 一般情况下，USS 通信电缆采用双绞线即可（如常用的以太网电缆），如果干扰比较大，可采用屏蔽双绞线。

③ 在采用屏蔽双绞线作为通信电缆时，如果把具有不同电位参考点的设备互连，在互连电缆中会产生不应有的电流，从而造成通信口的损坏。所以，要确保通信电缆连接的所有设备共用一个公共电路参考点，或是相互隔离的，以防止不应有的电流产生。屏蔽线必须连接到机箱接地点或 9 针连接插头的插针 1。建议将传动装置上的 0 V 端子连接到机箱接地点。

④ 尽量采用较高的波特率，通信速率只与通信距离有关，与干扰没有直接关系。

⑤ 终端电阻的作用是防止信号反射，并不用来抗干扰。在通信距离很近、波特率较低或点对点的通信的情况下，可不用终端电阻；在多点通信的情况下，一般在 USS 主站上加终端电阻，就可以取得较好的通信效果。

⑥ 不要带电插拔 USS 通信电缆，尤其是正在通信过程中，这样极易损坏传动装置和 PLC 的通信端口。如果使用大功率传动装置，即使传动装置掉电，也要等几分钟，让电容放电后，再去插拔通信电缆。

2. USS 通信的应用

以下用一个例子介绍 USS 通信的应用。

控制要求：用一台 CPU SR20 对变频器拖动的电动机进行 USS 无级调速。已知电动机的功率为 0.06 kW，额定转速为 1 440 r/min，额定电压为 380 V，额定电流为 0.35 A，额定频率为 50 Hz。要求设计解决方案。

（1）软硬件主要配置

① 1 台已经安装好 STEP7-Micro/WIN SMART V2.5 软件的电脑。

② 1 台 G120C 变频器和 1 台电动机。

③ 1 台 CPU SR20。

将 PLC、变频器和电动机按照图 3-24 所示接线。

需要注意的是，图 3-24 中，PLC 串口的 3 脚与变频器串口的 2 脚相连，PLC 串口的 8 脚与变频器的 3 脚相连，并不需要占用 PLC 的输出点。图 3-24 的 USS 通信连接是要求不严

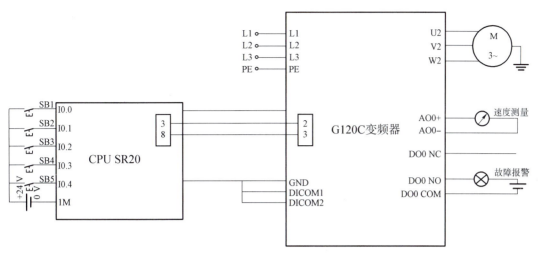

图 3-24   PLC 控制电气原理图

格时的方案，一般的工程中不宜采用，工程中的 PLC 端应使用专用的网络连接器，且终端电阻要接通，如图 3-25 所示。变频器上有终端电阻，要拨到"ON"一侧。还有一点必须指出：如果有多台变频器，则只有最末端的变频器需要接入终端电阻。

（2）变频器参数设置

参照 G120 变频器的说明书，按照本案例的控制要求设置变频器参数，见表 3-19。

图 3-25   网络连接器

表 3-19   变频器参数（USS 通信频率给定控制）

序号	参数	设定值	单位	说明
1	P0003	3	—	权限级别
2	P0010	1/0	—	驱动调试参数筛选，先设置为 1
3	P0015	21	—	驱动设备宏指令，USS 或 MODBUS 通信
4	P0304	380	V	电动机的额定电压
5	P0305	0.35	A	电动机的额定电流
6	P0307	0.06	kW	电动机的额定功率
7	P0310	50	Hz	电动机的额定频率
8	P0311	1 440	r/min	电动机的额定转速
9	P0010	0	—	当 P0015 和电动机参数设置完毕后，再设置为 0
10	P2020	6	—	USS 通信波特率，6 代表 9 600 b/s
11	P2021	18	—	USS 通信地址
12	P2030	1	—	USS 通信协议
13	P2031	0	—	无奇偶检验
14	P2040	100	ms	总线监控时间

需要注意的是，P2021 设定值为 18，与程序中的地址一致，P2020 设定值为 6，与程序

中的 9 600 b/s 也是一致的，所以，正确设置变频器的参数是 USS 通信成功的前提。

变频器的 USS 通信和 PROFIBUS 通信二者只可选其一，不可同时进行，因此，如果进行 USS 通信，变频器上的 PROFIBUS 模块必须要取下，否则 USS 被封锁，是不能通信成功的。

当有多台变频器时，总线监控时间 100 ms 不够，会造成通信不能建立，可将其设置为 0，表示不监控。

参数设定完成后，一般需要重新上电使参数生效。

（3）编制 PLC 梯形图程序

本案例的 PLC 梯形图程序如图 3-26 所示。程序编辑、编译无误后，通过网线把 PLC 程序从电脑下载到 PLC 中，并进行实时调试、运行。

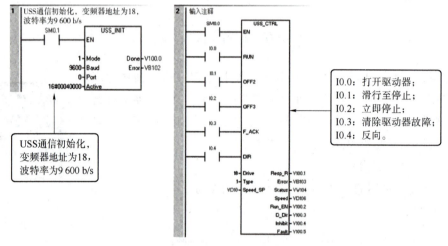

图 3-26　PLC 梯形图

知识模块 4　步进/伺服电动机应用控制

4.1　步进运动控制系统

4.1.1　步进电动机

步进电动机是一种将电脉冲转化为角位移的执行机构。一般电动机是连续旋转的，而步进电动机的转动是一步一步进行的。每输入一个脉冲电信号，步进电动机就转动一个角度。通过改变脉冲频率和数量，即可实现调速和控制转动的角位移大小，具有较高的定位精度，其最小步距角可达 0.75°，转动、停止、反转反应灵敏、可靠。图 4-1 所示为常见步进电动机外形图。

图 4-1　常见步进电动机的图片

步进电动机作为执行元件，是机电一体化的关键产品之一，广泛应用在各种家电产品中，例如打印机、磁盘驱动器、玩具、雨刷、振动寻呼机、机械手臂和录像机等。另外，步进电动机也广泛应用于各种工业自动化系统中。由于通过控制脉冲个数可以很方便地控制步进电动机转过的角位移，且步进电动机的误差不积累，可以达到准确定位的目的。还可以通过控制频率很方便地改变步进电动机的转速和加速度，达到任意调速的目的，因此，步进电动机可以广泛地应用于各种开环控制系统中。

步进电动机主要由两部分构成（图 4-2）：定子和转子，它们均由磁性材料构成。定子、转子、铁芯由软磁材料或硅钢片叠成凸极结构，定子、转子磁极上均有小齿，定子、转子的齿数相等。其中，定子有 6 个磁极，定子磁极上套有星形连接的三相控制绕组，每两个相对的磁极为一相，组成一相控制绕组，转子上没有绕组。转子上相邻两齿间的夹角称为齿距角。

例如，步科三相步进电动机 3S57Q-04079，它的步距角在整步方式下为 1.8°，半步方式下为 0.9°。3S57Q-04079 部分技术参数见表 4-1。

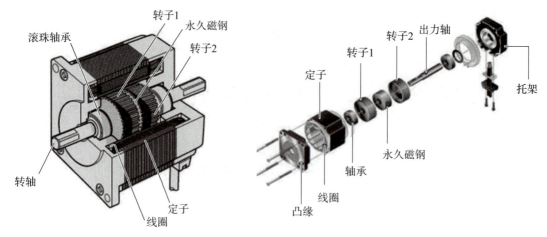

图 4-2　步进电动机结构

表 4-1　S57Q-04079 部分技术参数

参数名称	步距角 /(°)	相电流 /A	保持扭矩 /(N·m)	阻尼扭矩 /(N·m)	电动机惯量 /(kg·cm²)
参数值	1.8	5.8	1.0	0.04	0.3

　　不同的步进电动机的接线有所不同，3S57Q-04079 的接线图如图 4-3 所示，3 个相绕组的 6 根引出线必须按头尾相连的原则连接成三角形。改变绕组的通电顺序，就能改变步进电动机的转动方向。

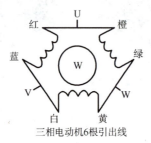

线的颜色	电动机信号
红色	U
橙色	
蓝色	V
白色	
黄色	W
绿色	

三相电动机6根引出线

图 4-3　3S57Q-04079 接线图

1. 步进电动机的分类

步进电动机可分为永磁式步进电动机、反应式步进电动机和混合式步进电动机。

2. 步进电动机的重要参数

　　① 步距角。它表示控制系统每发一个步进脉冲信号，电动机所转动的角度。电动机出厂时给出了一个步距角的值，这个步角可以称为"电动机固有步角"，但它不一定是电动机实际工作时的真正步距角，真正的步距角和驱动器有关。

　　② 相数。步进电动机的相数是指电动机内部的线圈组数，目前常用的有二相、三相、四相、五相等步进电动机。电动机相数不同，其步距角也不同，一般二相电动机的步距角为 0.9°/1.8°，三相的为 0.75°/1.5°，五相的为 0.36°/0.72°。在没有细分驱动器时，用户主要靠选择不同相数的步进电动机来满足自己步距角的要求。如果使用细分驱动器，则相数将变得没有意义，用户只需在驱动器上改变细分数，就可以改变步距角。

③ 保持转矩。保持转矩是指步进电动机通电但没有转动时，定子锁住转子的力矩。它是步进电动机最重要的参数之一。通常步进电动机在低速时的力矩接近保持转矩。由于步进电动机的输出力矩随速度的增大而不断衰减，输出功率也随速度的增大而变化，所以保持转矩就成为衡量步进电动机最重要的参数之一。比如，当人们说 2 N·m 的步进电动机，在没有特殊说明的情况下，是指保持转矩为 2 N·m 的步进电动机。

④ 钳制转矩。钳制转矩是指步进电动机没有通电的情况下，定子锁住转子的力矩。由于反应式步进电动机的转子不是永磁材料，所以它没有钳制转矩。

3. 步进电动机的主要特点

① 一般步进电动机的精度为步距角的 3%~5%，且不累积。

② 步进电动机外表允许的最高温度取决于不同电动机磁性材料的退磁点。步进电动机温度过高时，会使电动机的磁性材料退磁，从而导致力矩下降，以至于失步，因此，电动机外表允许的最高温度取决于不同电动机磁性材料的退磁点。一般来讲，磁性材料的退磁点都在 130 ℃ 以上，有的甚至高达 200 ℃ 以上，所以，步进电动机外表温度在 80~90 ℃ 完全正常。

③ 步进电动机的力矩会随转速的升高而下降。当步进电动机转动时，电动机各相绕组的电感将形成反向电动势；频率越高，反向电动势越大。在它的作用下，电动机随频率（或速度）的增大而相电流减小，从而导致力矩下降。

④步进电动机低速时可以正常运转，但若高于一定速度，就无法启动，并伴有啸鸣声。步进电动机有一个技术参数——空载启动频率，即步进电动机在空载情况下能够正常启动的脉冲频率，如果脉冲频率高于该值，电动机不能正常启动，可能发生丢步或堵转。在有负载的情况下，启动频率应更低。如果要使电动机达到高速转动，脉冲频率应该有加速过程，即启动频率较低，然后按一定加速度升到所希望的高频（电动机转速从低速升到高速）。

4.1.2　步进驱动器

步进电动机不能直接接到工频交流或直流电源上工作，而必须使用专用的步进电动机驱动器，它由脉冲发生控制单元、功率驱动单元、保护单元等组成。驱动单元与步进电动机直接耦合，也可理解成步进电动机微机控制器的功率接口。驱动器和步进电动机是一个有机的整体，步进电动机的运行性能是电动机及其驱动器二者配合所反映的综合效果。系统组成如图 4-4 所示，图 4-5 所示为常见步进驱动器实物。

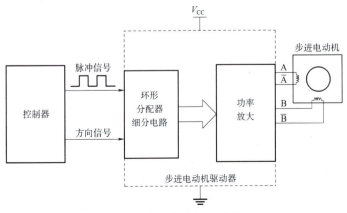

图 4-4　步进电动机驱动系统

图 4-5   常见步进驱动器实物

驱动要求：

① 能够提供较快的电流上升和下降速度，使电流波形尽量接近矩形；具有供截止期间释放电流流通的回路，以降低绕组两端的反电动势，加快电流衰减。

② 具有较高功率及效率。

步进电动机的相数是指电动机内部的线圈组数，目前常用的有二相、三相、四相、五相步进电动机。电动机相数不同，其步距角也不同，一般二相电动机的步距角为 1.8°、三相为 1.5°、五相为 0.72°。在没有细分驱动器时，用户主要靠选择不同相数的步进电动机来满足步距角的要求。如果使用细分驱动器，则相数将变得没有意义，用户只需在驱动器上改变细分数，就可以改变步距角。

图 4-6 所示步科 3M458 驱动器引脚中，PLS-、PLS+为脉冲信号，脉冲的数量、频率与步进电动机的位移、速度成比例，DIR-、DIR+为方向信号，它的高低电平决定电动机的旋转方向。FREE-、FREE+为脱机信号，一旦这个信号为 ON，驱动器将断开输入步进电动机的电源回路。V+和 GND 接 24 V 直流电源供电。U、V、W 连接到步进电动机输入电源。

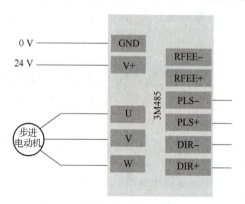

图 4-6   步科 3M458 驱动器引脚

在 3M458 驱动器的侧面连接端子中间有一个红色的 8 位 DIP 功能设置开关，可以用来设置驱动器的工作方式和工作参数，包括细分设置、静态电流设置和运行电流设置。图 4-7 所示为该 DIP 开关功能划分说明。

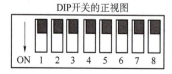

开关序号	ON功能	OFF功能
DIP1~DIP3	细分设置用	细分设置用
DIP4	静态电流全流	静态电流半流
DIP5~DIP8	电流设置用	电流设置用

图 4-7   3M458 DIP 开关功能划分说明

4.1.3   使用 PLC 的高速输出点控制步进电动机

现有一步进电动机，其步距角是 1.8°，丝杠螺距为 10 mm，速度为 50 mm/s，按下正转按钮，电动机正转 100 mm，按下停止按钮，电动机立即停转，按下反转按钮，电动机反转 100 mm。根据上述控制要求设计系统控制方案，绘制电气控制原理图并编写 PLC 程序。

1. 主要软硬件配置

① 1 套 STEP7-Micro/WIN SMART V2.5。

② 1 台步进电动机，型号为 17HS111；一台驱动器，型号为 SH-2H042Ma。

③ 1 台 CPU ST40。

2. 步进电动机与步进驱动器的接线

本系统选用的步进电动机是两相四线的步进电动机，其型号是 17HS111，这种型号的步进电动机的出线接线如图 4-8 所示。其含义是：步进电动机的 4 根引出线分别是红色、绿色、黄色和蓝色。其中，红色引出线应该与步进驱动器的 A+接线端子相连，绿色引出线应该与步进驱动器的 A-接线端子相连，黄色引出线应该与步进驱动器的 B+接线端子相连，蓝色引出线应该与步进驱动器的 B-接线端子相连。

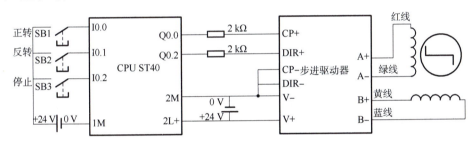

图 4-8   电气控制原理图

3. PLC 与步进电动机、步进驱动器的接线

步进驱动器有共阴和共阳两种接法，这与控制信号有关系，通常西门子 PLC 输出信号是+24 V 信号（即 PNP 型接法），所以应该采用共阴接法。所谓共阴接法，就是步进驱动器的 DIR-和 CP-与电源的负极短接，如图 4-8 所示。而三菱 PLC 输出的是低电位信号（即 NPN 型接法），因此应该采用共阳接法。

那么 PLC 能否直接与步进驱动器相连接呢？一般情况下是不能的。这是因为步进驱动器的控制信号通常是+5 V，而西门子 PLC 的输出信号是+24 V，显然是不匹配的。解决问题的办法就是在 PLC 与步进驱动器之间串联一只 2 kΩ 电阻，起分压作用，因此输入信号近似等于+5 V。有的资料指出，串联一只 2 kΩ 的电阻是为了将输入电流控制在 10 mA 左右，也就是起限流作用，在这里，电阻的限流或分压作用的含义在本质上是相同的。CP+（CP-）是脉冲接线端子，DIR+（DIR-）是方向控制信号接线端子。PLC 接线如图 4-8 所示。有的步进驱动器只能采用共阳接法，如果使用西门子 S7-200 SMART PLC 控制这种类型的步进驱动器，则不能直接连接，必须将 PLC 的输出信号进行反相。另外，还要注意，输入端的接线采用的是 PNP 接法，因此两只接近开关是 PNP 型，若选用的是 NPN 型接近开关，那么接法就不同了。

4. 组态硬件

高速输出有 PWM 模式和运动轴模式，对于较复杂的运动控制，显然用运动轴模式控制更加便利。以下将具体介绍这种方法。

① 激活"运动控制向导"。打开 STEP7 软件，在主菜单"工具"栏中单击"运动"选项，弹出装置选择界面，如图 4-9 所示。

图 4-9　激活"运动控制向导"

② 选择需要配置的轴。CPU ST40 系列 PLC 内部有三个轴可以配置，本例选择"轴 0"即可，如图 4-10 所示，再单击"下一个"按钮。

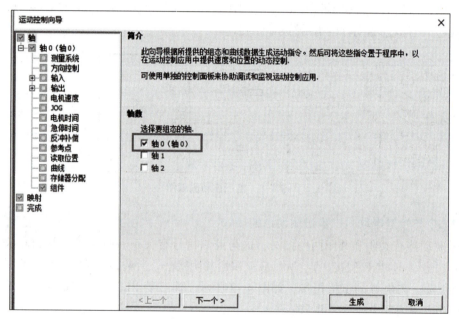

图 4-10　选择需要配置的轴

③ 为所选择的轴命名。本例为默认的"轴 0"，再单击"下一个"按钮，如图 4-11 所示。

④ 输入系统的测量系统。在"选择测量系统"选项中选择"工程单位"。由于步进电动机的步距角为 1.8°，电动机转一圈需要 200 个脉冲，所以"电动机一次旋转所需的脉冲数"为"200"；"测量的基本单位"设为"mm"；"电动机一次旋转产生多少'mm'的运动"为"10"。这些参数与实际的机械结构有关，再单击"下一个"按钮，如图 4-12 所示。

⑤ 设置脉冲方向输出。设置有几路脉冲输出，其中有单相（1 个输出）、双向（2 个输出）和正交（2 个输出）三个选项，本例选择"单相（1 个输出)"，再单击"下一个"按钮，如图 4-13 所示。

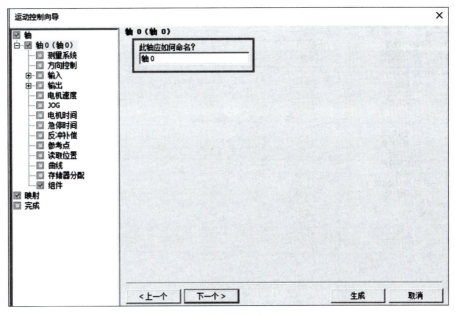

图 4-11　为所选择的轴命名

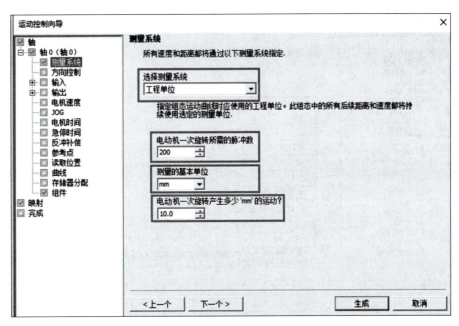

图 4-12　输入系统的测量系统

⑥ 分配输入点。本例中用不到 LMT+（正限位输入点）、LMT-（负限位输入点）、RPS（参考点输入点）和 ZP（零脉冲输入点），所以可以不设置。直接选中"STP"（停止输入点），选择"启用"，停止输入点为"I0.2"，指定相应输入点有效时的响应方式为"减速停止"，指定触发信号为电平触发"Level"，电平触发选择高电平，即为"上限"，单击"下一个"按钮，如图 4-14 所示。

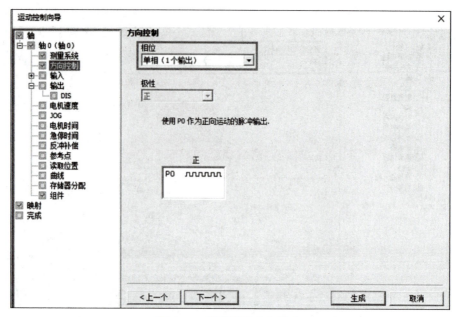

图 4-13   设置脉冲方向输出

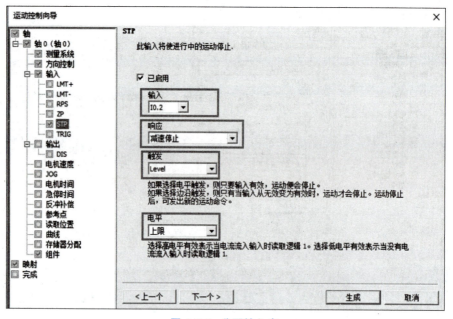

图 4-14   分配输入点

⑦ 指定电动机速度。

MAX_SPEED：定义电动机运动的最大速度。

SS_SPEED：根据定义的最大速度，在运动曲线中可以指定最小速度。如果 SS_SPEED 数值过高，电动机可能在启动时失步，并且在尝试停止时，负载可能使电动机不能立即停止而多行走一段。停止速度也为 SS_SPEED。

设置如图 4-15 所示，在 1、2 和 3 处输入最大速度、最小速度、启动/停止速度，再单击"下一个"按钮。

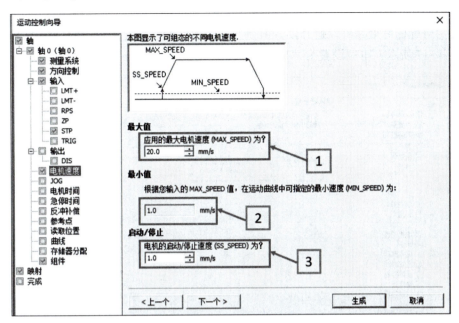

图 4-15　指定电动机速度

⑧ 设置加速和减速时间。

ACCEL_TIME（加速时间）：电动机从 SS_SPEED 加速至 MAX_SPEED 所需要的时间。默认值为 1 000 ms（1s），本例选默认值，如图 4-16 所示的"1"处。

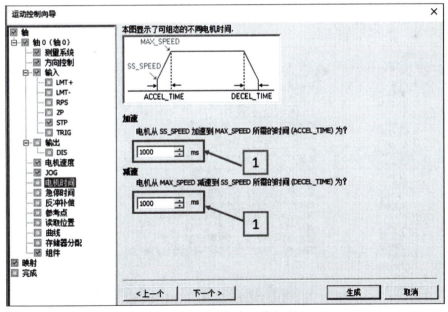

图 4-16　设置加速和减速时间

DECEL_TIME（减速时间）：电动机从 MAX_SPEED 减速至 SS_SPEED 所需要的时间。默认值为 1 000 ms（1 s），本例选默认值，如图 4-16 所示的"2"处，再单击"下一个"按钮。

⑨ 为配置分配存储区。指令向导在 VB 内存中以受保护的数据块页形式生成子程序，在编写程序时，不能使用 PTO 向导已经使用的地址，此地址段可以由系统推荐，也可以人为分配，人为分配的好处是可以避开读者习惯使用的地址段。为配置分配存储区的 VB 内存地址，如图 4-17 所示，本例设置为"VB10～VB102"，再单击"下一个"按钮。

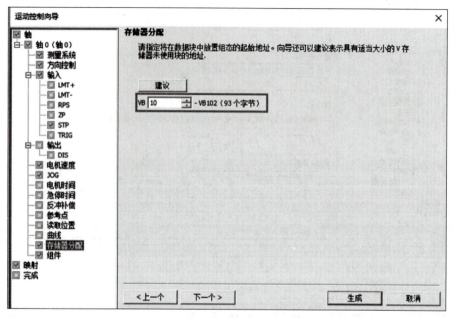

图 4-17　为配置分配存储区

⑩ 完成组态，如图 4-18 所示。单击"下一个"按钮，弹出如图 4-19 所示的界面，单击"生成"按钮，完成组态。

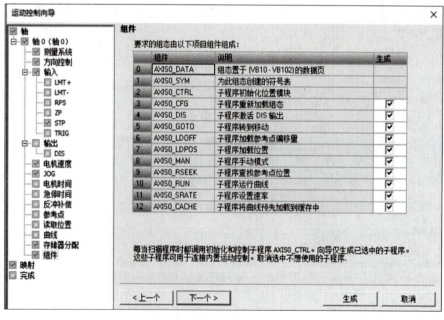

图 4-18　完成组态

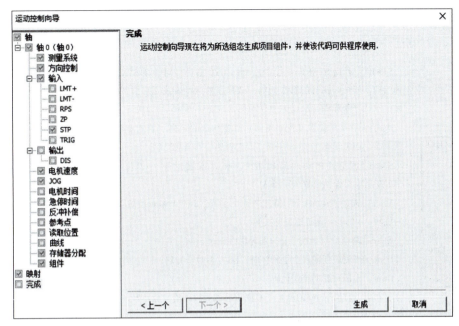

图 4-19　生成程序代码

5. 子程序简介

AXISx_CTRL 子程序：启用和初始化运动轴，方法是自动命令运动轴，在每次 CPU 更改为 RUN 模式时，加载组态/包络表，每个运动轴使用此子程序一次，并确保程序会在每次扫描时调用此子程序。AXISx_CTRL 子程序的参数见表 4-2。

表 4-2　AXISx_CTRL 子程序的参数

子程序	输入/输出参数含义	数据类型
AXIS0_CTRL EN MOD_EN Done Error C_Pos C_Speed C_Dir	EN：使能	BOOL
	MOD_EN：参数必须开启，才能启用其他运动控制子程序向运动轴发送命令	BOOL
	Done：当完成任何一个子程序时，Done 参数会开启	BOOL
	C_Pos：运动轴的当前位置。根据测量单位，该值是脉冲数（DINT）或工程单位数（REAL）	DINT/REAL
	C_Speed：运动轴的当前速度。如果针对脉冲组态运动轴的测量系统，是一个 DINT 数值，其中包含脉冲数/s；如果针对工程单位组态测量系统，是一个 REAL 数值，其中包含选择的工程单位数/s（REAL）	DINT/REAL
	C_Dir：电动机的当前方向，0 代表正向，1 代表反向	BOOL
	Error：出错时返回错误代码	BYTE

AXISx_GOTO：其功能是命令运动轴转到所需位置，这个子程序提供绝对位移和相对位移两种模式。AXISx_GOTO 子程序的参数见表 4-3。

6. 编写程序

使用了运动向导，编写程序就比较简单了，但必须搞清楚两个子程序的使用方法，这是编写程序的关键，梯形图如图 4-20 所示。

表 4-3　AXISx_GOTO 子程序的参数

子程序	输入/输出参数含义	数据类型
	EN：使能，开启 EN 位会启用此子程序	BOOL
	START：开启 START 向运动轴发出 GOTO 命令。对于在 START 参数开启且运动轴当前不繁忙时执行的每次扫描，该程序向运动轴发送一个 GOTO 命令，为了确保仅发送一条命令，应以脉冲方式开启 START 参数	BOOL
	Pos：要移动的位置（绝对移动）或要移动的距离（相对移动）。根据所选的测量单位，该值是脉冲数（DINT）或工程单位数（REAL）	DINT/REAL
	Speed：确定该移动的最高速度。根据所选的测量单位，该值是脉冲数/s（DINT）或工程单位数/s（REAL）	DINT/REAL
	Mode：选择移动的类型。0 代表绝对位置，1 代表相对位置，2 代表单速连续正向旋转，3 代表单速连续反向旋转	BOOL
	Abort：命令位控模块停止当前轮廓并减速至电动机停止	BYTE
	Done：当完成任何一个子程序时，Done 参数会开启	BOOL
	Error：出错时返回错误代码	BYTE
	C_Pos：运动轴的当前位置。根据测量单位，该值是脉冲数（DINT）或工程单位数（REAL）	DINT/REAL
	C_Speed：运动轴的当前速度。如果针对脉冲组态运动轴的测量系统，是一个 DINT 数值，其中包含脉冲数/s；如果针对工程单位组态测量系统，是一个 REAL 数值，其中包含选择的工程单位数/s（REAL）	DINT/REAL

（子程序框图标签）
AXIS0_GOTO
EN
START
Pos　　Done
Speed　Error
Mode　C_Pos
Abort　C_Speed

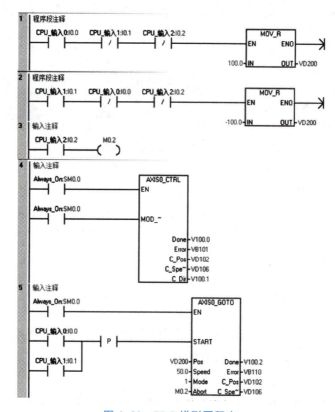

图 4-20　PLC 梯形图程序

4.2 伺服运动控制系统

20 世纪 80 年代以来，随着集成电路、电力电子技术和交流可变速驱动技术的发展，永磁交流伺服驱动技术有了突出的发展，交流伺服系统已成为当代高性能伺服系统的主要发展方向。

当前，高性能的电伺服系统大多采用永磁同步型交流伺服电动机，控制驱动器大多采用快速、准确定位的全数字位置伺服系统。典型生产厂家如德国西门子、美国科尔摩根和日本及安川等公司。YL-158GA1 现代电气控制系统实训考核装置上提供了台达 ASD-B2 系列伺服电动机及驱动器。

4.2.1 伺服电动机

伺服电动机是指在伺服系统中控制机械元件运转的发动机，是一种帮助马达间接变速的装置。伺服电动机可使控制速度、位置精度非常准确，可将电压信号转化为转矩和转速以驱动控制对象。伺服电动机转子转速受输入信号控制，并能快速反应，在自动控制系统中，用作执行元件，且具有机电时间常数小、线性度高等特性，可把所收到的电信号转换成电动机轴上的角位移或角速度输出。伺服电动机分为直流和交流两大类，其主要特点是，当信号电压为零时，无自转现象，转速随着转矩的增加而匀速下降。伺服电动机实物如图 4-21 所示。

图 4-21 伺服电动机实物图

1. 伺服电动机的使用

伺服电动机的主要外部部件有电源电缆、内置编码器、编码器电缆等。内置编码器的伺服电动机如图 4-22 所示。

对于带电磁制动的伺服电动机，单独需要电磁制动电缆，电缆部件如图 4-23 所示。

在使用伺服电动机时，需要先计算一些关键的电动机参数，如位置分辨率、电子齿轮、速度和指令脉冲频率等，以此为依据进行后面伺服驱动器的参数设置。

2. 位置分辨率和电子齿轮计算

位置分辨率（每个脉冲的行程 ΔL）取决于伺服电动机每转的行程 ΔS 和编码器反馈脉冲数目 P_t，见式（4-1）；反馈脉冲数目取决于伺服电动机系列。

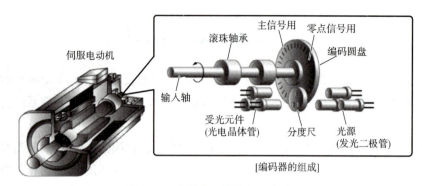

图 4-22　内置编码器的伺服电动机

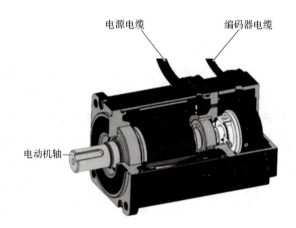

图 4-23　伺服电动机部件图

$$\Delta L = \frac{S}{P_{\text{t}}} \tag{4-1}$$

式中：ΔL——每个脉冲的行程（mm/p）；

ΔS——伺服电动机每转的行程（mm/r）；

P_{t}——反馈脉冲数目（p/r）。

当驱动系统和编码器确定之后，在控制系统中，ΔL 为固定值。但是，每个指令脉冲的行程可以根据需要利用参数进行设置。

如图 4-24 所示，指令脉冲乘以参数中设置的 CMX/CDV 则为位置控制脉冲。

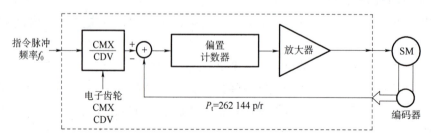

图 4-24　位置分辨率和电子齿轮关系图

每个指令脉冲的行程值用式（4-2）计算。

$$\Delta L_0 = \frac{P_t}{\Delta S} \cdot \frac{CMX}{CDV} = \Delta L \cdot \frac{CMX}{CDV} \qquad (4-2)$$

式中：CMX——电子齿轮（指令脉冲乘数分子）；

　　　CDV——电子齿轮（指令脉冲乘数分母）。

利用上述关系式，每个指令脉冲的行程可以设置为整数值。

3. 速度和指令脉冲频率计算

伺服电动机以指令脉冲和反馈脉冲相等时的速度运行。因此，指令脉冲频率和反馈脉冲频率相等，电子齿轮比与反馈脉冲的关系如图 4-25 所示。

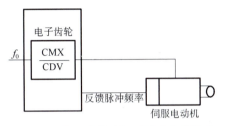

图 4-25　电子齿轮比与反馈脉冲的关系

参数（CMX、CDV）的关系如下：

$$f_0 \cdot \frac{CMX}{CDV} = P_t \cdot \frac{N_0}{60} \qquad (4-3)$$

式中：f_0——指令脉冲频率（采用差动线性驱动器时）（p/s）；

　　　N_0——伺服电动机速度［r/min］；

　　　P_t——反馈脉冲数目（p/r）（$P_t = 262\ 144$ p/r，HF-KP）。

根据式（4-3），可以推导得出伺服电动机的电子齿轮和指令脉冲频率的计算公式，使伺服电动机旋转。

4.2.2　伺服驱动器

1. 认识伺服驱动器

伺服驱动器又称"伺服控制器""伺服放大器"，是用来控制伺服电动机的一种控制器，其作用类似于变频器作用于普通交流电动机，属于伺服系统的一部分，主要应用于高精度的定位系统。伺服驱动器一般通过位置、速度和力矩 3 种方式对伺服电动机进行控制，实现高精度的传动系统定位，目前是传动技术的高端产品。

交流永磁同步伺服驱动器主要由伺服控制单元、功率驱动单元、通信接口单元、伺服电动机及相应的反馈检测器件组成，其控制器系统结构框图如图 4-26 所示。其中，伺服控制单元包括位置控制器、速度控制器、转矩和电流控制器等。

伺服电动机一般为 3 个闭环负反馈 PID 调节系统，最内侧是电流环，第 2 环是速度环，最外侧是位置环，各环的功能见表 4-4。

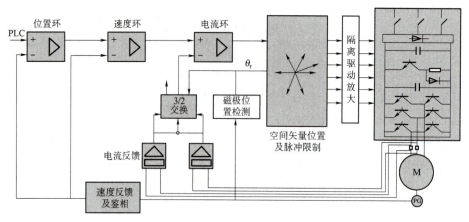

图 4-26   伺服驱动器控制器系统结构框图

表 4-4   3 个闭环调节系统功能

电流环	速度环	位置环
在伺服驱动系统内部进行，通过霍尔装置检测驱动器给电动机的各相输出电流，根据负反馈给电流的设置进行 PID 调节，从而达到输出电流尽量接近设置电流。电流环是控制电动机转矩的，所以，在转矩模式下驱动器的运算最小，动态响应最快	通过检测伺服电动机编码器的信号来进行负反馈 PID 调节。它的环内 PID 输出直接就是电流环的设置，所以，速度环控制时，就包含了速度环和电流环，因此电流环是控制的根本。在速度和位置控制的同时，系统实际也在进行电流（转矩）的控制，以达到对速度和位置的响应控制	在驱动器和伺服电动机编码器之间构建，也可以在外部控制器和电动机编码器或最终负载之间构建，要根据实际情况来定。由于位置控制环内部输出就是速度环的设置，位置控制模式下，系统进行这 3 个环的运算，此时系统运算量最大，动态响应速度也最慢

一般伺服有 3 种控制方式：转矩控制方式、位置控制方式、速度控制方式。

速度控制和转矩控制都是用模拟量来控制的。位置控制是通过脉冲来控制的。如果对电动机的速度、位置都没有要求，只要输出一个恒转矩，则用转矩控制方式。如果对位置和速度有一定的精度要求，而对实时转矩不是很关心，用转矩控制方式不太方便，用速度或位置控制方式比较好。如果上位控制器有比较好的闭环控制功能，用速度控制方式效果会好一点。如果本身要求不是很高，或者基本没有实时性的要求，则用位置控制方式。就伺服驱动器的响应速度来看，转矩控制方式运算量最小，驱动器对控制信号的响应最快；位置控制方式运算量最大，驱动器对控制信号的响应最慢。

（1）转矩控制方式

转矩控制方式是通过外部模拟量的输入或直接的地址赋值来设置电动机轴对外的输出转矩大小的，具体表现为（例如 10 V 对应 5 N·m）：当外部模拟量设置为 5 V 时，电动机轴输出为 2.5 N·m，如果电动机轴负载低于 2.5 N·m，则电动机正转，外部负载等于 2.5 N·m 时，电动机不转，大于 2.5 N·m 时，电动机反转（通常在有重力负载情况下产生）。可以通过即时改变模拟量的设置来改变设置的力矩大小，也可以通过通信方式改变对应地址的数值来实现。其应用主要在对材质的受力有严格要求的缠绕和放卷的装置中，例如绕线装置或拉光纤设备，转矩的设置要根据缠绕的半径的变化随时更改，以确保材质的受力不会随着缠绕半径的变化而改变。

（2）位置控制方式

位置控制方式一般是通过外部输入的脉冲的频率来确定转动速度的大小，通过脉冲的个数来确定转动的角度，也有些伺服可以通过通信方式直接对速度和位移进行赋值。由于位置控制方式可以对速度和位置都有很严格的控制，所以一般应用于定位装置。应用领域如数控机床、印刷机械等。

（3）速度控制方式

通过模拟量的输入或脉冲的频率都可以进行转动速度的控制，在有上位控制装置的外环 PID 控制时，速度模式也可以进行定位，但必须把电动机的位置信号或直接负载的位置信号给上位反馈，以用于运算。速度控制方式也支持直接负载外环检测位置信号，此时电动机轴端的编码器只检测电动机转速，位置信号直接由最终负载端的检测装置来提供，这样的优点在于可以减小中间传动过程中的误差，增加了整个系统的定位精度。

2. 认识台达伺服驱动器

（1）伺服驱动器面板与接口

现在使用的台达 ASD-B2 伺服驱动器属于进阶泛用型，内置泛用功能应用，减少机电整合的差异成本。除了可简化配线和操作设置外，还可大幅提升电动机尺寸的对应性和产品特性的匹配度，以方便地替换其他品牌。同时，针对专用机，提供了多样化的操作选择。其面板、接口名称与功能如图 4-27 所示。

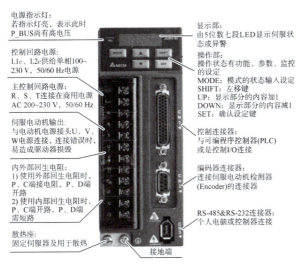

图 4-27　台达 ASD-B2 的面板、接口名称与功能

（2）操作面板说明

ASD-B2 伺服驱动器的参数共有 187 个，P0-xx、P1-xx、P2-xx、P3-xx、P4-xx 可以在驱动器的面板上进行设置，操作面板各部分名称如图 4-28 所示。

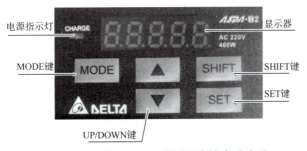

图 4-28　台达 ASD-B2 操作面板各部分名称

各个按钮的说明见表 4-5。

表 4-5　台达 ASD-B2 操作面板各按钮功能

名称	各部分功能
显示器	5 位数七段显示器，用于显示监视值、参数值和设置值
电源指示灯	主电源回路电容量的充电显示
MODE 键	切换监视模式/参数模式/异警显示，在编辑模式时，按 MODE 键可跳到参数模式
SHIFT 键	参数模式下，可改变群组码。编辑模式下，闪烁字符左移，可用于修正较高的设置字符值。监视模式下，可切换高/低位数显示
UP 键	变更监视码、参数码或设置值
DOWN 键	变更监视码、参数码或设置值
SET 键	显示及存储设置值。监视模式下，可切换十/十六进制显示。在参数模式下，按 SET 键可进入编辑模式

（3）数设置操作说明

① 驱动器电源接通时，显示器会先持续显示监视变量符号约 1 s，然后才进入监控模式。

② 按 MODE 键可切换参数模式—监视模式—异警模式，若无异警发生，则略过异警模式。

③ 当有新的异警发生时，无论在何种模式下，都会马上切换到异警显示模式下。按 MODE 键可以切换到其他模式。如果连续 20 s 没有任何键被按下，则会自动切换回异警模式。

④ 在监视模式下，若按下 UP/DOWN 键，可切换监视变量。此时监视变量符号会持续显示约 1 s。

⑤ 在参数模式下，按 SHIFT 键时，可切换群组码，按 UP/DOWN 键，可变更后两个字符参数码。

⑥ 在参数模式下，按 SET 键，系统立即进入编辑设置模式。显示器会同时显示此参数对应的设置值，此时可利用 UP/DOWN 键修改参数值，或按 MODE 键脱离编辑设置模式并回到参数模式。

⑦ 在编辑设置模式下，可按 SHIFT 键使闪烁字符左移，再利用 UP/DOWN 键快速修正较高的设置字符值。

⑧ 设置值修正完毕后，按下 SET 键，即可进行参数存储或执行命令。

⑨ 完成参数设置后，显示结束代码 SAVED，并自动回到参数模式。

（4）部分参数说明

在 YL-158GA1 上，伺服驱动装置工作于位置控制模式，S7-200 SMART ST30 的 Q0.0 输出脉冲作为伺服驱动器的位置指令，脉冲的数量决定伺服电动机的旋转位移，脉冲的频率决定了伺服电动机的旋转速度。S7-200 SMART ST30 的 Q0.2 输出信号作为伺服驱动器的方向指令。当控制要求较为简单时，伺服驱动器可采用自动增益调整模式。根据上述要求，台达 ADS-B2 服驱动器常用参数功能见表 4-6。

表 4-6　台达 ASD-B2 伺服驱动器常用参数功能

序号	参数		设置参数	功能含义
	参数编号	参数名称		
1	P0-02	LED 初始状态	00	显示电动机反馈脉冲数
2	P1-00	外部脉冲列指令输入形式设置	2	脉冲列 "+" 符号

续表

序号	参数		设置参数	功能含义
	参数编号	参数名称		
3	P1-01	控制模式及控制命令输入源设置	00	位置控制模式（相关代码 Pt）
4	P1-44	电子齿轮比分子（N）	1	指令脉冲输入比值设置： $\xrightarrow[f_1]{\text{指令脉冲输入}}\boxed{\dfrac{N}{M}}\xrightarrow[f_2]{\text{位置指令}}\quad f_1=f_2\times\dfrac{N}{M}$ 指令脉冲输入比值范围：$1/50<N/M<200$
5	P1-45	电子齿轮比分母（M）	1	当 P1-44 分子设置为"1"、P1-45 分母设置为"1"时，脉冲数为 10 000。 一周脉冲数 $=\dfrac{P1-44\ \text{分子}\ =1}{P1-45\ \text{分母}\ =1}\times10\ 000=10\ 000$
6	P2-00	位置控制比例增益	35	位置控制增益值加大时，可提升位置应答性及缩小位置控制误差量，但若设置得太大，易产生振动及噪声
7	P2-02	位置控制前馈增益	5 000	位置控制命令平滑变动时，增益值加大可改善位置跟随误差量。若位置控制命令不平滑变动，降低增益值可降低机构的运转振动现象
8	P2-08	特殊参数输入	0	10：参数复位

3. 伺服驱动器和伺服电动机的连接

下面以 ASD-B2 伺服驱动器与 ECMA-C20604RS 的连接作为示例（位置伺服、增量型）。伺服驱动器外围主要器件的连接如图 4-29 所示，按照位置控制运行模式。

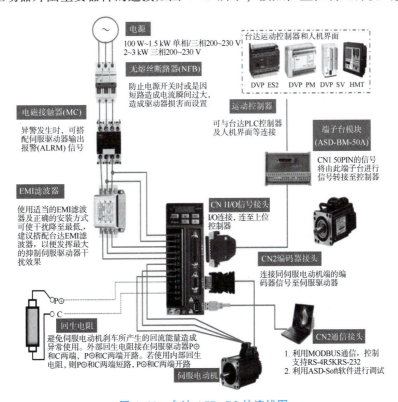

图 4-29　台达 ASD-B2 的连线图

① 伺服驱动器电源：其端子（R、S）连接二相电源。

② CN1 连接图：主要的几个信号为定位模块的脉冲，编码器的 A、B、Z 的信号脉冲，以及急停、复位、正转行程限位、反转行程限位、故障、零速检测等。CN1 连接图如图 4-30 所示。

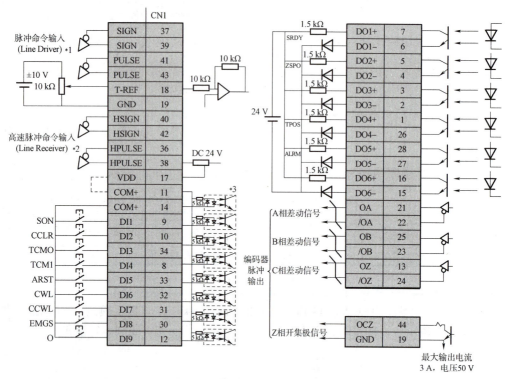

图 4-30　CN1 连接图

③ CN2 和伺服电动机连接图：CN2 连接伺服电动机内置编码器，同伺服驱动器输出 U、V、W 依次连接伺服电动机 2、3、4 引脚，相序不能错误。CN2 和伺服电动机连接图如图 4-31 所示。

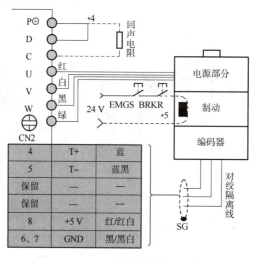

图 4-31　CN2 和伺服电动机连接图

4.2.3 使用 PLC 的高速输出点控制伺服系统

某设备上有一套伺服驱动系统，伺服驱动器的型号为 ASD-B-20421-B，伺服电动机型号为 ECMA-C30604PS，是三相交流同步伺服电动机，控制要求如下。

① 按下复位按钮 SB1 时，伺服驱动系统回原点。

② 按下启动按钮 SB2 时，伺服电动机带动滑块向前，速度为 10 mm/s，运行 50 mm，停 2 s，再运行 50 mm，停 2 s，然后返回原点完成一个循环过程。

③ 按下停止按钮 SB3 时，系统立即停止。

按照上述控制要求设计电气原理图，并编写 PLC 控制程序。

1. 主要软硬件配置

① 1 套 STEP7-Micro/WIN SMART V2.5。

② 1 台伺服电动机，型号为 ECMA-C30604PS 及驱动器。

③ 1 台伺服驱动器，型号为台达 ASD-B-20421-B。

④ 1 台 CPU ST40。

2. 伺服电动机与伺服步进驱动器的接线

伺服系统选用的是台达伺服系统，伺服电动机和伺服驱动器的连线比较简单，伺服电动机后面的编码器与伺服驱动器的连线是由台达公司提供的专用电缆，伺服驱动器端的接口是 CN2，这根电缆一般不会接错。伺服电动机上的电源线对应连接到伺服驱动器的接线端子上，原理图如图 4-32 所示。

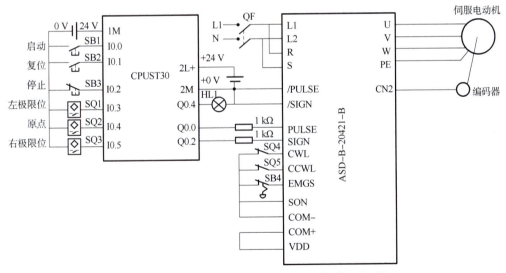

图 4-32 PLC 的高速输出点控制伺服电动机原理图

3. 硬件组态

高速输出有 PWM 模式和运动轴模式，对于较复杂的运动控制，显然用运动轴模式控制更加便利。以下具体介绍这种方法。

① 激活"运动控制向导"。打开 STEP7-Micro/WIN SMART 软件，在主菜单"工具"栏中单击"运动"选项，弹出装置选择界面，如图 4-33 所示。

② 选择需要配置的轴。CPUST30 系列 PLC 内部有三个轴可以配置，本例选择"轴 0"即可，如图 4-34 所示，再单击"下一个"按钮。

图 4-33 激活"运动控制向导"

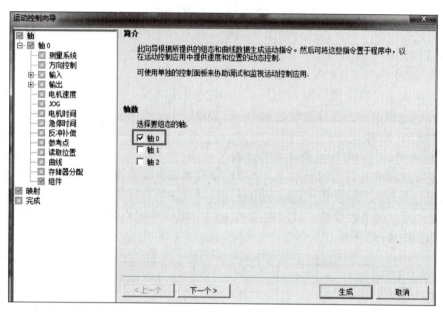

图 4-34 选择需要配置的轴

③ 为所选择的轴命名。本例为默认的"轴 0",再单击"下一个"按钮,如图 4-35 所示。

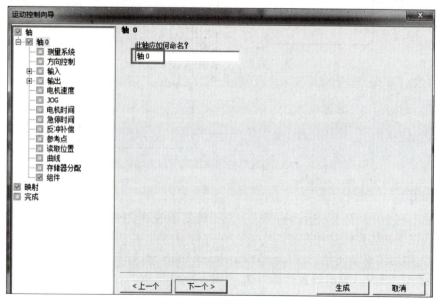

图 4-35 为所选择的轴命名

④ 输入系统的测量系统。将"选择测量系统"选项选择"工程单位"。由于光电编码器为 10 000 线，电动机旋转一圈需要 10 000 个脉冲，所以"电动机一次旋转所需的脉冲"为"10 000"；"测量的基本单位"设为"mm"；"电动机一次旋转产生多少'mm'的运动？"为 4.0。这些参数与实际的机械结构有关。再单击"下一个"按钮，如图 4-36 所示。

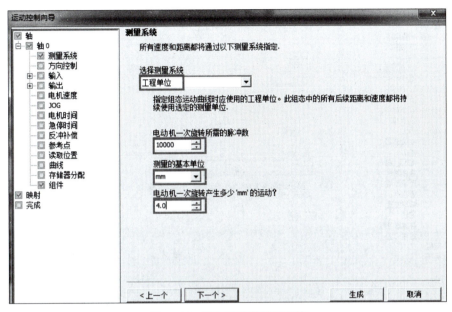

图 4-36　输入系统的测量系统

⑤ 设置脉冲方向输出。设置有几路脉冲输出，其中有单相（1 个输出）、双向（2 个输出）和正交（2 个输出）三个选项，本例选择"单相（1 个输出）"。再单击"下一个"按钮，如图 4-37 所示。

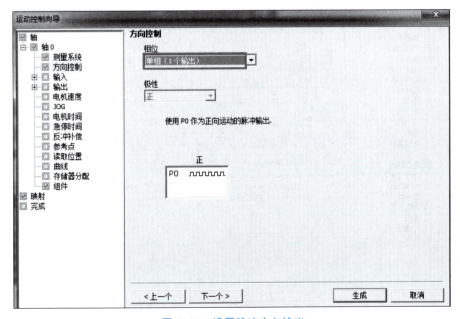

图 4-37　设置脉冲方向输出

⑥ 分配输入点。

a. LMT+（正限位输入点）。选中"已启用"，正限位输入点为"I0.3"，有效电平为"上限"，单击"下一个"按钮，如图4-38所示。

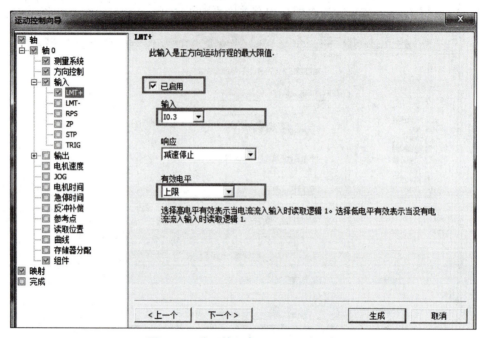

图4-38　分配输入点—正限位输入点

b. LMT-（负限位输入点）。选中"已启用"，负限位输入点为"I0.5"，有效电平为"上限"，单击"下一个"按钮，如图4-39所示。

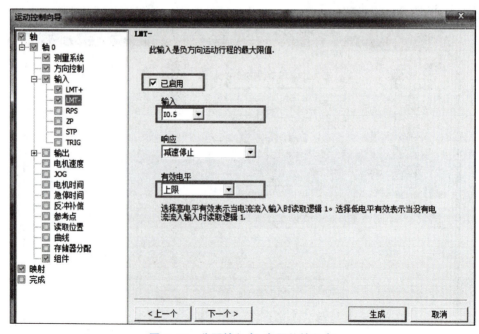

图4-39　分配输入点-负限位输入点

c. RPS（回参考点）。选中"已启用"，参考输入点为"I0.4"，有效电平为"上限"，单击"下一个"按钮，如图 4-40 所示。

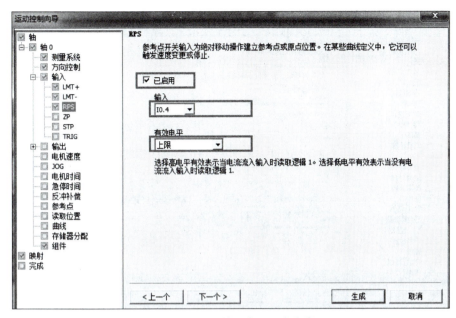

图 4-40 分配输入点—回参考点

⑦ 指定电动机速度。

MAX_SPEED：定义电动机运动的最大速度。

SS_SPEED：根据定义的最大速度，在运动曲线中可以指定最小速度。如果 SS_SPEED 数值过高，电动机可能在启动时失步，并且在尝试停止时，负载可能使电动机不能立即停止而多行走一段。停止速度也为 SS_SPEED，设置如图 4-41 所示，再单击"下一个"按钮。

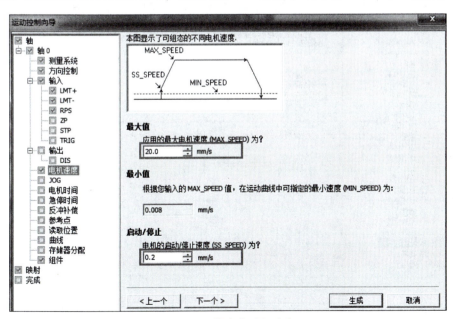

图 4-41 指定电动机速度

⑧ 查找参考点。查找参考点的速度和方向，如图 4-42 所示。再单击"下一个"按钮。

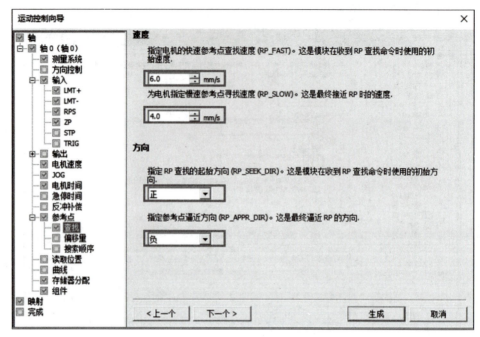

图 4-42　查找参考点

⑨ 为配置分配存储区。指令向导在 V 内存中以受保护的数据块页形式生成子程序，在编写程序时，不能使用 PTO 向导已经使用的地址，此地址段可以为系统推荐，也可以人为分配，人为分配的好处是可以避开读者习惯使用的地址段。为配置分配存储区的 VB 内存地址，如图 4-43 所示，本例设置为"VB1023~VB1115"，再单击"下一个"按钮。

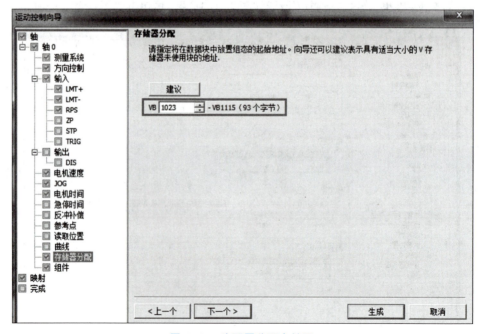

图 4-43　为配置分配存储区

⑩ 完成组态，如图 4-44 所示。单击"下一个"按钮，弹出如图 4-45 所示的界面，单击"生成"按钮，完成组态。

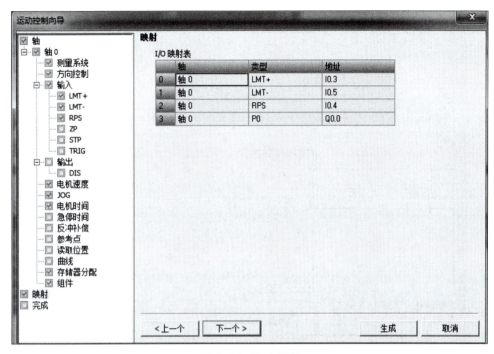

图 4-44　完成组态

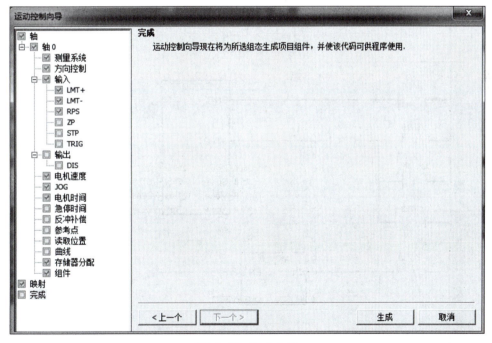

图 4-45　完成向导

4. PLC 控制程序的编写

梯形图如图 4-46 所示。

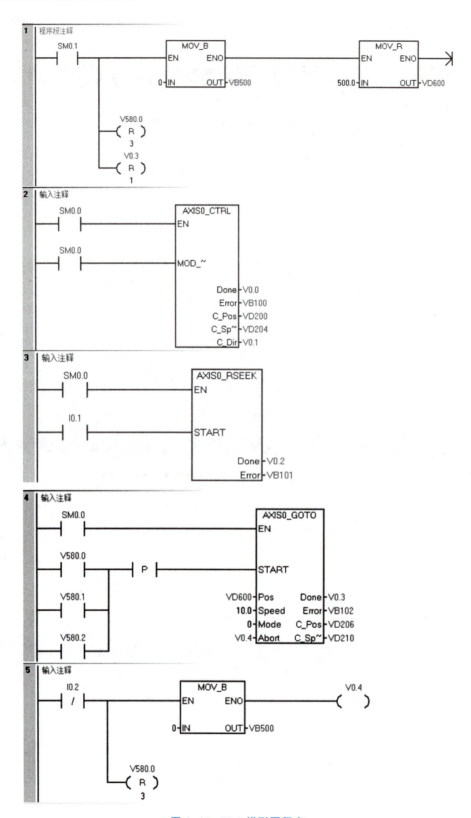

图 4-46 PLC 梯形图程序

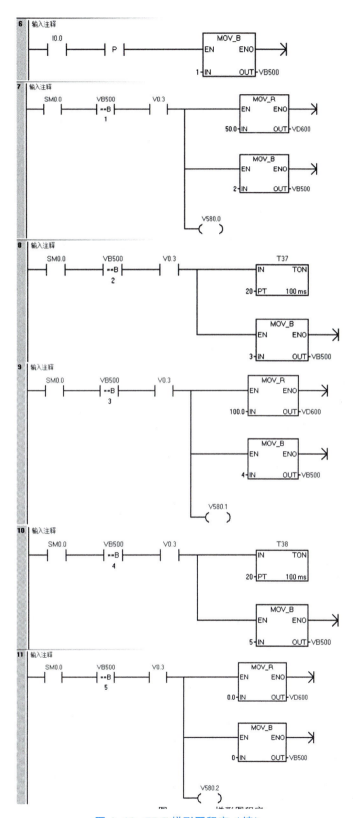

图 4-46　PLC 梯形图程序（续）

知识模块 5 西门子 S7-200 SMART PLC 的通信及其应用

5.1 通信基础知识

PLC 的通信包括 PLC 与 PLC 之间的通信、PLC 与上位计算机之间的通信以及和其他智能设备之间的通信。PLC 与 PLC 之间通信的实质就是计算机的通信，使众多独立的控制任务构成一个控制工程整体，形成模块控制体系。PLC 与计算机连接组成网络，将 PLC 用于控制工业现场，计算机用于编程、显示和管理等任务，构成"集中管理、分散控制"的分布式控制系统（DCS）。

5.1.1 通信的基本概念

1. 串行通信与并行通信

串行通信和并行通信是两种不同的数据传输方式。

并行通信就是将一个 8 位（或 16 位、32 位）数据的每一个二进制位采用单独的导线进行传输，并将传送方和接收方进行并行连接，一个数据的各个二进制位可以在同一时间内一次传送。例如，老式打印机的打印口和计算机的通信就是并行通信。并行通信的特点是一个周期里可以一次传输多位数据，但其连线的电缆多，因此长距离传送时成本高。

串行通信就是通过一对导线将发送方与接收方进行连接，传输数据的每个二进制位，按照规定顺序在同一导线上依次发送与接收。例如，常用 U 盘的 USB 接口就是串行通信。串行通信的特点是通信控制复杂，通信电缆少，因此与并行通信相比，成本低。串行通信是一种趋势，随着串行通信速率的提高，以往使用并行通信的场合，现在完全或部分被串行通信取代，如打印机的通信，现在基本被串行通信取代，再如个人计算机硬盘的数据通信，也已经被串行通信取代。

2. 异步通信与同步通信

异步通信与同步通信也称为异步传送与同步传送，这是串行通信的两种基本信息传送方式。从用户的角度来说，两者最主要的区别在于通信方式的"帧"不同。异步通信方式又称起止方式。它在发送字符时，要先发送起始位，然后是字符本身，最后是停止位，字符之后还可以加入奇偶校验位。异步通信方式具有硬件简单、成本低的特点，主要用于传输速率低于 19.2 kb/s 的数据通信。同步通信方式在传递数据的同时，也传输时钟同步信号，并始终在给定的时刻采集数据。其传输数据的效率高，硬件复杂，成本高，一般用于传输速率高于 20 kb/s 的数据通信。

3. 单工、双工与半双工

单工、双工与半双工是通信中描述数据传送方向的专用术语。

① 单工（Simplex）：指数据只能实现单向传送的通信方式，一般用于数据的输出，不可以进行数据交换。

② 全双工（Full-duplex）：也称双工，指数据可以进行双向数据传送，同一时刻既能发送数据，也能接收数据。通常需要两对双绞线连接，通信线路成本高。例如，RS-422 就是全双工通信方式。

③ 半双工（Half-duplex）：指数据可以进行双向数据传送，同一时刻只能发送数据或者接收数据。通常需要一对双绞线连接，与全双工相比，通信线路成本低。例如，RS-485 只用一对双绞线时，就是半双工通信方式。

5.1.2　RS-485 标准串行接口

1. RS-485 接口

RS-485 接口是在 RS-422 基础上发展起来的一种 EIA 标准串行接口，采用"平衡差分驱动"方式。RS-485 接口满足 RS-422 的全部技术规范，可用于 RS-422 通信。RS-485 接口采用 9 针连接器。RS-485 接口的引脚功能参见表 5-1。

表 5-1　RS-485 接口的引脚功能

PLC 引脚	信号代号	信号功能
1	SG 或 GND	机壳接地
2	+24 V 返回	逻辑地
3	RXD+或 TXD+	RS-485 的 B，数据发送/接收+端
4	发送申请	RTS（TTL）
5	+5 V 返回	逻辑地
6	+5 V	+5 V
7	+24 V	+24 V
8	RXD-或 TXD-	RS-485 的 A，数据发送/接收-端
9	不适用	10 位协议选择（输入）

2. 西门子的 PLC 连线

西门子 PLC 的 PPI 通信、MPI 通信和 PROFIBUS-DP 现场总线通信的物理层都是 RS-485 通信，而且都是采用相同的通信线缆和专用网络接头。西门子提供两种网络接头，即标准网络接头和编程端口接头，可方便地将多台设备与网络连接，编程端口允许用户将编程站或 HMI 设备与网络连接，且不会干扰任何现有网络连接。编程端口接头通过编程端口传送所有来自 S7-200 SMART PLC 的信号（包括电源针脚），这对于连接由 S7-200 SMART PLC（例如 SIMATIC 文本显示）供电的设备尤其有用。标准网络接头的编程端口接头均有两套终端螺钉，用于连接输入和输出网络电缆。这两种接头还配有开关，可选择网络偏流和终端。图 5-1 显示了电缆接头的终端状况，将拨钮拨向右侧，电阻设置为"on"，若将拨钮拨向另一侧，则电阻设置为"off"。

图 5-1　PROFIBUS-DP 网络接头

5.1.3　PLC 网络的术语解释

PLC 网络中的名词、术语很多，现将常用的予以介绍。

① 站（Station）：在 PLC 网络系统中，将可以进行数据通信、连接外部输入/输出的物理设备称为"站"。例如，由 PLC 组成的网络系统中，每台 PLC 可以是一个"站"。

② 主站（Master Station）：PLC 网络系统中进行数据链接的系统控制站。主站上设置了控制整个网络的参数，每个网络系统只有一个主站，主站号固定为"0"，站号实际就是 PLC 在网络中的地址。

③ 从站（Slave Station）：PLC 网络系统中，除主站外，其他站称为"从站"。

④ 远程设备站（Remote Device Station）：PLC 网络系统中，能同时处理二进制位、字的从站。

⑤ 本地站（Local Station）：PLC 网络系统中，带有 CPU 块并可以与主站以及其他本地站进行循环传输的站。

⑥ 站数（Number of Station）：PLC 网络系统中，所有物理设备（站）所占用的内存站数的总和。

⑦ 网关（Gateway）：又称网络连接器、协议转换器。网关位于传输层上，以实现网络互连，是最复杂的网络互连设备，仅用于两个高层协议不同的网络互连。网关的结构和路由器类似，不同的是互连层。网关既可以用于广域网互连，也可以用于局域网互连。网关是一种充当转换重任的计算机系统或设备。在使用不同的通信协议、数据格式或语言，甚至体系结构完全不同的两种系统之间，网关是一个翻译器。例如，AS-I 网络的信息要传送到由西门子 S7-200 SMART PLC 组成的 PPI 网络，就要通过 CP243-2 通信模块进行转换，这个模块实际上就是网关。

⑧ 中继器（Repeater）：用于网络信号放大、调整的网络互连设备，能有效延长网络的连接长度。例如，以太网的正常传送距离是 500 m，经过中继器放大后，可传输 2 500 m。

⑨ 网桥（Bridge）：网桥将两个相似的网络连接起来，并对网络数据的流通进行管理。网桥的功能在延长网络跨度上类似于中继器，然而它能提供智能化连接服务，即根据终点地址处于哪一网段来进行转发和滤除。

⑩ 路由器（Router）：所谓路由，就是指通过相互连接的网络把信息从源地点移动到目标地点的活动。一般来说，在路由过程中，信息至少会经过一个或多个中间节点。

⑪ 交换机（Switch）：交换机是一种基于 MAC 地址识别，能完成封装、转发数据包功能的网络设备。交换机可以"学习"MAC 地址，并把其存放在内部地址表中，通过在数据帧的始发者和目标接收者之间建立临时的交换路径，使数据帧直接由源地址到达目的地址。交

换机通过直通式、存储转发和碎片隔离三种方式进行交换。交换机的传输模式有全双工、半双工、全双工/半双工自适应三种。

5.1.4　OSI 参考模型

通信网络的核心是 OSI（Open System Interconnection，开放式系统互连）参考模型。1984 年，国际标准化组织（ISO）提出了开放式系统互连的七层模型，即 OSI 参考模型。该模型自下而上分为物理层、数据链路层、网络层、传输层、会话层、表示层和应用层。理解 OSI 参考模型比较难，但了解它对掌握后续的以太网通信和 PROFIBUS 通信是很有帮助的。

OSI 参考模型的上三层通常称为应用层，用来处理用户接口、数据格式和应用程序的访问；下四层负责定义数据的物理传输介质和网络设备。OSI 参考模型定义了大多数协议栈共有的基本框架，如图 5-2 所示。

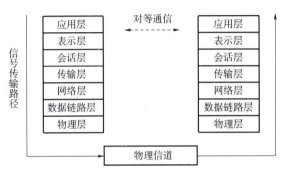

图 5-2　信息在 OSI 模型中的流动形式

① 物理层（Physical Layer）：定义了传输介质、连接器和信号发生器的类型，规定了物理连接的电气、机械功能特性，如电压、传输速率、传输距离等特性。典型的物理层设备有集线器（HUB）和中继器等。

② 数据链路层（Data Link Layer）：确定传输站点物理地址以及将消息传送到协议栈，并提供顺序控制和数据流向控制。该层可以继续分为两个子层：介质访问控制层（Medium Access Control，MAC）和逻辑链路层（Logical Link Control Layer，LLC），即层 2a 和 2b。其中，IEEE 802.3（Ethernet，CSMA/CD）就是 MAC 常用的通信标准。典型的数据链路层设备有交换机和网桥等。

③ 网络层（Network Layer）：定义了设备间通过因特网协议地址（Internet Protocol，IP）传输数据，连接位于不同广播域的设备，常用来组织路由。典型的网络层设备是路由器。

④ 传输层（Transport Layer）：建立会话连接，分配服务访点（Service Access Point，SAP），允许数据进行可靠传输控制协议（Transmission Control Protocol，TCP）或者不可靠用户数据报协议（User Datagram Protocol，UDP）的传输。可以提供通信质量检测服务（QoS）。网关是互联网设备中最复杂的，它是传输层及以上层的设备。

⑤ 会话层（Session Layer）：负责建立、管理和终止表示层实体间通信会话，处理不同设备应用程序间的服务请求和响应。

⑥ 表示层（Presentation Layer）：提供多种编码用于应用层的数据转化服务。

⑦ 应用层（Application Layer）：定义用户及用户应用程序接口与协议对网络访问的切入

点。目前各种应用版本较多，很难建立统一的标准。在工控领域常用的标准是 MMS（Multimedia Messaging Service，多媒体信息服务），用来描述制造业应用的服务和协议。

数据经过封装后，通过物理介质传输到网络上，接收设备除去附加信息后，将数据上传到上层堆栈层。各层的数据单位一般有各自特定的称呼。物理层的单位是比特（bit）；数据链路层的单位是帧（frame）；网络层的单位是分组（packet），有时也称为包；传输层的单位是数据报（datagram）或者段（segment）；会话层、表示层和应用层的单位是消息（message）。

5.2　西门子 S7-200 SMART PLC 自由口通信

5.2.1　西门子 S7-200 SMART PLC 自由口通信介绍

西门子 S7-200 SMART PLC 的自由口通信是基于 RS-485 通信的半双工通信。西门子 S7-200 SMART PLC 拥有自由口通信功能，即没有标准的通信协议，用户可以自己规定协议。第三方设备大多支持 RS-485 串口通信，西门子 S7-200 SMART PLC 可以通过自由口通信模式控制串口通信。最简单的使用案例就是只用发送指令（XMT）向打印机或者变频器等第三方设备发送信息。任何情况都通过 S7-200 SMART PLC 编写程序实现。

自由口通信的核心就是发送（XMT）和接收（RCV）两条指令，以及相应的特殊寄存器控制。由于 S7-200 SMART PLC 通信端口是 RS-485 半双工通信口，因此，发送和接收不能同时处于激活状态。RS-485 半双工通信串行字符通信的格式可以包括一个起始位、7 位或 8 位字符（数据字节）、一个奇/偶校验位（或者没有校验位）、一个停止位。

标准的 S7-200 SMART PLC 只有一个串口（为 RS-485），为 Port0 口，还可以扩展一个信号板，这个信号板在组态时设定为 RS-485 或者 RS-232，为 Port1 口。

自由口通信波特率可以设置为 1 200 b/s、2 400 b/s、4 800 b/s、9 600 b/s、19 200 b/s、38 400 b/s、57 600 b/s 或 115 200 b/s。凡是符合这些格式的串行通信设备，理论上都可以和 S7-200 SMART PLC 通信。自由口模式可以灵活应用。STEP 7-Micro/WIN SMART 的两个指令库（USS 和 Modbus RTU）就是使用自由口模式编程实现的。

S7-200 SMART PLC 使用 SMB30（对于 Port0）和 SMB130（对于 Port1）定义通信口的工作模式，控制字节的定义如图 5-3 所示。

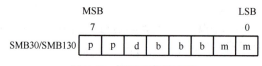

图 5-3　控制字节的定义

① 通信模式由控制字的最低两位"mm"决定。
- mm=00：PPI 从站模式（默认这个数值）。
- mm=01：自由口模式。
- mm=10：保留（默认 PPI 从站模式）
- mm=11：保留（默认 PPI 从站模式）。

所以，只要将 SMB30 或 SMB130 赋值为 2#01，即可将通信口设置为自由口模式。

② 控制位的"pp"是奇偶校验选择。

- pp=00：无校验。
- pp=01：偶校验。
- pp=10：无校验。
- pp=11：奇校验。

③ 控制位的"d"是每个字符的位数。

- d=0：每个字符 8 位。
- d=1：每个字符 7 位。

④ 控制位的"bbb"是波特率选择。

- bbb=000：38 400 b/s。
- bbb=001：19 200 b/s。
- bbb=010：9 600 b/s。
- bbb=011：4 800 b/s。
- bbb=100：2 400 b/s。
- bbb=101：1 200 b/s。
- bbb=110：115 200 b/s。
- bbb=111：57 600 b/s。

（1）发送指令

以字节为单位，XMT 向指定通信口发送一串数据字符，要发送的字符以数据缓冲区指定，一次发送的字符最多为 255 个。

发送完成后，会产生一个中断事件，对于 Port0 口，为中断事件 9，而对于 Port1 口，为中断事件 26。当然，也可以不通过中断，而通过监控 SM4.5（对于 Port0）或者 SM4.6（对于 Port1 口）的状态来判断发送是否完成，如果状态为 1，说明完成。XMT 指令缓冲区格式见表 5-2。

表 5-2　XMT 指令缓冲区格式

序号	字节编号	内容
1	T+0	发送字节的个数
2	T+1	数据字节
3	T+2	数据字节
…	…	…
256	T+255	数据字节

（2）接收指令

以字节为单位，RCV 通过指定通信接口接收一串数据字符，接收的字符保存在指定的数据缓冲区，一次接收的字符最多为 255 个。

接收完成后，会产生一个中断事件，对于 Port0 口，为中断事件 23，而对于 Port1 口，为中断事件 24。当然，也可以不通过中断，而通过监控 SMB86（对于 Port0）或者 SMB186（对于 Port1 口）的状态来判断发送是否完成，如果状态为非零，说明完成。SMB86 和 SMB186 的含义见表 5-3，SMB87 和 SMB187 的含义见表 5-4。

表 5-3　SMB86 和 SMB186 的含义

Port0 口	Port1 口	控制字节各位的含义
SM86.0	SM186.0	为 1，说明奇偶检验错误而终止接收
SM86.1	SM186.1	为 1，说明接收字符超长而终止接收
SM86.2	SM186.2	为 1，说明接收超时而终止接收
SM86.3	SM186.3	默认为 0
SM86.4	SM186.4	默认为 0
SM86.5	SM186.5	为 1，说明是正常接收到结束字符
SM86.6	SM186.6	为 1，说明输入参数错误或者缺少起始和终止条件而结束接收
SM86.7	SM186.7	为 1，说明用户通过禁止命令结束接收

表 5-4　SMB87 和 SMB187 的含义

Port0 口	Port1 口	控制字节各位的含义
SM87.0	SM187.0	0
SM87.1	SM187.1	1：使用中断条件；0：不使用中断条件
SM87.2	SM187.2	1：使用 SM92 或者 SM192 时间段结束接收； 0：不使用 SM92 或者 SM192 时间段结束接收
SM87.3	SM187.3	1：定时器是消息定时器；0：定时器是内部字符定时器
SM87.4	SM187.4	1：使用 SM90 或者 SM190 检测空闲状态； 0：不使用 SM90 或者 SM190 检测空闲状态
SM87.5	SM187.5	1：使用 SM89 或者 SM189 终止符检测终止信息； 0：不使用 SM89 或者 SM189 终止符检测终止信息
SM87.6	SM187.6	1：使用 SM88 或者 SM188 起始符检测起始信息； 0：不使用 SM88 或者 SM188 起始符检测起始信息
SM87.7	SM187.7	0：禁止接收；1：允许接收

与自由口通信相关的其他重要特殊控制字/字节见表 5-5。

表 5-5　其他重要特殊控制字/字节

Port0 口	Port1 口	控制字节或控制字的含义
SMB88	SMB188	消息字符的开始
SMB89	SMB189	消息字符的接收
SMW90	SMW190	空闲线时间段，按 ms 设定，空闲线时间用完后，接收到的第一个字符是新消息的开始
SMW92	SMW192	中间字符/消息定时器溢出值，按 ms 设定，如果超过这个时间段，则终止接收消息
SMW94	SMW194	要接收的最大字符数（1~255 字节），此范围必须设置为期望的最大缓存区大小，即是否使用字符计数消息终端

RCV 指令缓冲区格式见表 5-6。

表 5-6 RCV 指令缓冲区格式

序号	字节编号	内容
1	T+0	接收字节的个数
2	T+1	数据字节
3	T+2	数据字节
4	T+3	数据字节
…	…	…
256	T+255	结束字符（如果有）

5.2.2 西门子 S7-200 SMART PLC 之间的自由口通信

本节以两台 S7-200 SMART PLC 之间的自由口通信为例介绍其实施方法。

练一练

【例 5-1】 有两台设备，控制器都是 CPU ST40，两者之间为自由口通信，要求实现设备 1 对设备 1 和设备 2 的电动机同时进行启停控制，请设计方案，编写程序。

1. 主要软硬件配置

① 电脑已经安装好 STEP 7-Micro/WIN SMART V2.5 软件系统。

② 2 台西门子 PLC，其控制器为 CPU ST40。

③ 1 根 PROFTBUS 网络电缆（含 2 个网络总线连接器）。

④ 1 根以太网电缆。

自由口通信硬件配置如图 5-4 所示，两台 CPU 的接线原理图如图 5-5 所示。

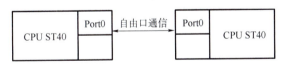

图 5-4 自由口通信硬件配置

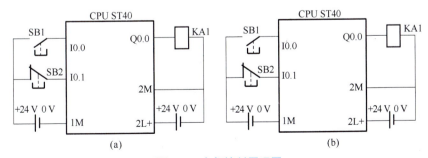

图 5-5 电气控制原理图

注意：自由口通信的通信线缆最好使用 PROFIBUS 网络电缆和网络总线连接器，若要求不高，为了节省开支，可购买市场上的 DB9 接插件，再将两个接插件的 3 脚和 8 脚对连即可，如图 5-6 所示。

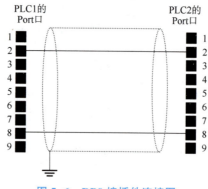

图 5-6　DB9 接插件连接图

2. 方法 1

① 编写设备 1 的 PLC 程序。设备 1 的主程序如图 5-7 所示，设备 1 的中断程序 0 如图 5-8 所示，设备 1 的中断程序 1 如图 5-9 所示。

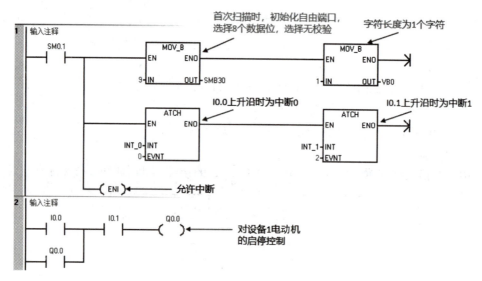

图 5-7　设备 1 的主程序

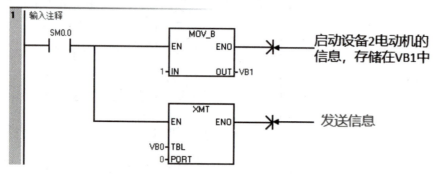

图 5-8　设备 1 的中断程序 0

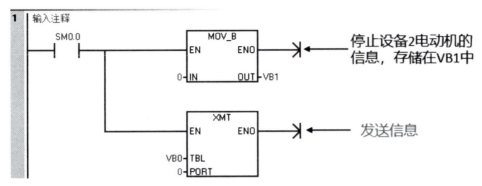

图 5-9　设备 1 的中断程序 1

② 编写设备 2 的主程序。设备 2 的主程序如图 5-10 所示，设备 2 的中断程序 0 如图 5-11 所示。

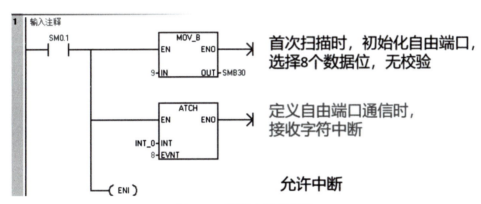

图 5-10　设备 2 的主程序

3. 方法 2

① 编写设备 1 的 PLC 程序。设备 1 的主程序、子程序和中断程序分别如图 5-12、图 5-13、图 5-14 所示。

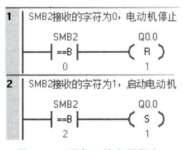

图 5-11　设备 2 的中断程序 0

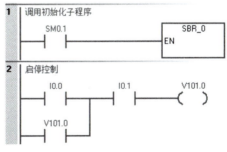

图 5-12　设备 1 的主程序

设备 1 的子程序主要完成以下功能：首次扫描时，初始化自由端口，选择 8 个数据位，无校验；初始化 RCV 信息控制节；RCV 被启用；检测到信息字符结束；空闲线检测；检测信息开始条件；将信息字符结束设为 16#0D（换行符）；将空闲行超时设为 5 ms；将最大字符数设为 100；将中断附加在时间中断事件上；启用用户中断。

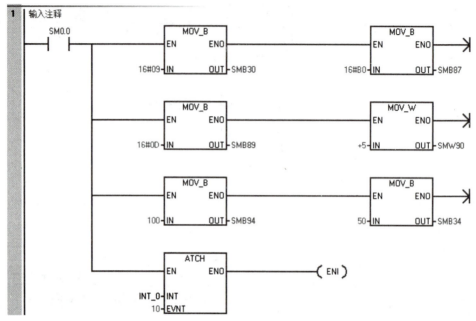

图 5-13 设备 1 的子程序

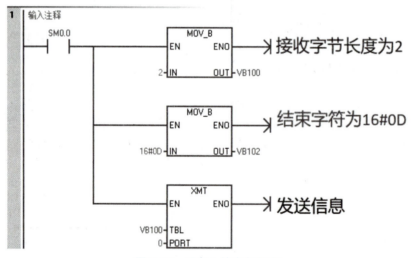

图 5-14 设备 1 的中断程序

② 编写设备 2 的程序。设备 2 的主程序、中断程序分别如图 5-15、图 5-16 所示。

设备 2 的主程序主要完成以下功能：首次扫描时，初始化自由端口，选择 8 个数据位，无校验；初始化 RCV 信息控制节；RCV 被启用；检测到信息字符结束；空闲线检测；检测信息开始条件；将信息字符结束设为 16#0D（换行符）；将空闲行超时设为 5 ms；将最大字符数设为 100；将中断附加在接收完成的中断事件上；启用用户中断；接收信息。

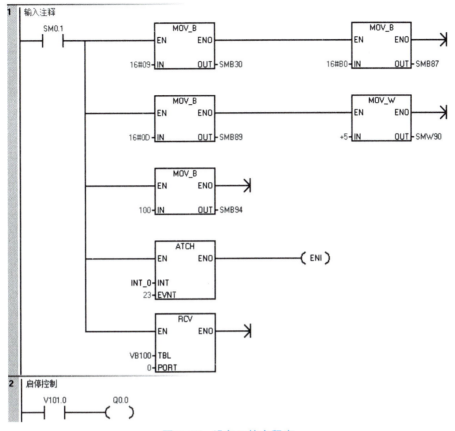

图 5-15 设备 2 的主程序

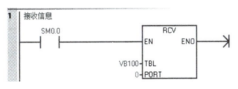

图 5-16 设备 2 的中断程序

5.2.3 西门子 S7-200 SMART PLC 与 PC 机之间的自由口通信

练一练

【例 5-2】用 Visual Basic 编写程序，实现个人计算机和 CPU ST40 的自由口通信，并显示 CPU ST40 的 Q1.0~Q1.2 状态以及 QB0、QB1 的数值。

1. 主要软硬件配置

① 1 套 STEP 7-Micro/WIN SMART V2.5。

② 1 台 CPU ST40。

③ 1 台计算机和 1 根 PC/PPI 电缆。

将 CPU ST40 作为主站，计算机作为从站。

2. 编写 CPU ST40 的程序

CPU ST40 的梯形图程序如图 5-17 所示。

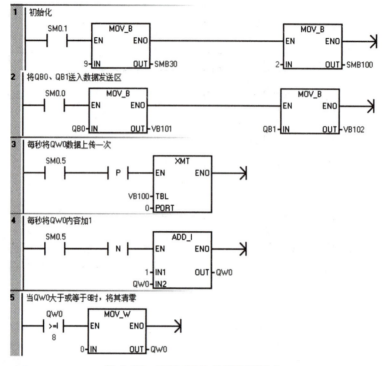

图 5-17　CPU ST40 的梯形图程序

3. 编写计算机的程序

计算机中的程序用 Visual Basic 编写，程序运行界面如图 5-18 所示。

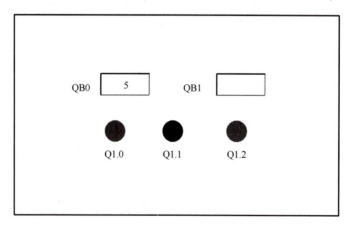

图 5-18　程序运行界面

```
Option Explicit
Dim p( ) As Byte
Dim a
Private Sub Form_Load( )
```

```
        MSComm1. PortOpen = True          '打开串口
        MSComm1. InputMode = 1            '读入字节
        MSComm1. RThreshold = 2           '最少读入字节数
End Sub
Private Sub MSComm1_OnComm( )
        Select  Case  MSComm1. CommEvent
        Case  comEvReceive
        p = MSComm1. Input                '读入字节到数组 p(0)和 p(1)
        Text1 = p(1)
        Text2 = p(0)
        a = Val(Text1)
        Select Case a
        Case 0
        Shape1. BackColor = vbBlack       '当 QB0=0 时,三盏灯都不亮
        Shape2. BackColor = vbBlack
        Shape3. BackColor = vbBlack
        Case 1
        Shape1. BackColor = vbRed         '当 QB0=1 时,第 1 盏灯亮
        Shape2. BackColor = vbBlack
        Shape3. BackColor = vbBlack
        Case 2
        Shape1. BackColor = vbBlack       '当 QB0=2 时,第 2 盏灯亮
        Shape2. BackColor = vbRed
        Shape3. BackColor = vbBlack
        Case 3
        Shape1. BackColor = vbRed         '当 QB0=3 时,第 1、2 盏灯亮
        Shape2. BackColor = vbRed
        Shape3. BackColor = vbBlack
        Case 4
        Shape1. BackColor = vbBlack       '当 QB0=4 时,第 3 盏灯亮
        Shape2. BackColor = vbBlack
        Shape3. BackColor =vbRed
        Case 5
        Shape1. BackColor = vbRed         '当 QB0=5 时,第 1、3 盏灯亮
        Shape2. BackColor = vbBlack
        Shape3. BackColor =vbRed
        Case 6
        Shape1. BackColor =vbBlack        '当 QB0=6 时,第 2、3 盏灯亮
        Shape2. BackColor = vbRed
        Shape3. BackColor =vbRed
        Case 7
        Shape1. BackColor =vbRed          '当 QB0=7 时,第 1、2、3 盏灯亮
```

```
                Shape2. BackColor = vbRed
                Shape3. BackColor = vbRed
        End Select
    End Select
End Sub
```

如图 5-18 所示，当 QB0 = 7 时，Q1.0、Q1.1 和 Q1.2 三盏灯亮（显示为红色），而灯灭显示为黑色。

5.3 以太网通信

5.3.1 工业以太网通信简介

1. 初识工业以太网

所谓工业以太网，通俗地讲，就是应用于工业的以太网，是指其在技术上与商用以太网（IEEE 802.3 标准）兼容，但材质的选用、产品的强度和适用性方面应能满足工业现场的需要。工业以太网技术的优点表现在：以太网技术应用广泛，为所有的编程语言所支持；软硬件资源丰富；易于与 Internet 连接，实现办公自动化网络与工业控制网络的无缝连接；通信速度快；可持续发展的空间大等。虽然以太网有众多的优点，但作为信息技术基础的以太网是为 IT 领域应用而开发的，在工业自动化领域只得到有限应用，原因如下：

① 采用 CSMA/CD 碰撞检测方式，在网络负荷较重时，网络的确定性（Determinism）不能满足工业控制的实时要求。

② 所用的接插件、集线器、交换机和电缆等是为办公室应用而设计的，不符合工业现场恶劣环境要求。

③ 在工程环境中，以太网抗干扰（EMI）性能较差。若用于危险场合，以太网不具备本质安全性能。

④ 以太网还不具备通过信号线向现场仪表供电的性能。

随着信息网络技术的发展，上述问题正在迅速得到解决。为促进以太网在工业领域的应用，国际上成立了工业以太网协会（Industrial Ethernet Association，IEA）。

2. 网络电缆接法

用于 Ethernet 的双绞线有 8 芯和 4 芯两种，双绞线的电缆连线方式也有两种，即正线（标准 568B）和反线（标准 568A），其中，正线也称为直通线，反线也称为交叉线。正线接线如图 5-19 所示，两端线序一样，从上至下线序是：白绿，绿，白橙，蓝，白蓝，橙，白棕，棕。反线接线如图 5-20 所示，一端为正线线序，另一端为反线线序，从上至下线序是：白橙，橙，白绿，蓝，白蓝，绿，白棕，棕。对于千兆以太网，用 8 芯双绞线，但接法不同于以上所述的接法，请参考有关文献。

对于 4 芯的双绞线，只用连接头（常称为水晶接头）上的 1、2、3、6 四个引脚。西门子的 PROFINET 工业以太网采用 4 芯的双绞线。

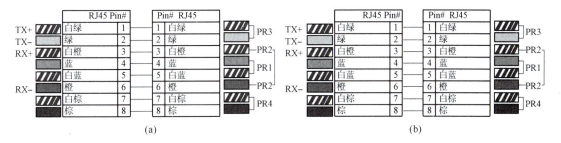

图 5-19　双绞线正线接法

（a）8 芯；（b）4 芯

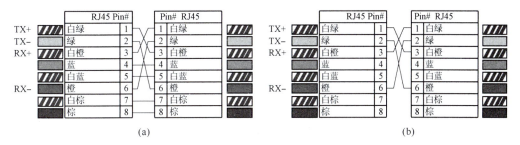

图 5-20　双绞线反线接法

（a）8 芯；（b）4 芯

常见的采用正线连接的有：计算机（PC）与集线器（HUB）、计算机（PC）与交换机（SWITCH）、PLC 与交换机（SWITCH）、PLC 与集线器（HUB）。

常见的采用反线连接的有：计算机（PC）与计算机（PC）、PLC 与 PLC。

3. S7-200 SMART PLC 支持的以太网通信方式

早期版本的 S7-200 SMART PLC 的 PN 口仅支持程序下载和 HMI 的以太网通信，之后增加了 PLC 之间的 S7 通信方式。从 V2.2 版本开始，S7-200 SMART PLC 可以支持 S7、TCP、TCP_on_ISO 和 Modbus_TCP 等通信方式，这样使 S7-200 SMART PLC 的以太网通信变得十分便捷。

5.3.2　西门子 S7-200 SMART PLC 与 HMI 之间的以太网通信

西门子 S7-200 SMART PLC 自身带以太网接口（PN 口），西门子的部分 HMI 也有以太网口，但西门子的大部分带以太网口的 HMI 价格都比较高，虽然可以与 S7-200 SMART PLC 建立通信，但很显然，高端 HMI 与低端的 S7-200 SMART PLC 相配是不合理的。为此，西门子公司设计了低端的 SMART LINE 系列 HMI，其中，SMART 700 IE 和 SMART 1000 IE 触摸屏自带以太网接口，可以很方便地与 S7-200 SMART PLC 进行以太网通信。以下用一个例子来介绍通信的实现步骤。

1. 通信举例

🔵 **练一练**

【例 5-3】有一台设备上配有 1 台 S7-200 SMART PLC 和 1 台 SMART 700 IE 触摸屏，要求建立两者之间的通信。

首先，计算机中要安装 WinCC flexible 2008 SP4，这是因为低版本的 WinCC Flexible 要安装 SMART 700 IE 触摸屏的升级包。具体步骤有以下几步。

① 创建新项目。打开软件 WinCC flexible 2008 SP4，弹出如图 5-21 所示的界面，单击"创建一个空项目"选项，弹出如图 5-22 所示的界面。

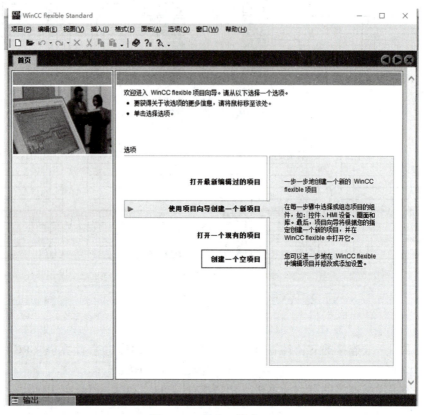

图 5-21　创建一个空项

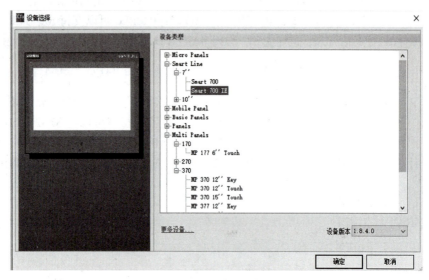

图 5-22　选择设备

② 选择设备。选择触摸屏的具体型号，如图 5-22 所示，选择"Smart 700 IE"，再单击"确定"按钮。

③ 新建连接。建立 HMI 与 PLC 的连接。展开项目树，双击"连接"选项，如图 5-23 所示，弹出如图 5-24 所示的界面。先单击"1"处的空白，弹出"连接_1"，再选择"2"处的"SIMATIC S7 200"（即驱动程序），在"3"处选择"以太网"连接方式，"4"处的

图 5-23　新建连接 1

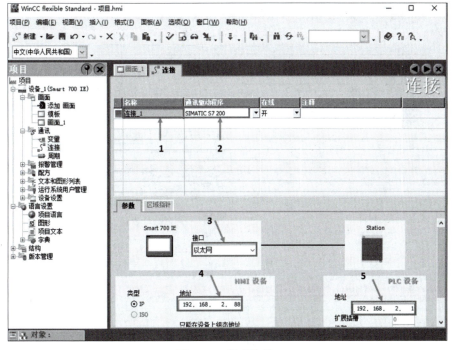

图 5-24　新建连接 2

IP 地址"192.168.2.88"是 HMI 的 IP 地址，这个 IP 地址必须在 HMI 中设置，这点务必注意，"5"处的 IP 地址"192.168.2.1"是 PLC 的 IP 地址，这个 IP 地址必须在 PLC 的编程软件 STEP 7-Micro/WIN SMART 中设置，而且要下载到 PLC 才生效，这点也务必注意。

保存以上设置即可建立 HMI 与 PLC 的以太网通信，后续步骤不再赘述。

2. 修改 PLC 的 IP 地址

① 如图 5-25 所示，双击"项目树"中的"通信"选项，弹出如图 5-26 所示的"通信"界面，图中显示的 IP 地址就是 PLC 的当前 IP 地址（本例为 192.168.2.1），此时的 IP 地址是灰色的，不能修改。单击"编辑 CPU…"按钮，弹出如图 5-27 所示的界面。

图 5-25　打开通信界面

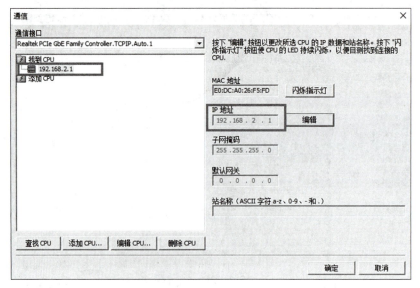

图 5-26　通信界面 1

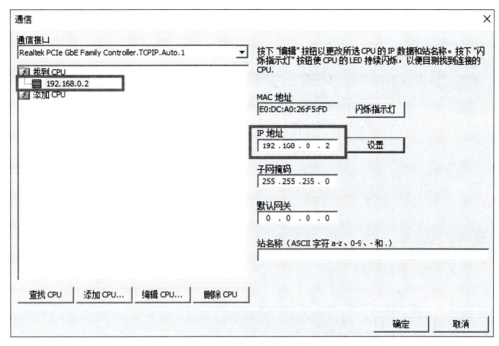

图 5-27　通信界面 2

② 如图 5-27 所示，此时 IP 地址变为黑色，可以修改，输入新的 IP 地址（本例为 192.168.0.2），再单击"设置"按钮即可，IP 地址修改成功。

5.3.3　西门子 S7-200 SMART PLC 之间的以太网通信

早期的 S7-200 SMART PLC 之间不能进行以太网通信，新版本的 PLC 增加了以太网通信功能。S7-200 SMART PLC 之间进行以太网通信可借助指令向导实现，以下用一个例子进行介绍。

练一练

【例 5-4】有两台设备，控制器都是 S7-200 SMART PLC，两者之间为以太网通信，实现从设备 1 的 VB0~VB3 发送信息到设备 2 的 VB0~VB3，设计解决方案。

1. 主要软硬件配置

① 1 套 STEP 7-Micro/WIN SMART V2.3 软件。

② 2 台 CPU ST40 和 1 根网线电缆。

2. 硬件配置

① 新建项目。启动指令向导，新建项目"S7 通信"，配置 CPU ST 40，单击"向导"→"GET/PUT"，给"操作"命名为"Send"，单击"下一个"按钮，如图 5-28 所示。

② 定义 PUT 操作。选择操作类型为"Put"，表示发送数据，传送大小为 4 字节，远程 IP 为 192.168.0.2（本地 IP 为 192.168.0.1，是在组态时设置的），本地地址 VB0~VB3 是发送数据区域，远程地址 VB0~VB3 是接收数据区域。这一步是组态最为关键的。单击"下一个"按钮，如图 5-29 所示。

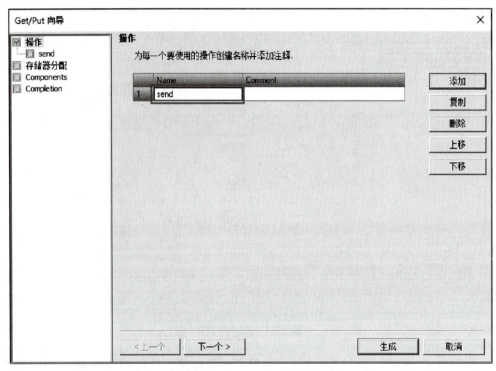

图 5-28　启动指令向导

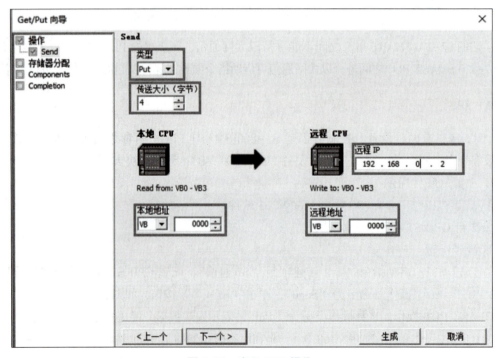

图 5-29　定义 PUT 操作

③ 定义 GET/PUT 向导存储器地址分配。单击"建议"按钮，定义 GET/PUT 向导存储器地址分配。注意，此地址不能与程序的其他部分的地址冲突。如图 5-30 所示。单击"下一个"按钮，弹出如图 5-31 所示的界面，单击"下一个"按钮，弹出如图 5-32 所示的界面，单击"生成"按钮，指令向导完成。

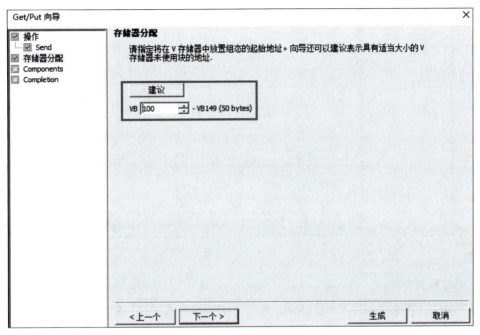

图 5-30　定义 GET/PUT 向导存储地址

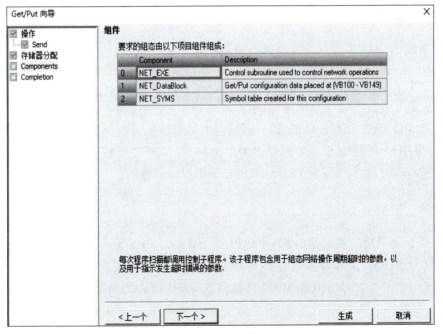

图 5-31　组件

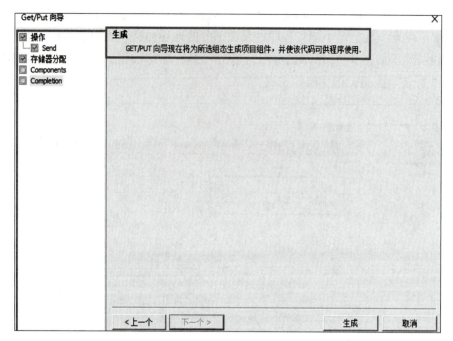

图 5-32　完成

3. 编写梯形图程序

客户端编写梯形图程序，如图 5-33 所示，服务器端无须编写程序。

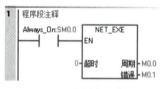

图 5-33　梯形图程序

5.3.4　西门子 S7-200 SMART PLC 与 S7-300/400 PLC 之间的以太网通信

S7-300/400 与 S7-200 SMART PLC 间的以太网通信，可以利用 S7-200 SMART PLC 内置 PN 口，采用 S7 通信协议。由于 S7-300 PLC 和 S7-400 PLC 编程方法类似，以下用一个例子介绍 S7-400 PLC 与 S7-200 SMART PLC 间的以太网通信。

🔵 练一练

【例 5-5】某系统的控制器由 S7-400 PLC、SM421、CP443-1 和 CPU ST40 组成，要将 S7-400 PLC 上的 2 字节 MB0 和 MB1 传送到 S7-200 SMART PLC 的 MB0 和 MB1，将 S7-200 SMART PLC 上的 2 字节 MB10 和 MB11 传送到 S7-400 PLC 的 MB10 和 MB11，组态并编写相关程序。

以 S7-400 PLC 作客户端，S7-200 SMART PLC 作服务器端。

1. 软硬配置

① 1 套 STEP7 V5.5 SP4 软件和 1 套 STEP 7-Micro/WIN SMART V2.3 软件。

② 1 台 CP 421-1。

③ 1 台 SM421 和 SM422。

④ 1 台 CP 443-1 和 1 台 CPU ST40。

PROFINET 现场总线硬件配置如图 5-34 所示。

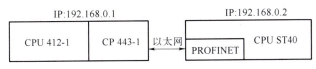

图 5-34　PROFINET 现场总线硬件配置

2. 硬件组态配置过程

① 新建项目和配置硬件。新建项目，命名为"PN_SMART"，插入站点 CPU 400，双击"硬件"，打开硬件组态界面，先插入机架 UR2，再插入电源 PS 407 4A，接着插入 CPU 412-2 PN 模块，然后插入 CP 443-1、DO32 和 DI32 模块，如图 5-35 所示。

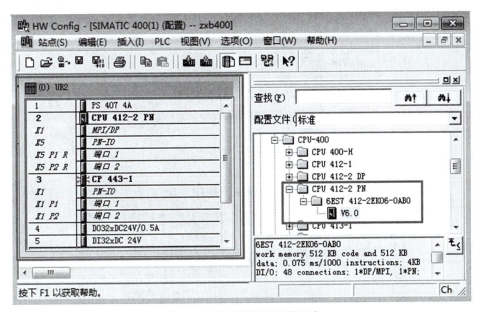

图 5-35　新建项目和硬件组态

② 设置客户端 IP 地址。双击图 5-35 所示的"PN-IO"，打开"PN-IO"的属性界面，如图 5-36 所示。单击"属性"按钮，弹出如图 5-37 所示的界面，设置 IP 地址，单击"确定"按钮。

③ 网络组态。选中如图 5-38 所示的"1"处，右击，弹出快捷菜单，单击"插入新连接"选项，弹出如图 5-39 所示的对话框，选中"未指定"选项和"S7 连接"，单击"应用"按钮，弹出如图 5-40 的所示界面。

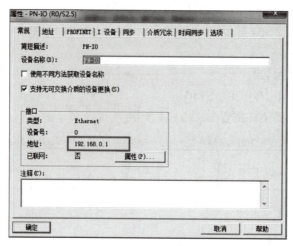

图 5-36　PN-IO 属性设置

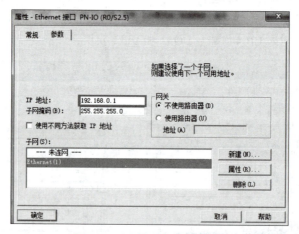

图 5-37　设置客户端 IP 地址

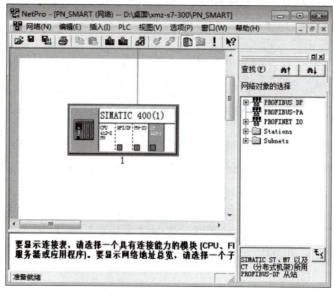

图 5-38　插入新连接 1

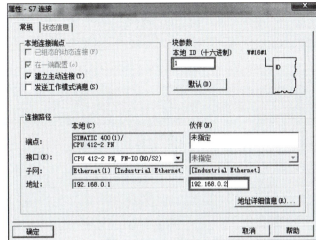

图 5-39　插入新连接 2　　　　　　　　　　　图 5-40　属性-S7 连接

由于 S7-400 是客户端，也就是主控端，本地连接端点勾选"建立主动连接"，如图 5-40 所示；设置伙伴，即服务器端的 IP 地址是"192.168.0.2"，注意，本地 ID 为"1"，这是连接号，在编写程序时要用到，最后单击"地址详细信息"按钮，弹出如图 5-41 所示的界面。

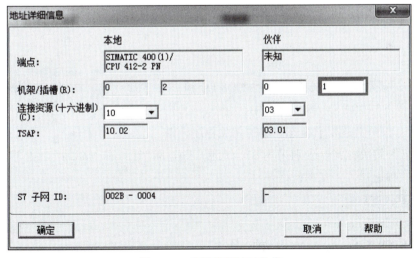

图 5-41　设置详细地址信息

3. 编制梯形图程序

由于 S7-400 作客户端，S7-200 SMART PLC 作服务器端，所以 S7-200 SMART PLC 不需要编写通信程序，只需要在 S7-400 中编写程序，如图 5-42 所示。注意，M20.5 为秒脉冲，在硬件组态中设置。

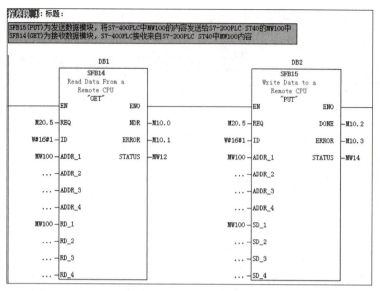

图 5-42   客户端梯形图程序

5.3.5　西门子 S7-200 SMART PLC 与 S7-1200/1500 PLC 之间的以太网通信

西门子 S7-200 SMART PLC 内置 PROFINET 接口（PN 口）。S7-1200/1500 PLC 与 S7-200 SMART PLC 间的以太网通信，可以利用 S7-200 SMART PLC 内置 PN 口，采用 S7、TCP 和 ISO_on_TCP 通信协议。由于 S7-1200 PLC 和 S7-1500 PLC 编程方法类似，以下仅用一个例子介绍 S7-1200 PLC 与 S7-200 SMART PLC 之间的以太网通信。

练一练

【例 5-6】某系统的控制器由 S7-1200 PLC 和 CPU ST20 组成，要将 S7-1200 PLC 上的 10 字节传送到 S7-200 SMART PLC 中，将 S7-200 SMART PLC 上的 10 字节传送到 S7-1200 PLC 中，按照上述要求组态并编写相关程序。

本例有四种解决方案，分别采用 S7、TCP、ISO_on_TCP 和 Modbus_TCP 通信协议，以下介绍用前三种通信方式实现通信。

1. 主要软硬件配置

① 1 套 STEP 7 Basic V15.1。

② 1 套 STEP 7-Micro/WIN SMART V2.5

③ 1 台 CPU 1211C 和 1 台 CPU ST20。

2. 用 S7 通信方式实现通信

（1）硬件组态

① 新建项目，新建网络。新建项目 "S7_SMART"，选中 CPU 1214C 的 PN 接口，再选择 "属性" → "常规" → "以太网地址"，单击 "添加新子网" 按钮，如图 5-43 所示，并设置 IP 地址，本例为 "192.168.0.1"。

图 5-43 新建项目，新建网络

注意： 在硬件组态时，一定要选中 CPU 模块，在 "设备视图" 中，选中 "属性" → "防护与安全" → "连接机制"，然后选择 "允许来自远程对象的 PUT/GET 访问"。

② 启用系统和时钟存储器。选中 CPU 1214C，再选择 "属性" → "常规" → "系统和时钟存储器"，勾选 "启用系统存储器字节" 和 "启用时钟存储器字节"，如图 5-44 所示。

图 5-44 启用系统和时钟存储器

③ 添加新连接。选中 "网络视图"，单击 "连接" 按钮，在下拉菜单中选择 "S7 连

接"选项,选中 S7-1200 PLC,右击,弹出快捷菜单,如图 5-45 所示,单击"添加新连接（N）"选项,弹出如图 5-46 所示的界面,S7-1200 PLC 的通信伙伴为"未指定",连接类型选为"S7 连接",单击"添加"按钮,新连接添加完成。

图 5-45　添加新连接 1

图 5-46　添加新连接 2

④ 设置 S7-200 SMART PLC 的 IP 地址。选中"属性"→"常规",设置 S7-200 SMART PLC 的 IP 地址为 192.168.0.2,如图 5-47 所示。注意,此 IP 地址要与实际硬件的 IP 地址一致,否则通信不能连接成功。

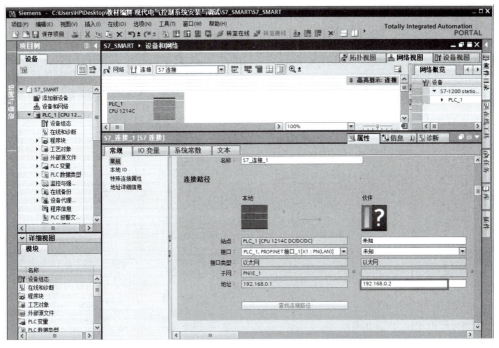

图 5-47　设置 S7-200 SMART PLC 的 IP 地址

⑤ 设置 S7-200 SMART PLC 的 TSAP 地址。选中"属性"→"常规"→"地址详细信息"，设置 S7-200 SMART PLC 的 TSAP 地址为"03.01"，如图 5-48 所示。

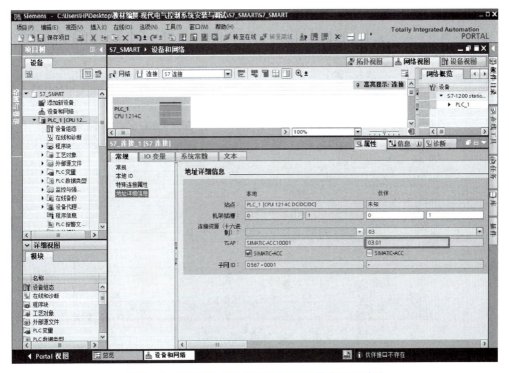

图 5-48　设置 S7-200 SMART PLC 的 TSAP 地址

⑥ 新建数组 SEND。新建数据块 SEND，再在数据块中创建数组 SEND，数组中有 10 个元素，数据类型为 Byte，如图 5-49 所示。

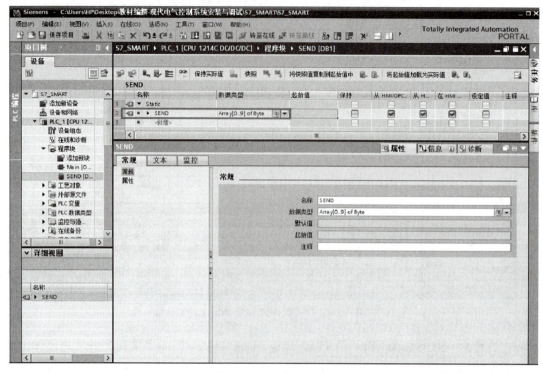

图 5-49　新建数组 SEND

⑦ 修改数组的属性。在图 5-49 中，选中"SEND［DB1］"，右击，弹出快捷菜单，单击"属性"命令，弹出如图 5-50 所示的界面，选中"属性"选项，去掉"优化的块访问"前面的对号"√"，这样操作将"SEND［DB1］"变为非优化的块访问，也就是绝对地址访问。

图 5-50　修改数组的属性

用同样的方法创建数组"RECEIVE"，并修改 RECEIVE ［DB2］ 的属性为"非优化的块访问"。

（2）编制 PLC 程序

打开主程序块 OB1，选中"指令树"→"通信"→"S7 通信"，将"PUT"和"GET"拖曳到程序编辑器的编辑区，如图 5-51 所示。编写梯形图，如图 5-52 所示。

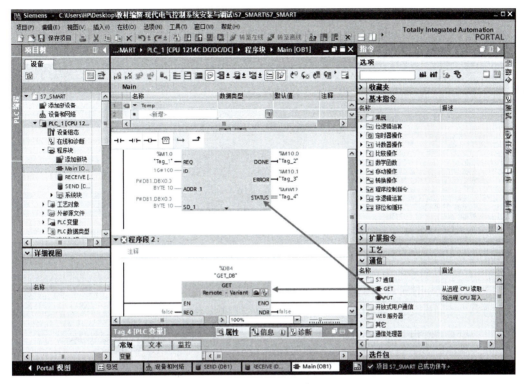

图 5-51 插入指令

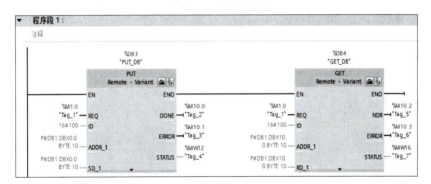

图 5-52 PLC 梯形图

3. 用 TCP 通信方式实现通信

用 TCP 通信方式实现通信时，S7-200 SMART PLC 可以作为客户端和服务器端，本书只讲解 S7-200 SMART PLC 作为服务器端的情况。

（1）硬件组态

① 新建项目，新建网络。新建项目"TCP_SMART"，选中 CPU 1214C 的 PN 接口，再选择"属性"→"常规"→"以太网地址"，单击"添加新子网"按钮，如图 5-53 所示，并设置 IP 地址，本例为"192.168.0.1"。

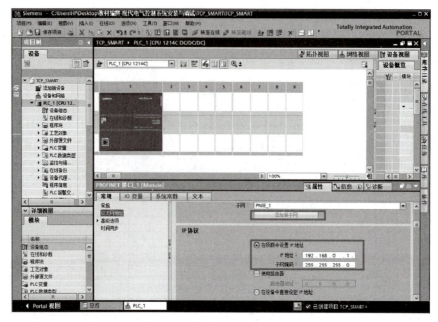

图 5-53 新建项目，新建网络

② 启用系统和时钟存储器。选中 CPU 1214C，再选择"属性"→"常规"→"系统和时钟存储器"，勾选"启用系统存储器字节"和"启用时钟存储器字节"，如图 5-54 所示。

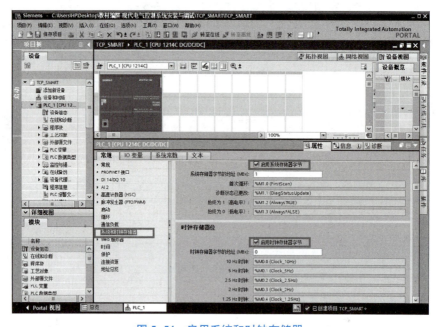

图 5-54 启用系统和时钟存储器

③ 调用 TCON 指令并配置连接参数。在 S7-1200 PLC 中调用建立连接指令，进入"项目树"→"PLC_1"→"程序块"→"OB1"主程序中，选中右侧窗口中的"指令"→"通信"→"开放式用户通信"，把"TCON"指令拖曳到程序编辑器的编辑区，配置连接参数，如图 5-55 所示。

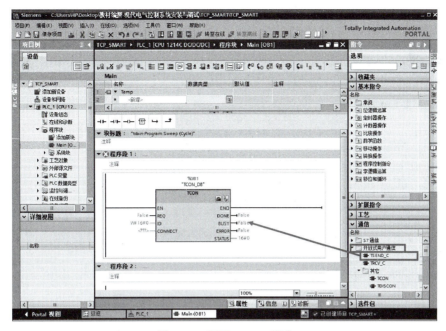

图 5-55　调用 TCON 指令

　　选中"TCON"指令，再选中"属性"→"组态"→"连接参数"，单击"连接参数"项目后面的"新建"选项，生成数据库，选择连接类型为"TCP"，连接 ID 为 1，本地端口可不设置。将伙伴选为"未指定"，伙伴的 IP 地址为 192.168.0.2，伙伴端口设置为"2000"，如图 5-56 所示。

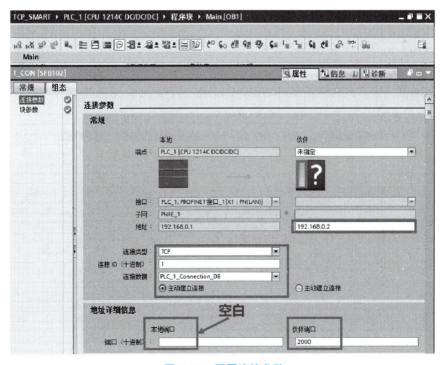

图 5-56　配置连接参数

④ 新建数组 SEND。新建数据块 SEND，再在数据块中创建数组 SEND，数组中有 10 个元素，数据类型为 Byte，如图 5-57 所示。

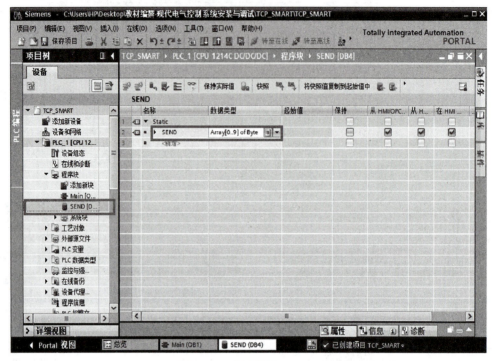

图 5-57　新建数组 SEND

用同样的方法创建数组"RECEIVE"，并修改 RECEIVE[DB4]的属性为"非优化的块访问"。

⑤ 修改数组的属性。在图 5-57 中，选中"SEND[DB3]"，右击，弹出快捷菜单，单击"属性"命令，弹出如图 5-58 所示的界面，选中"属性"选项，去掉"优化的块访问"前面的对号"√"，这样操作将"SEND[DB3]"变为非优化的块访问，也就是绝对地址访问。

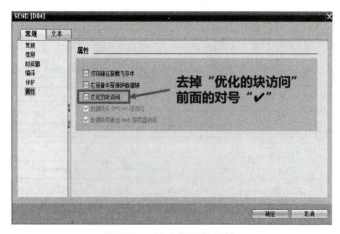

图 5-58　修改数组的属性

（2）编制 PLC 程序

① 编写客户端程序，如图 5-59 所示。

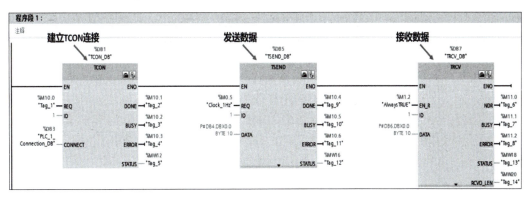

图 5-59 客户端 PLC 梯形图

② 编写服务器端程序。

■ 指令介绍

将程序中用到的三个指令介绍如下。

TCP_CONNECT 指令：用于通过 TCP 协议创建到另一设备的连接。TCP_CONNECT 指令的参数含义见表 5-7。

表 5-7 TCP_CONNECT 指令的参数含义

LAD 指令	输入/输出	说明
TCP_CONNECT EN Req Active ConnID Done IPaddr1 Busy IPaddr2 Error IPaddr3 Status IPaddr4 RemPort LocPort	EN	使能输入
	Req	如果 Req=TRUE，CPU 启动连接操作；如果 Req=FALSE，则输出显示连接的当前状态。上升沿触发
	Active	TRUE：主动连接；FALSE：被动连接
	ConnID	CPU 使用的连接 ID（ConnID）为其他指令标识该连接。ConnID 范围为 0~65 534
	IPaddr1~IPaddr4	IPaddr1 是 IP 地址的最高有效字节，IPaddr4 是 IP 地址的最低有效字节。服务器侧 IP 地址写 0，表示接收所有请求
	RemPort	RemPort 是远程设备上的端口号。远程端口号范围为 1~49 151。对于被动连接，则使用 0
	LocPort	LocPort 是本地设备上的端口号。本地端口号范围为 1~49 151
	Done	当连接操作完成且没有错误时，指令置位 Done 输出
	Busy	当连接操作正在进行时，指令置位 Busy 输出
	Error	当连接操作完成但发生错误时，指令置位 Error 输出
	Status	如果指令置位 Error 输出，则 Status 输出会显示错误代码；如果指令置位 Busy 或 Done 输出，则 Status 为零（无错误）

TCP_SEND 指令通过现有连接（ConnID）传输缓冲区位置（DataPtr）的数据，数据的字节数为 DataLen。TCP_SEND 指令的参数含义见表 5-8。

表 5-8　TCP_SEND 指令的参数含义

LAD 指令	输入/输出	说明
	EN	使能输入
	Req	如果 Req=TRUE，CPU 启动发送操作；如果 Req=FALSE，则输出显示发送的当前状态
	ConnID	连接 ID（ConnID）是此发送操作所用连接的编号。这是使用 TCP_CONNECT 操作的 ConnID
TCP_SEND EN Req ConnID　Done DataLen　Busy DataPtr　Error Status	DataLen	DataLen 是要发送的字节数（1~1024）
	DataPtr	DataPtr 是指向待发送数据的指针。这是指向 I、Q、M 或 V 存储器的 S7-200 SMART 指针（例如 &VB100）
	Done	当发送操作完成且没有错误时，指令置位 Done 输出
	Busy	当发送操作正在进行时，指令置位 Busy 输出
	Error	当发送操作完成但发生错误时，指令置位 Error 输出
	Status	如果指令置位 Error 输出，则 Status 输出会显示错误代码；如果指令置位 Busy 或 Done 输出，则 Status 为零（无错误）

TCP_RECV 指令通过现有连接检索数据。TCP_RECV 指令的参数含义见表 5-9。

表 5-9　TCP_RECV 指令的参数含义

LAD 指令	输入/输出	说明
	EN	使能输入
	ConnID	CPU 将连接 ID（ConnID）用于此接收操作（连接过程中定义）
	MaxLen	是要接收的最大字节数（例如 DataPtr 中缓冲区的大小（1~1 024））
TCP_RECV EN ConnID　Done MaxLen　Busy DataPtr　Error Status Length	DataPtr	是指向接收数据存储位置的指针。这是指向 I、Q、M 或 V 存储器的 S7-200 SMART 指针（例如 &VB100）
	Done	当接收操作完成且没有错误时，指令置位 Done 输出。当指令置位 Done 输出时，Length 输出有效
	Busy	当接收操作正在进行时，指令置位 Busy 输出
	Error	当接收操作完成但发生错误时，指令置位 Error 输出
	Status	如果指令置位 Error 输出，则 Status 输出会显示错误代码；如果指令置位 Busy 或 Done 输出，则 Status 为零（无错误）
	Length	是实际接收的字节数

■ 编制 PLC 梯形图程序

编制服务器端的 PLC 梯形图程序，如图 5-60 所示。

■ 分配库存储区

选中"程序块"→"库"，右击，弹出快捷菜单，单击"库存储器"选项，弹出如图 5-61 所示的界面，单击"建议地址"和"确定"按钮即可。或者手动输入地址，但此地址不能与程序中使用的地址冲突。

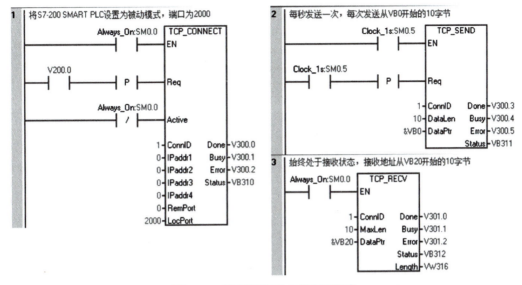

图 5-60　服务器端 PLC 梯形图程序

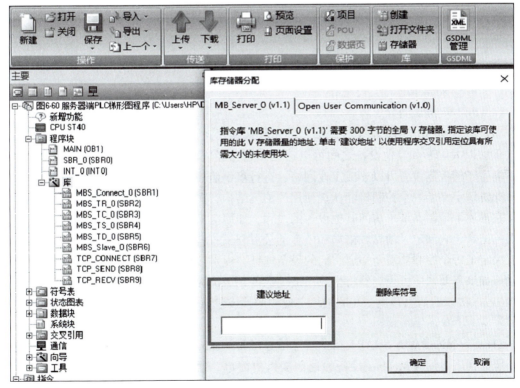

图 5-61　分配库存储区

4. 用 ISO_on_TCP 通信方式实现通信

用 ISO_on_TCP 通信方式实现通信，与用 TCP 通信方式实现通信十分类似，仅配置连接参数不同，只需把图 5-56 替换成图 5-62 即可。

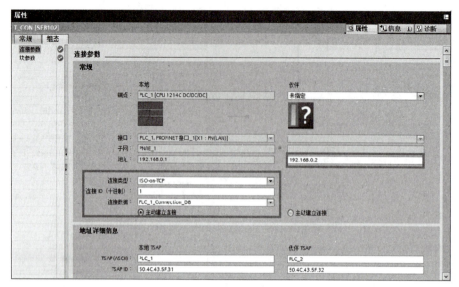

图 5-62　配置连接参数

5.4　Modbus 通信

5.4.1　Modbus 通信概述

1. Modbus 协议简介

Modbus 协议是应用于电子控制器上的一种通用语言，通过此协议，控制器之间经由网络（例如以太网）和其他设备之间可以通信。它已经成为一种通用工业标准。有了它，不同厂商生产的控制设备可以连成工业网络，进行集中监控。

此协议定义了一个控制器能认识使用的消息结构，而不管它们是经过何种网络进行通信的。它描述了控制器请求访问其他设备的过程，如回应来自其他设备的请求，以及怎样侦测错误并记录。它制定了消息域格局和内容的公共格式。当在一个 Modbus 网络上通信时，此协议决定了每个控制器需要知道它们的设备地址，识别按地址发来的消息，决定要产生何种行动。如果需要回应，控制器将生成反馈信息并用 Modbus 协议发出。在其他网络上，包含了 Modbus 协议的消息转换、在此网络上使用的帧或包结构。

2. Modbus 通信协议库

STEP 7-Micro/WIN SMART 指令库包括专门为 Modbus 通信设计的预先定义的子程序和中断服务程序，使与 Modbus 设备的通信变得更简单。通过 Modbus 协议指令，可以将 S7-200 SMART PLC 组态为 Modbus 主站或从站设备。可以在 STEP 7-Micro/WIN SMART 指令树的库文件夹中找到这些指令。当在程序中输入一个 Modbus 指令时，则程序将一个或多个相关的子程序添加到项目中。指令库在安装程序时已自动安装，不同于 S7-200 PLC 软件需要另外购置指令库并单独安装。

3. Modbus 的地址

Modbus 地址通常是包含数据类型和偏移量的 5 个字符值。第一个字符确定数据类型后，四个字符选择数据类型内的正确数值。

① 主站寻址。Modbus 主站指令可将地址映射到正确功能，然后发送至从站设备。Modbus 主站指令支持下列 Modbus 地址：

00001~09999，离散输出（线圈）；

10001~19999，离散输入（触点）；

30001~39999，输入寄存器（通常是模拟量输入）；

40001~49999，保持寄存器。

所有 Modbus 地址都基于 1，即从地址 1 开始第一个数据值。有效地址范围取决于从站设备。不同的从站设备将支持不同的数据类型和地址范围。

② 从站寻址。Modbus 主站设备将地址映射到正确功能。Modbus 从站指令支持以下地址：

00001~00256，映射到 Q0.0~Q31.7 的离散量输出；

10001~10256，映射到 I0.0~I31.7 的离散量输入；

30001~30056，映射到 AIW0~AIW110 的模拟量输入寄存器；

40001~49999 和 40000~465535，映射到 V 存储器的保持寄存器。

所有 Modbus 地址都是从 1 开始编号的。表 5-10 所列为 Modbus 地址与 S7-200 SMART PLC 地址的对应关系。

表 5-10　Modbus 地址与 S7-200 SMART PLC 地址的对应关系

序号	Modbus 地址	S7-200 SMART PLC 地址
1	00001	Q0.0
	00002	Q0.1
	…	…
	00127	Q15.6
	0026	Q31.7
2	10001	I0.0
	10002	I0.1
	…	…
	10127	I15.6
	10256	I31.7
3	30001	AIW0
	30002	AIW1
	…	…
	30056	AIW110
4	40001	HoldStart
	40002	HoldStart+2
	…	…
	4xxxx	HoldStart+2×（xxxx-1）

Modbus 从站协议允许对 Modbus 主站可访的输入、输出、模拟输入和保持寄存器（V区）的数量进行限定。例如，若 HoldStart 是 VB0，那么 Modbus 地址 40001 对应 S7-200

SMART PLC 地址的 VB0。

5.4.2 西门子 S7-200 SMART PLC 之间的 Modbus 串行通信

以下以两台 CPU ST40 之间的 Modbus 现场总线通信为例来介绍 S7-200 SMART PLC 间的 Modbus 现场总线通信。

练一练

【例 5-7】 某设备的主站为 S7-200 SMART PLC，从站为 S7-200 SMART PLC，主站发出开始信号（开始信号为高电平），从站接收信息，并控制从站电动机的启停。

1. 主要软硬件配置

① 1 套 STEP 7-Micro/WIN SMART V2.3 软件。

② 2 台 CPU ST40。

③ 1 根以太网电缆。

④ 1 根 PROFIBUS 网络电缆（含两个网络总线连接器）。

Modbus 现场总线硬件配置如图 5-63 所示。

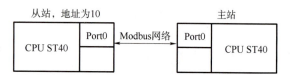

图 5-63　Modbus 现场总线硬件配置

2. 相关指令介绍

① 主设备指令。初始化主设备指令 MBUS_CTRL 用于 S7-200 SMART PLC 端口 0（或用于端口 1 的 MBUS_CTRL_P1 指令），可初始化、监视或禁用 Modbus 通信。在使用 MBUS_MSG 指令之前，必须正确执行 MBUS_CTRL 指令，指令执行完成后，立即设定"完成"位，才能继续执行下一条指令。其各输入/输出参数见表 5-11。

表 5-11　MBUS_CTRL 指令参数

子程序	输入/输出	说明	数据类型
MBUS_CTRL EN Mode Baud　　Done Parity Port　　Error Timeout	EN	使能	BOOL
	Mode	为 1，将 CPU 端口分配给 Modbus 协议并启用该协议；为 0，将 CPU 端口分配给 PPI 协议，并禁用 Modbus 协议	BOOL
	Baud	将波特率设为 1 200 b/s、2 400 b/s、4 800 b/s、9 600 b/s、19 200 b/s、38 400 b/s、57 600 b/s 或 115 200 b/s	DWORD
	Parity	0：无奇偶校验；1：奇校验；2：偶校验	BYTE
	Port	端口：使用 PLC 集成端口为 0，使用通信板时为 1	BYTE
	Timeout	等待来自从站应答的毫秒时间数	WORD
	Error	出错时返回错误代码	BYTE

MBUS_MSG 指令（或用于端口 1 的 MBUS_MSG_P1）用于启动对 Modbus 从站的请求，并处理应答。当 EN 输入和"首次"输入打开时，MBUS_MSG 指令启动对 Modbus 从站的请求。发送请求，等待应答，并处理应答。EN 输入必须打开，以启用请求的发送，并保持打开，直到"完成"位被置位。此指令在一个程序中可以执行多次。其各输入/输出参数见表 5-12。

表 5-12 MBUS_MSG 指令参数

子程序	输入/输出	说明	数据类型
	EN	使能	BOOL
MBUS_MSG EN First Slave　　　Done RW　　　　Error Addr Count DataPtr	First	"首次"参数，应该在有新请求要发送时才打开，进行一次扫描。"首次"输入应当通过一个边沿检测元素（如上升沿）打开，这将保证请求被传送一次	BOOL
	Slave	"从站"参数是 Modbus 从站的地址。允许的范围是 0~247	BYTE
	RW	0：读；1：写	BYTE
	Addr	"地址"参数，是 Modbus 的起始地址	DWORD
	Count	"计数"参数，读取或写入的数据元素的数目	INT
	DataPtr	S7-200 SMART PLC 的 V 存储器中与读取或写入请求相关数据的间接地址指针	DWORD
	Error	出错时返回错误代码	BYTE

注意：指令 MBUS_CTRL 的 EN 要接通，在程序中只能调用一次，MBUS_MSG 指令可以在程序中多次调用。要特别注意区分 Addr、DataPtr 和 Slave 三个参数。

② 从设备指令。MBUS_INIT 指令用于启用、初始化或禁止 Modbus 通信。在使用 MBUS_SLAVE 指令之前，必须正确执行 MBUS_INIT 指令。指令完成后，立即设定"完成"位，才能继续执行下一条指令。其各输入/输出参数见表 5-13。

表 5-13 MBUS_INIT 指令参数

子程序	输入/输出	说明	数据类型
	EN	使能	BOOL
	Mode	为 1，将 CPU 端口分配给 Modbus 协议并启用该协议；为 0，将 CPU 端口分配给 PPI 协议，并禁用 Modbus 协议	BYTE
	Baud	将波特率设为 1 200 b/s、2 400 b/s、4 800 b/s、9 600 b/s、19 200 b/s、38 400 b/s、57 600 b/s 或 115 200 b/s	DWORD
MBUS_INIT EN Mode　　　Done Addr　　　Error Baud Parity Port Delay MaxIQ MaxAI MaxHold HoldStart	Parity	0：无奇偶校验；1：奇校验；2：偶校验	BYTE
	Addr	"地址"参数是 Modbus 的起始地址	BYTE
	Port	端口：使用 PLC 集成端口为 0，使用通信板时为 1	BYTE
	Delay	"延时"参数，通过将指定的毫秒数增加至标准 Modbus 信息超时的方法，延长标准 Modbus 信息结束超时条件	WORD
	MaxIQ	参数将 Modbus 地址 0xxxx 和 1xxxx 使用的 I 和 Q 点设为 0~128 之间的数值	WORD
	MaxAI	参数将 Modbus 地址 3xxxx 使用的字输入（AI）寄存器数目设为 0~32 之间的数值	WORD
	MaxHold	参数设定 Modbus 地址 4xxxx 使用的 V 存储器中的字保持寄存器数目	WORD
	HoldStart	参数是 V 存储器中保持寄存器的起始地址	DWORD
	Error	出错时返回错误代码	BYTE

MBUS_SLAVE 指令用于为 Modbus 主设备发出的请求服务，并且必须在每次扫描时执行，以便允许该指令检查和回答 Modbus 请求。在每次扫描且 EN 输入开启时，执行该指令。其各输入/输出参数见表 5-14。

表 5-14　MBUS_SLAVE 指令参数

子程序	输入/输出	说明	数据类型
MBUS_SLAVE EN Done Error	EN	使能	BOOL
	Done	当 MBUS_SLAVE 指令对 Modbus 请求作出应答时，"完成"输出打开。如果没有需要服务的请求，"完成"输出关闭	BOOL
	Error	出错时返回错误代码	BYTE

注意： MBUS_INIT 指令只在首次扫描时执行一次，MBUS_SLAVE 指令无输入参数。

3. 编制 PLC 梯形图程序

主站和从站的程序如图 5-64 和图 5-65 所示。

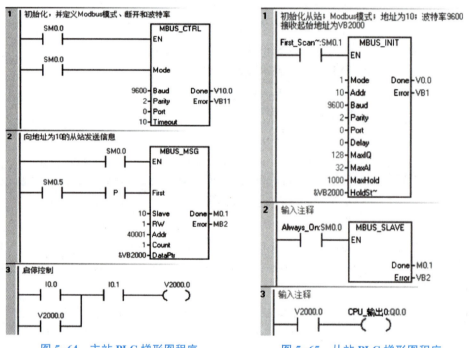

图 5-64　主站 PLC 梯形图程序　　　图 5-65　从站 PLC 梯形图程序

注意： 使用 Modbus 指令库时，要对库存储器的空间进行分配，这样可避免库存储器已用的 V 存储器让用户再次使用，以免出错。方法是选中"库"，右击，弹出快捷菜单，单击"库存储器"，如图 5-66 所示，弹出如图 5-67 所示的界面，单击"建议地址"，再单击"确定"按钮。图中的地址 VB784～VB1564 被 Modbus 通信占用，编写程序时不能使用。

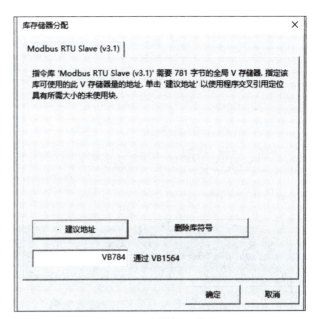

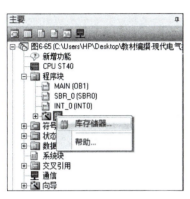

图 5-66　库存储区分配 1　　　　　　　　图 5-67　库存储区分配 2

5.4.3　西门子 S7-200 SMART PLC 与 S7-1200/1500 PLC 之间的 Modbus 串行通信

S7-200 SMART PLC 与 S7-1200 PLC 之间的 Modbus 通信时，S7-200 SMART PLC 的程序编写方法与前述 Modbus 通信的编程方法相似。与 STEP 7-Micro/WIN SMART V2.5 一样，S7-1200 PLC 的编译软件 STEP 7 Basic V16 SP1 中也有 Modbus 库，使用方法也有类似之处，以下用一个例子介绍 S7-200 SMART PLC 与 S7-1200 PLC 之间的 Modbus 通信。

练一练

【例 5-8】 有一台 S7-1200 PLC 为 Modbus 主站，另有一台 S7-200 SMART PLC 为从站，要将主站上的两个字（WORD）传送到从站 VW0 和 VW2 中，请编写相关程序。

1. 主要软硬件配置

① 1 套 STEP 7-Micro/WIN SMART V2.5 软件。

② 1 套 STEP 7 Basic V15.1 软件。

③ 1 台 CPU ST40 和 1 台 CPU 1214C。

④ 1 台 CM 1241（RS-485）。

⑤ 1 根 PROFIBUS 网络电缆（含两个网络总线连接器）。

Modbus 现场总线硬件配置如图 5-68 所示。

注意：S7-1200 PLC 只有一个通信口，即 PROFINET 口，因此，要进行 Modbus 通信，就必须配置 RS-485 模块（如 CM1241 RS-485）或者 RS-232 模块（如 CM1241 RS-232），这两个模块都由 CPU 供电，不需要外接供电电源。

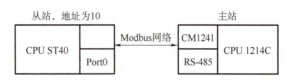

图 5-68　Modbus 现场总线硬件配置

2. S7-1200 PLC 的硬件组态

① 创建新项目。首先打开 STEP 7 Basic V15.1 软件，选中"创建新项目"，再在"项目名称"中输入读者希望的名称，本例为"Modbus"。注意，项目名称和保存路径最好都是英文，最后单击"创建"按钮，如图 5-69 所示。

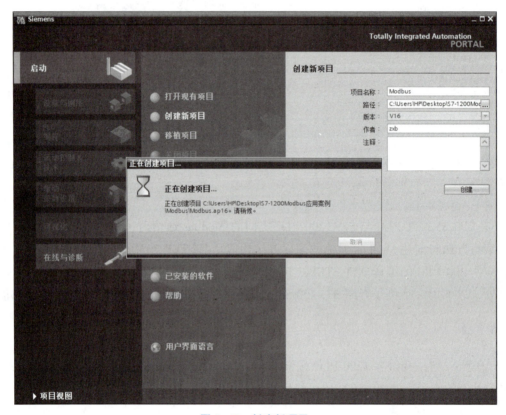

图 5-69　创建新项目

② 硬件组态。熟悉 S7-200 PLC 的读者都知道，S7-200 PLC 是不需要硬件组态的，但 S7-1200 PLC 需要硬件组态，哪怕只用一台 CPU 也是如此。先选中"添加新设备"，再双击将要组态的 CPU，接着选中 101 槽位，双击要组态的模块，如图 5-70 所示。

③ 保存硬件组态。

3. 相关指令介绍

MODBUS_COMM_LOAD 指令的功能是将 CM1241 模块（RS-485 或者 RS-232）的端口配置成 Modbus 通信协议的 RTU 模式，此指令只在程序运行时执行一次。其主要输入/输出参数见表 5-15。

图 5-70　硬件组态

表 5-15　MODBUS_COMM_LOAD 指令参数

子程序	输入/输出	说明	数据类型
MB_COMM_LOAD –EN　　　ENO– –REQ　　　DONE– –PORT　　　ERROR– –BAUD　　　STATUS– –PARITY –MB_DB　▼	EN	使能	BOOL
	REQ	通信请求，0 表示无请求，1 表示有请求。上升沿有效	BOOL
	PORT	选用 RS-485 和 RS-232 模块时，有不同的代号，这个代号在下拉帮助框中	UDINT
	BAUD	将波特率设为 1 200 b/s、2 400 b/s、4 800 b/s、9 600 b/s、19 200 b/s、38 400 b/s、57 600 b/s 或 115 200 b/s	UDINT
	PARITY	0：无奇偶校验；1：奇校验；2：偶校验	UINT
	MB_DB	MB_MASTER 或 MB_SLAVE 指令的数据块，可以在下拉帮助框中找到	VARIANT
	DONE	指令的执行已完成且未出错	BOOL
	ERROR	是否出错，0 表示无错误，1 表示有错误	BOOL
	STATUS	端口组态错误代码	WORD

MB_MASTER 指令的功能是将主站上的 CM1241 模块（RS-485 或 RS-232）的通信口建立与一个或者多个从站的通信。其主要输入/输出参数见表 5-16。

表 5-16   MB_MASTER 指令参数

子程序	输入/输出	说明	数据类型
	EN	使能	BOOL
	REQ	通信请求，0 表示无请求，1 表示有请求。上升沿有效	BOOL
MB_MASTER EN　　　ENO REQ　　　DONE MB_ADDR　BUSY MODE　　ERROR DATA_ADDR　STATUS DATA_LEN DATA_PTR	MB_ADDR	从站地址，有效值为 0~247	USINT
	MODE	读或者写请求，0-读，1-写	USINT
	DATA_ADDR	从站的 Modbus 起始地址	UDINT
	DATA_LEN	发送或者接收数据的长度（位或字节）	UINT
	DATA_PTR	数据指针	VARIANT
	DONE	事务完成，且无任何错误，置位输出 1	BOOL
	BUSY	1 表示"MB_MASTER"事务正在处理中	BOOL
	ERROR	是否出错，0 表示无错误，1 表示有错误	BOOL
	STATUS	端口组态错误代码	WORD

4. 编制 PLC 梯形图程序

（1）编写主站 PLC 程序

① 首先建立数据块 Modbus，并在数据块 Modbus 中创建数组 data，数组数据类型为字。其中，data[0] 和 data[1] 的初始值为 16#FFFF，如图 5-71 所示。

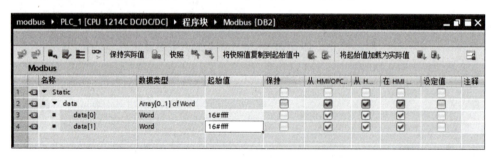

图 5-71   数据块 Modbus 中的数组 data

② 在 OB100 组织块中编写初始化程序，此程序只在启动时运行一次，如图 5-72 所示。此程序如果编写在 OB1 组织块中，则应在 EN 前加一个首次运行扫描触点。

③ 在 OB1 组织块中编写主程序，如图 5-73 所示。此程序的 REQ 要有上升沿才有效，因此，当 M10.1（M10.1 是 5H2 的方波）为上升沿时，主站将数据块"Modbus"中的数组 data 的两个字发送到从站 10 中去。具体发送到从站 10 的 V 存储区哪个位置要由从站程序决定。

（2）编写从站 PLC 程序

从站程序如图 5-74 所示。从站每次接收 2 字节，即一个字，存放在 VW0 中，编程时取用即可。

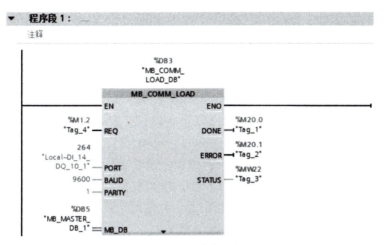

图 5-72　OB100 组织块中的初始化程序

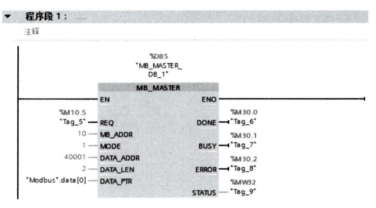

图 5-73　OB1 组织块中的程序

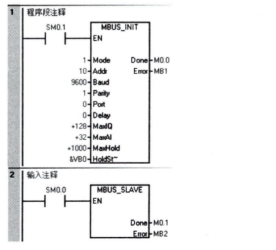

图 5-74　从站 PLC 梯形图程序

5.4.4 西门子 S7-200 SMART PLC 之间的 Modbus_TCP 通信

Modbus_TCP 是简单的、中立厂商的用于管理和控制自动化设备的 Modbus 系列通信协议的派生产品，它覆盖了使用 TCP/IP 协议的"Intranet"和"Internet"环境中 Modbus 报文的用途。协议的最常用用途是为诸如 PLC、I/O 模块以及连接其他简单域总线或 I/O 模块的网关服务。

1. Modbus_TCP 的以太网参考模型

Modbus_TCP 传输过程中使用了 TCP/IP 以太网参考模型的 5 层。

第一层：物理层，提供设备物理接口，与市售介质/网络适配器相兼容。

第二层：数据链路层，格式化信号到源/目的硬件地址数据帧。

第三层：网络层，实现带有 32 位 IP 地址报文包。

第四层：传输层，实现可靠性连接、传输、查错、重发、端口服务和传输调度。

第五层：应用层，Modbus 协议报文。

2. Modbus_TCP 数据帧

Modbus 数据在 TCP/IP 以太网上传输，支持 Ethernet II 和 802.3 两种帧格式，Modbus_TCP 数据帧包含报文头、功能代码和数据三部分，MBAP（Modbus Application Protocol Modbus 应用协议）报文头分 4 个域，共 7 字节。

3. Modbus_TCP 使用的通信资源端口号

在 Modbus 服务器中按缺省协议使用 Port 502 通信端口，在 Modbus 客户机程序中设置任意通信端口，为避免与其他通信协议的冲突，一般建议端口号从 2000 开始可以使用。

4. Modbus TCP 使用的功能代码

按照用途区分，共有三种类型：

① 公共功能代码。已定义的功能码，保证其唯一性，由 Modbus.org 认可。

② 用户自定义功能代码。有两组，分别为 65~72 和 100~110，无须认可，但不保证代码使用唯一性，如变为公共代码，需交由 RFC 认可。

③ 保留功能代码。由某些公司使用某些传统设备代码，不可作为公共用途。

按照应用深浅，可分为三个类别：

① 类别 0。客户机/服务器最小许用子集：读多个保持寄存器（fc.3）；写多个保持寄存器（fc.16）。

② 类别 1。可实现基本互易操作常用代码：读线圈（fc.1）；读开关量输入（fc.2）；读输入寄存器（fc.4）；写线圈（fc.5）；写单一寄存器（fc.6）。

③ 类别 2。用于人机界面、监控系统例行操作和数据传送功能：强制多个线圈（fc.15）；读通用寄存器（fc.20）；写通用寄存器（fc21）；屏蔽写寄存器（fc.22）；读写寄存器（fc.23）。

🔵 练一练

【例 5-9】某系统的控制器由两台 S7-200 SMART PLC（CPU ST20 和 CPU ST40）组成，要将 CPU ST40 上的 5 个字传送到 CPU ST20 中，组态并编写相关 PLC 程序。

本例有 4 种解决方案，分别采用 S7、TCP、ISO_on_TCP 和 Modbus_TCP 通信协议，以下介绍用 Modbus_TCP 通信方式实现通信。S7-200 SMART PLC 进行 Modbus_TCP 通信，需要在编程软件中安装 Modbus_TCP 库。Modbus_TCP 库包含服务器库文件和客户端库文件。

（1）主要软硬件配置

① 1 套 STEP 7-Micro/WIN SMART V2.5 软件。

② 1 台 CPU ST40 和 1 台 CPU ST20。

（2）客户端的项目创建

① 创建新项目。打开 STEP 7-Micro/WIN SMART V2.5 软件，新建项目，命名为 MODBUS_TCP_C，双击"CPU ST40"，弹出如图 5-75 所示的界面。

图 5-75　新建项目

② 硬件组态。更改 CPU 的型号和版本号，勾选"IP 地址数据固定为下面的值，不能通过其他方式更改"选项，将 IP 地址和子网码设置为如图 5-76 所示的值，单击"确定"按钮。

③ 相关指令介绍。MB_Client 指令库包含 MBC_Connect 和 MBC_Msg 两个指令。MBC_Connect 指令用于建立或断开 Modbus_TCP 连接，该指令必须在每次扫描时执行。MBC_Connect 指令的参数含义见表 5-17。

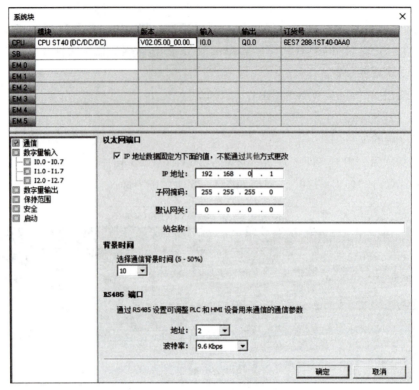

图 5-76　硬件组态

表 5-17　MBC_Connect 指令参数

子程序	输入/输出	说明
MBS_Connect_0 EN Connect Discon~ ConnID　Conne~ IPaddr1　Busy IPaddr2　Error IPaddr3　Status IPaddr4 LocPort MaxHold HoldSt~	EN	必须保证每一扫描周期都被使能
	Connect	启动 TCP 连接建立操作
	Disconnect	断开 TCP 连接操作
	ConnID	TCP 连接标识
	IPaddr1 ~ IPaddr4	Modbus_TCP 客户端的 IP 地址，IPaddr1 是 IP 地址的最高有效字节，IPaddr4 是 IP 地址的最低有效字节
	RemPort	Modbus TCP 客户端的端口号
	LocPort	本地设备上的端口号
	ConnectDone	Modbus_TCP 连接已经成功建立
	Busy	连接操作正在进行时
	Error	建立或断开连接时发生错误
	Status	如果指令置位"Error"输出，则 Status 输出会显示错误代码

　　MBC_MSG 指令用于启动对 Modbus_TCP 服务器的请求和处理响应。MBC_MSG 指令的 EN 输入参数和 First 输入参数同时接通时，MBC_MSG 指令会向 Modbus 服务器发起 Modbus 客户端的请求；发送请求、等待响应和处理响应通常需要多个 CPU 扫描周期，EN 输入参数必须一直接通，直到 Done 位被置 1。MBC_MSG 指的参数含义见表 5-18。

表 5-18 MBC_MSG 指令参数

子程序	输入/输出	说明
	EN	同一时刻只能有一条 MB_Client_MSG 指令使能，EN 输入参数必须一直接通，直到 MB_Client_MSG 指令 Done 位被置 1
	First	读写请求，每一条新的读写请求需要使用信号沿触发
	RW	读写请求，为 0 时，读请求；为 1 时，写请求
	Addr	读写 Modbus 服务器的 Modbus 地址：00001~0xxxx 为开关量输出线圈；10001~1xxxx 为开关量输入触点；30001~3xxxx 为模拟量输入通道；40001~4xxxx 为保持寄存器
	Count	读写数据的个数，对于 Modbus 地址 0xxxx、1xxxx，Count 按位的个数计；对于 Modbus 地址 3xxxx、4xxxx，Count 按字的个数计算。一个 MB_Client_MSG 指令最多读取或写入 120 个字或 1 920 个位数据
	DataPtr	数据指针，参数 DataPtr 是间接地址指针，指向 CPU 中与读/写请求相关的数据的 V 存储器地址。对于读请求，DataPtr 应指向用于存储从 Modbus 服务器读取的数据的第一个 CPU 存储单元；对于写请求，DataPtr 应指向要发送到 Modbus 服务器的数据的第一个 CPU 存储单元
	Done	完成位，读写功能完成或者出现错误时，该位会自动置 1
	Error	错误代码，只有在 Done 位为 1 时，错误代码才有效

④ 编写客户端程序。编写 PLC 梯形图程序，如图 5-77 所示，发送 5 个字，即 10 个字节到服务器端。

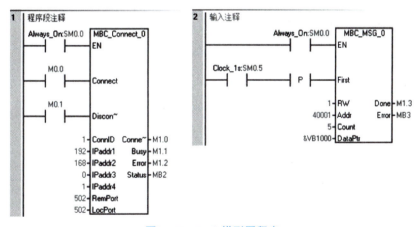

图 5-77 PLC 梯形图程序

⑤ 库存储器分配。在前面例子中已经讲解，在此不再赘述。

（3）服务器端的项目创建

① 创建项目，命名为 MODBUS_TCP_S，双击"CPU ST40"，弹出如图 5-78 所示的界面。

② 硬件组态。更改 CPU 的型号和版本号，选择"IP 地址数据固定为下面的值，不能通过

其他方式更改"选项,将 IP 地址和子网掩码设置为如图 5-79 所的值,单击"确定"按钮。

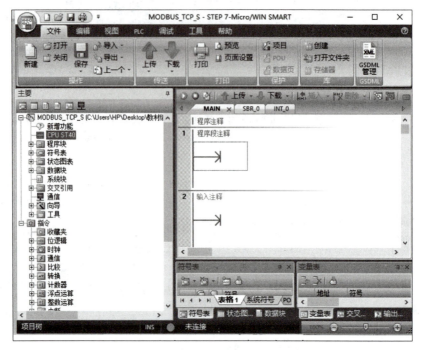

图 5-78　新建项目

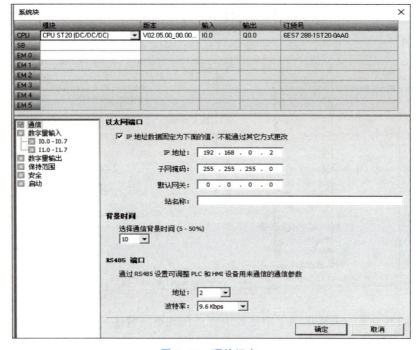

图 5-79　硬件组态

③ 相关指令介绍。MB_Server 指令库包含 MBS_Connect 和 MBS_Slave 两个指令。MBS_Connect 指令用于建立或断开 Modbus_TCP 连接。MBS_Connect 指令的参数含义见表 5-19。

表 5-19　MBS_Connect 指令参数

子程序	输入/输出	说明
MBC_MSG_0 EN First RW　　Done Addr　　Error Count DataPtr	EN	同一时刻只能有一条 MB_Client_MSG 指令使能，EN 输入参数必须一直接通，直到 MB_Client_MSG 指令 Done 位被置 1
	First	读写请求，每一条新的读写请求需要使用信号沿触发
	RW	读写请求，为 0 时，读请求；为 1 时，写请求
	Addr	读写 Modbus 服务器的 Modbus 地址：00001~0xxxx 为开关量输出线圈；10001~1xxxx 为开关量输入触点；30001~3xxxx 为模拟量输入通道；40001~4xxxx 为保持寄存器
	Count	读写数据的个数，对于 Modbus 地址 0xxxx、1xxxx，Count 按位的个数计；对于 Modbus 地址 3xxxx、4xxxx，Count 按字的个数计算。一个 MB_Client_MSG 指令最多读取或写入 120 个字或 1 920 个位数据
	DataPtr	数据指针，参数 DataPtr 是间接地址指针，指向 CPU 中与读/写请求相关的数据的 V 存储器地址。对于读请求，DataPtr 应指向用于存储从 Modbus 服务器读取的数据的第一个 CPU 存储单元；对于写请求，DataPtr 应指向要发送到 Modbus 服务器的数据的第一个 CPU 存储单元
	Done	完成位，读写功能完成或者出现错误时，该位会自动置 1
	Error	错误代码，只有在 Done 位为 1 时，错误代码才有效

MBS_Slave 指令用于处理来自 Modbus_TCP 客户端的请求，并且该指令必须在每次扫描时执行，以便检查和响应 Modbus 请求。MBS_Slave 指令的参数含义见表 5-20。

表 5-20　MBS_Slave 指令参数

子程序	输入/输出	说明
MBS_Slave_0 EN 　　Done 　　Error	EN	同一时刻只能有一条 MB_Client_MSG 指令使能
	Done	当 MB_Server 指令响应 Modbus 请求时，Done 完成位在当前扫描周期被设置为 1；如果未处理任何请求，Done 完成位为 0
	Error	错误代码，只有在 Done 位为 1 时，错误代码才有效

④ 编写服务器端程序。编写 PLC 梯形图程序，如图 5-80 所示。

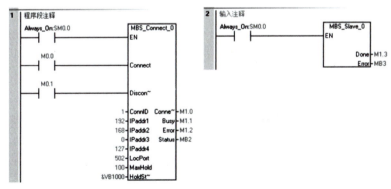

图 5-80　PLC 梯形图程序

⑤ 库存储器分配。在前面例子中已经讲解，在此不再赘述。

5.5　PROFIBUS 通信

5.5.1　PROFIBUS 通信概述

PROFIBUS 是西门子的现场总线通信协议，也是 IEC 61158 国际标准中的现场总线标准之一。现场总线 PROFIBUS 满足了生产过程现场级数据可存取性的重要要求，一方面，它覆盖了传感器/执行器领域的通信要求；另一方面，又具有单元级领域所具有的网络级通信功能。特别在"分散 I/O"领域，由于有大量的、种类齐全、可连接的现场总线可供选用，因此，PROFIBUS 已成为事实上的国际公认的标准。

1. PROFIBUS 的结构和类型

从用户的角度看，PROFIBUS 提供了三种通信协议类型：PROFIBUS-FMS、PROFIBUS-DP 和 PROFIBUS-PA。

① PROFIBUS-FMS（Fieldbus Message Specification，现场总线报文规范），使用了第一层、第二层和第七层。第七层（应用层）包含 FMS 和 LLI（底层接口），主要用于系统级和车间级的不同供应商的自动化系统之间传输数据，处理单元级（PLC 和 PC）的多主站数据通信。目前 PROFIBUS-FMS 已经很少使用。

② PROFIBUS-DP（Decentralized Periphery，分布式外部设备），使用第一层和第二层，这种精简的结构特别适合数据的高速传送，PROFIBUS-DP 用于自动化系统中单元级控制设备与分布式 I/O（例如 ET 200）的通信。主站之间的通信为令牌方式（多主站时，确保只有一个起作用），主站与从站之间为主从方式（MS）以及这两种方式的混合。三种方式中，PROFIBUS-DP 应用最为广泛，全球有超过 3 000 万的 PROFIBUS-DP 节点。

③ PROFIBUS-PA（Process Automation，过程自动化）用于过程自动化的现场传感器和执行器的低速数据传输，使用扩展的 PROFIBUS-DP 协议。

此外，对于西门子系统，PROFIBUS 提供了更为优化的通信方式，即 PROFIBUS-S7 通信。PROFIBUS-S7（PG/OP 通信）使用了第一层、第二层和第七层，特别适合 S7 PLC 与 HMI 和编程器通信，也可用于 S7-1500 PLC 之间的通信。

2. PROFIBUS 总线和总线终端器

① 总线终端器。PROFIBUS 总线符合 EIA RS-485 标准，PROFIBUS RS-485 的传输以半双工、异步及无间隙同步为基础。传输介质可以是光缆或者屏蔽双绞线，电气传输每个 RS-485 网段最多 32 个站点，在总线的两端为终端电阻，其结构如图 5-81 所示。

② 最大电缆长度和传输速率的关系。PROFIBUS-DP 段的最大电缆长度与传输速率有关，传输的速率越大，则传输的距离越近，对应关系如图 5-82 所示。一般设置通信波特率不大于 500 kb/s，电气传输距离不大于 400 m（不加中继器）。

③ PROFIBUS-DP 电缆。PROFIBUS-DP 电缆是专用的屏蔽双绞线，其结构和功能如图 5-83 所示。外层是紫色绝缘层，编织护套层主要防止低频干扰。金属箔片层为防止高频干扰，最里面是 2 根信号线，红色为信号正，接总线连接器的第 8 脚，绿色为信号负，接总线连接器的第 3 脚。PROFIBUS-DP 电缆的屏蔽层"双端接地"。

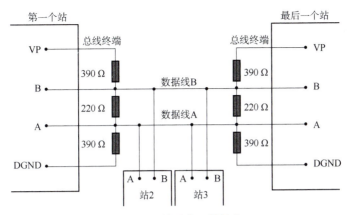

图 5-81　终端电阻的结构

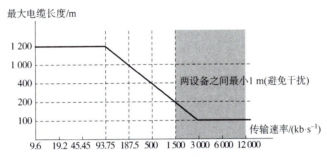

图 5-82　传输距离与波特率的对应关系

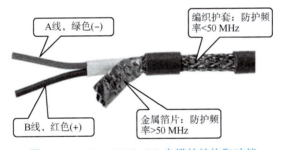

图 5-83　PROFIBUS-DP 电缆的结构和功能

5.5.2　西门子 PLC 之间的 PROFIBUS-DP 通信

以前，S7-200 PLC 与 S7-300/400 PLC 之间的 PROFIBUS-DP 通信在工程中较为常见，随着 S7-200 PLC 的停产，这种解决方案逐渐被 S7-200 SMART PLC 与 S7-300/400 PLC 之间的 PROFIBUS-DP 通信所取代。以下用一个例子介绍这种通信（由于 S7-300/400 PLC 类似，因此仅介绍 S7-300 PLC）。

练一练

【例 5-10】某设备的主站为 CPU 314C-2DP，从站为 S7-200 SMART PLC 和 EM DP01 的组合，主站发出开始信号，从站接收信息，并使从站的指示灯以 1 s 的周期闪烁。同理，从站发出开始信号（开始信号为高电平），主站接收信息，并使主站的指示灯以 1 s 的周期闪烁。

1. 主要软硬件配置

① 1 套 STEP 7-Micro/WIN V2.5 软件和 1 套 STEP 7 V5.5 SP4 软件。

② 1 台 CPU ST20 和 1 台 CPU 314C-2DP。

③ 1 台 EM DP01 和 1 根 PROFIBUS 网络电缆（含两个网络总线连接器）。

PROFIBUS 现场总线硬件配置如图 5-84 所示，PROFIBUS 现场总线通信 PLC 接线如图 5-85 所示。

图 5-84　PROFIBUS 现场总线硬件配置

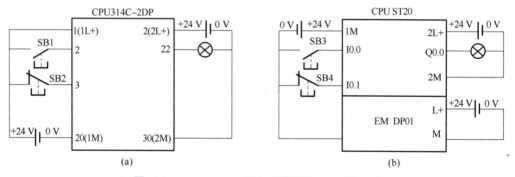

图 5-85　PROFIBUS 现场总线通信 PLC 原理图

2. CPU 314C-2DP 的硬件组态

① 打开 STEP 7 软件。双击桌面上的快捷图标，打开 STEP 7 软件；也可以单击"开始"→"所有程序"→"SIMATIC"→"SIMATIC Manager"打开 STEP7 软件。

② 新建项目。单击"新建"按钮，弹出"新建项目"对话框，在"命名（M）"中输入名称，本例为"DP_SMART"，再单击"确定"按钮，如图 5-86 所示。

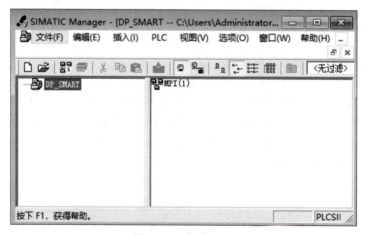

图 5-86　新建项目

③ 插入站点。单击菜单栏中的"插入"菜单，再单击"站点"和"SIMATIC 300 站

点"子菜单,如图 5-87 所示,这个步骤的目的主要是插入主站。将主站"SIMATIC 300 (1)"重命名为"Master",双击"硬件",打开硬件组态界面,如图 5-88 所示。

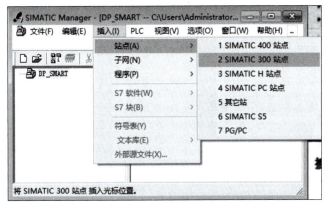

图 5-87　插入站点

图 5-88　打开硬件组态

④ 插入导轨。展开项目中的"SIMATIC 300"下的"RACK-300",如图 5-89 所示,双击导轨"Rail"。硬件配置的第一步都是加入导轨,否则下面的步骤不能进行。

图 5-89　插入导轨

⑤ 插入 CPU。展开项目中的"SIMATIC 300"下的"CPU-300"，再展开"CPU 314C-2DP"下的"6ES7 314-6CG03-0AB0"，将"V2.6"拖入导轨的 2 号槽中，如图 5-90 所示。若选用了西门子的电源，在配置硬件时，应该将电源加入第一槽，本例中使用的是开关电源，因此，配置硬件时不需要加入电源，但第一槽必须空缺，建议读者最好选用西门子电源。

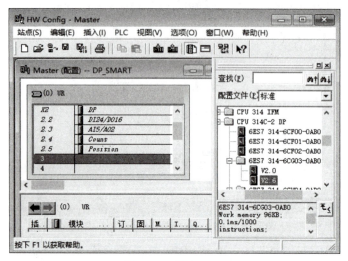

图 5-90　插入 CPU

⑥ 配置网络。双击号槽中的"DP"，弹出"属性-DP"对话框，单击"属性"按钮，弹出"属性-PROFIBUS 接口 DP"对话框，如图 5-91 所示；单击"新建"按钮，弹出"属性-新建子网 PROFIBUS DP"对话框，如图 5-92 所示；选定传输率为"1.5 Mbps"和配置文件为"DP"，单击"确定"按钮，如图 5-93 所示，从站便可以挂在 PROFIBUS 总线上了。

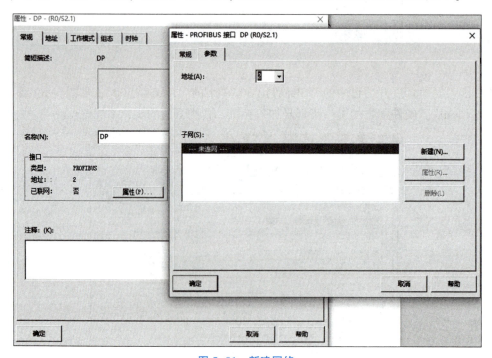

图 5-91　新建网络

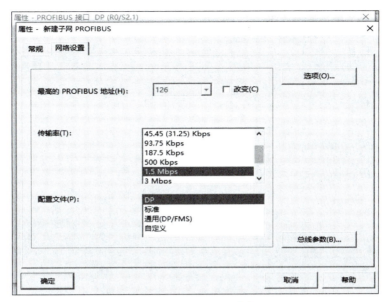

图 5-92　设置通信参数

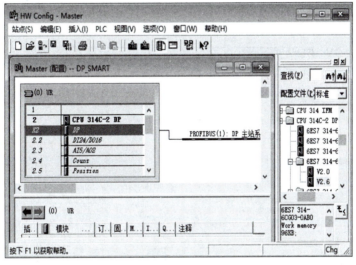

图 5-93　配置网络

⑦ 修改 I/O 起始地址。双击 2 号槽中的"D124/DO16",弹出"属性-DI24/DO16"对话框,如图 5-94 所示;去掉"系统默认"前的"√",在"输入"和"输出"的"起始"中输入"0",单击"确定"按钮,如图 5-95 所示。这个步骤目的主要是使程序中输入和输出的起始地址都从"0"开始,这样更加符合工程习惯,若没有这个步骤,也是可行的,但程序中输入和输出的起始地址都从"124"开始。

⑧ 配置从站地址。先选中"PROFIBUS",再展开硬件目录,先后展开"PROFIBUS DP"→"Additional Field Device"→"PLC"→"SIMATIC",再双击"EM DP01 PRO-FIBUDP",弹出"属性-PROFIBUS 接口"对话框,将地址改为"3",最后单击"确定"按钮,如图 5-96 所示。

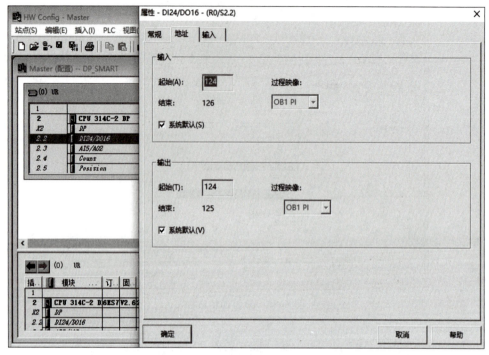

图 5-94　修改 I/O 起始地址（1）

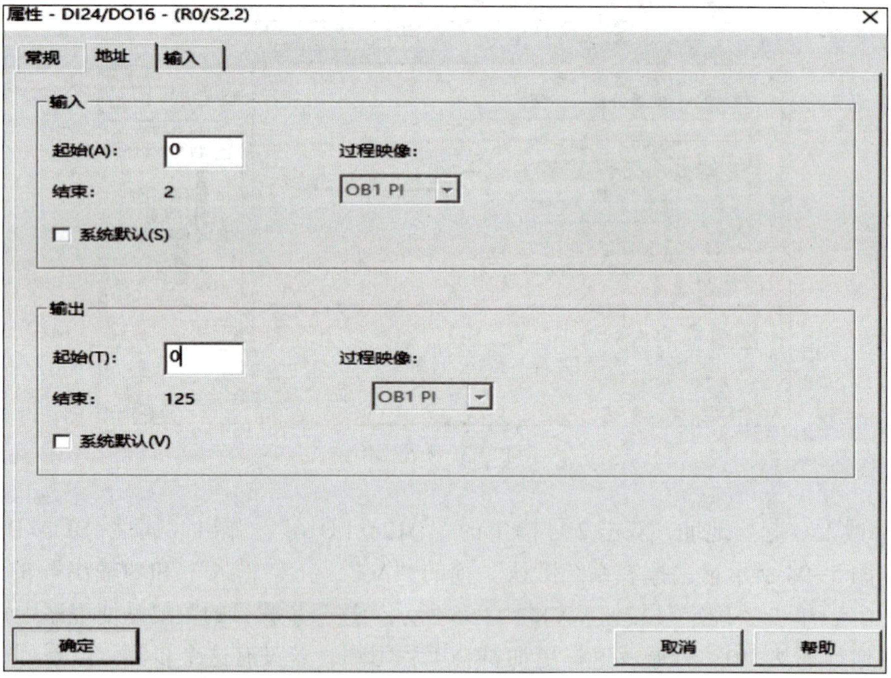

图 5-95　修改 I/O 起始地址（2）

⑨ 分配从站通信数据存储区。先选中 3 号站，展开项目"EM DP01 PROFIBUS-DP"，再双击"4 Bytes In/Out"，如图 5-97 所示。当然，也可以选择其他选项，这个选项的含义是：每次主站接收信息为 4 字节，发送的信息也为 4 字节。

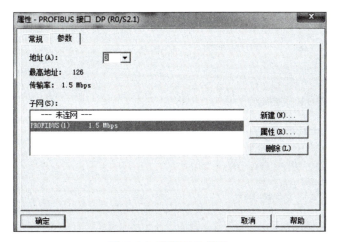

图 5-96　配置从站地址

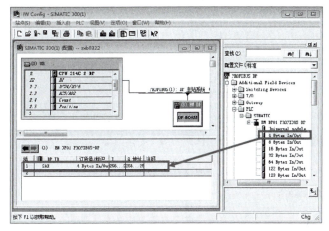

图 5-97　分配从站通信数据存储区

⑩ 设置周期存储器。双击 "CPU 314C-2DP"，打开属性界面，选中 "周期/时钟存储器" 选项卡，勾选 "时钟存储器"，输入 "100"，单击 "确定" 按钮即可，如图 5-98 所示。

3. 编写程序

① 编写主站的程序，按照以上步骤进行硬件组态后，主站和从站的通信数据发送区和接收数据区就可以进行数据通信了。主站和从站的发送区和接收数据区对应关系见表 5-21。

表 5-21　主站和从站的发送区和接收数据区对应关系

序号	主站 S7-300	对应关系	从站 S7-200
1	QD256	→	VD0
2	ID256	←	VD4

主站将信息存入 QD256 中，发送到从站的 VD0 数据存储区，那么主站的发送数据区为什么是 QD256 呢？因为 CPU 314C-2DP 自身是 16 点数字输出，占用了 QW0，因此不可能是 QD0（包含 QW0 和 QW2）。注意，务必要将组态后的硬件和编译后的程序全部下载到 PLC 中。梯形图程序如图 5-99 所示。

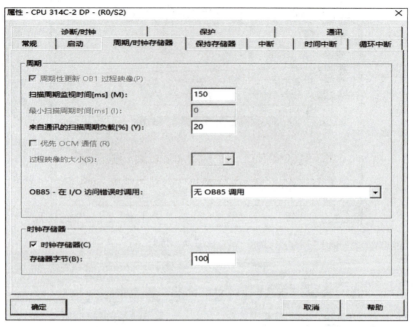

图 5-98　设置周期存储器

② 编写从站程序。打开软件 STEP 7 Micro/WINS MART2.5，在梯形图中输入如图 5-100 所示的程序，再将程序下载到从站 PLC 中。

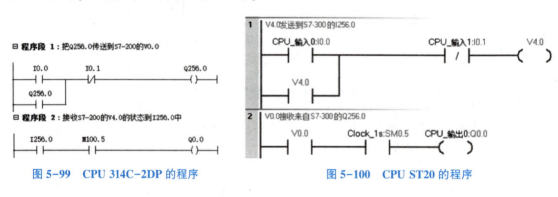

图 5-99　CPU 314C-2DP 的程序　　　　　　图 5-100　CPU ST20 的程序

4. 硬件连接

主站 CPU 314C-2DP 有两个 DB9 接口：一个是 MPI 接口，它主要用于下载程序（也可作为 MPI 通信使用）；另一个 DB9 接口是 DP 口，PROFIBUS 通信使用这个接口。从站为 CPU ST20+EM DP01，EM DP01 是 PROFIBUS 专用模块，这个模块上面的 DB9 接口为 DP 口。主站的 DP 口和从站的 DP 口用专用的 PROFIBUS 电缆与专用网络接头相连。

PROFIBUS 电缆是二线屏蔽双绞线，两根线为 A 线和 B 线，电线塑料皮上印刷有 A、B 字母，A 线与网络接头上的 A 端子相连，B 线与网络接头上的 B 端子相连即可。B 线实际与 DB9 的第 3 针相连，A 线实际与 DB9 的第 8 针相连。

注意：在前述的硬件组态中已经设定从站为第三站，因此，在通信前，必须要将 EM DP01 的"站号"选择旋钮旋转到"3"的位置，否则通信不能成功。从站网络连接器的终端电阻应置于"on"，如图 5-101 所示。若要置于"off"，只要将拨钮拨向"off"一侧即可。

图 5-101　网络连接器的终端电阻置于"on"

参 考 文 献

[1] 廖常初. S7-200 SMART PLC 应用教程 [M]. 北京：机械工业出版社，2019.

[2] 向晓汉. 西门子 PLC、触摸屏及变频器综合应用 [M]. 北京：化学工业出版社，2020.

[3] 汤晓华，蒋正炎. 现代电气控制系统安装与调试 [M]. 北京：中国铁道出版社，2017.

[4] 廖常初. 西门子工业通信网络组态编程与故障诊断 [M]. 北京：机械工业出版社，2013.

[5] 李永梅，张春洋，陈华源，等. 电气控制与 PLC 技术 [M]. 哈尔滨：哈尔滨工业大学出版社，2023.

[6] 韩相争. PLC 与触摸屏、变频器、组态软件应用一本通 [M]. 北京：化学工业出版社，2018.

[7] 向晓汉，王飞飞. 西门子 PLC 高级应用实例精解 [M]. 北京：机械工业出版社，2015.

[8] 周志敏，纪爱华. 西门子 S7-300/400 PLC 工程应用及故障处理 [M]. 北京：化学工业出版社，2013.

[9] 吴繁红. 西门子 S7-1200 PLC 应用技术项目教程 [M]. 北京：电子工业出版社，2021.

[10] 侍寿永，夏玉红. 西门子 S7-200 SMART PLC 编程及应用教程 [M]. 北京：机械工业出版社，2021.

[11] 吕汀，石红梅. 变频器技术原理与应用 [M]. 北京：机械工业出版社，2015.

现代电气控制系统安装与调试

——实训指导书

主　编　张小波　胡利军　方　掩

副主编　刘　山　徐国岩

目　　录

任务 1　电动机启停控制

一、实训目标

1. 德育目标
① 树立牢固的安全意识，严格遵循安全操作规程。
② 培养学生团队意识，学会沟通，能理解他人、信任他人。
③ 培养学生认真仔细、踏实肯干的工作作风。

2. 知识目标
① 知道 PLC 的定义、结构、特点及类型。
② 掌握西门子 PLC 的数据结构及软元件（I、Q、M、V）。
③ 理解 PLC 的工作过程及原理。
④ 熟练掌握西门子 PLC 的触点指令及其使用。

3. 技能目标
① 能够设计一键启停 PLC 程序。
② 能够独立完成本项目的电气原理图绘制及接线工艺。
③ 能够熟练应用西门子编程软件设计简单 PLC 程序。

二、软硬件配置

① YL-158GA1 可编程控制器实训装置一台。
② 西门子 S7-200 SMART SR40 主机单元实训模块一块。
③ 计算机（PC 机）；安装好 PLC 编程软件（STEP 7-Micro/WIN SMART）。
④ 屏蔽双绞线一条；编程电缆一条。
⑤ 三相异步电动机一台；安全连接导线若干。

三、控制要求

本任务通过 YL-158GA1 实训设备正面柜子上的按钮（SB1）实现对电动机启动和停止控制。具体动作为：按下设备正面柜子上的按钮（SB1），电动机持续运行，再次按下该按钮，电动机停止。即该按钮既有启动功能，也有停止功能。

电动机运行时，柜子上的指示灯 HL1 按照 2 Hz 的频率闪烁，而柜子上的 HL2 熄灭。

电动机停止时，柜子上的指示灯 HL2 按照 4 Hz 的频率闪烁，而柜子上的 HL1 熄灭。

IP 地址分配：

电脑 IP：192. 168. 2. 127。

PLC S7-200 SMART SR40：192. 168. 2. 12。

四、任务实施

本任务的工作任务有：

◆ 制订 I/O 分配表。

◆ 绘制电气原理图。

◆ 接线，电气故障检测。

◆ PLC 程序设计，系统调试运行。

1. I/O 分配表

根据本任务的控制要求，需要用到 1 个按钮、1 个接触器及 2 个信号指示灯。I/O 分配见表 1-1。

表 1-1　I/O 分配

序号	元器件	功能	地址
1	按钮 SB1	控制电动机 M1 启动和停止	I0.2
2	接触器 KM1	控制电动机 M2 主电路通断	Q0.2
3	信号灯 HL1	电动机 M2 运行状态指示	Q0.0
4	信号灯 HL2	电动机 M2 停止状态指示	Q0.1

2. 电气原理图（图 1-1）

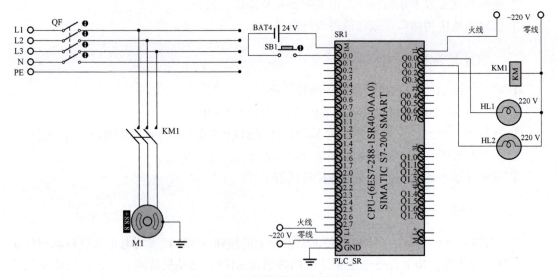

图 1-1　主电路及控制电路原理图

3. 电气接线与电路调试

（1）电气接线工艺

电气接线包含以下步骤：元器件布局、选择合适（颜色、线径）的电缆线、做线和接线，以及电气线路检测。具体要求如图 1-2 所示。

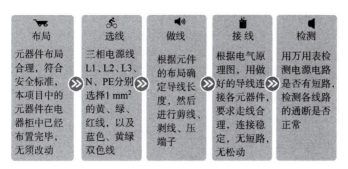

图 1-2　电气接线工艺

（2）做好安全措施（图 1-3）

图 1-3　安全措施

4. PLC 程序设计

包含项目创建，硬件组态、通信设置，PLC 程序编辑、编译及下载调试。本任务参考程序如下。

程序段 1、2（图 1-4）：一键启停 PLC 梯形图程序。

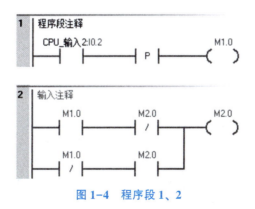

图 1-4　程序段 1、2

程序段 3（图 1-5）：电动机 M1 运行控制程序。

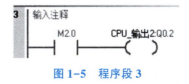

图 1-5　程序段 3

程序段 4（图 1-6）：设计 0.5 s 的信号（2 Hz）。

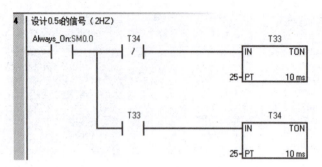

图 1-6 程序段 4

程序段 5（图 1-7）：设计 0.25 s 的信号（4 Hz）。

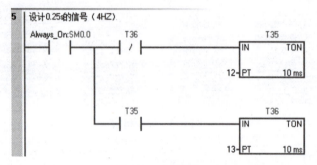

图 1-7 程序段 5

程序段 6（图 1-8）：设计电动机 M1 运行时，信号灯 HLI（Q0.0）的运行状态。

图 1-8 程序段 6

程序段 7（图 1-9）：设计电动机 M1 停转时，信号灯 HL2（Q0.1）的运行状态。

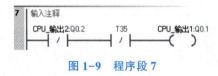

图 1-9 程序段 7

5. PLC 程序调试、运行

① PLC 梯形图程序编辑好后，在 STEP 7-Micro/WIN SMART 软件中进行编译，如有语法错误，根据输出窗口提示进行修改，直到无语法错误为止。

② 设置好 PLC 的 IP 地址，如 192.168.2.12，然后把编译好的 PLC 程序下载到 PLC 中，并且使 PLC 处于运行状态。

③ 操作按钮 SB1，观察电动机的运行状态和指示灯的状态，查看是否符合本任务的控制要求。

6. 评价测试（表 1-2）

表 1-2　评价测试表

评价载体	评价环节	评价内容	评价主体	评价分值	得分	备注
智慧课堂平台	课前	是否观看学习视频	平台	3		过程评价
		是否进行了课前测试	平台	3		过程评价
		对课前测试结果进行评分	教师	4		结果评价
	课中	出勤（平台或教师点名）	教师/平台	3		结果评价
		课堂活动的参与度（即时问答、讨论、头脑风暴、课堂测试等）	教师/平台	10		过程评价
		绘制电气原理图	教师/学生	4+6		结果/过程评价
		制订 I/O 分配表	教师/学生	4+6		结果/过程评价
	课后	作业完成情况	教师	5		结果评价
		拓展知识的学习和分享	教师/学生	5		过程评价
实训平台	课中	电气接线工艺、故障排除	教师/学生	5+6		结果/过程评价
		PLC 程序编辑编译、调试运行	教师/学生	5+6		结果/过程评价
	课后	拓展实践项目的实施	教师	5		结果评价
其他	德育元素	安全操作	教师	5		过程评价
		团队合作	教师	5		过程评价
		节能环保	教师	5		过程评价
		职业素养（专注、精益求精、吃苦耐劳等）	教师	5		过程评价
总计				100		

任务 2　电动机正反转控制

一、实训目标

1. 德育目标
① 树立牢固的安全意识，严格遵循安全操作规程。
② 培养学生团队意识，学会沟通，能理解他人、信任他人。
③ 培养学生细致专注、踏实勤奋的工匠精神。

2. 知识目标
① 熟练掌握西门子 PLC 的触点指令及其使用。
② 熟练掌握西门子 PLC 的置位/复位指令及其使用。
③ 熟练掌握西门子 PLC 的定时器/计数器指令及其使用。

3. 技能目标
① 能够设计"起保停" PLC 程序。
② 能够应用定时器/计数器指令设计信号发生器 PLC 程序。
③ 能够独立完成本项目电气原理图绘制及接线工艺。

二、软硬件配置

① YL-158GA1 可编程控制器实训装置一台。
② 西门子 S7-200 SMART SR40 主机单元实训模块一块。
③ 计算机（PC 机）；安装好 PLC 编程软件（STEP 7-Micro/WIN SMART）。
④ 屏蔽双绞线一条；编程电缆一条。
⑤ 三相异步电动机一台；安全连接导线若干。

三、控制要求

本任务通过 YL-158GA1 实训设备正面柜子上的按钮（SB1）实现对电动机正反转控制。具体动作为：按下设备正面柜子上的按钮（SB1），电动机持续运行，再次按下该按钮，电动机停止。即该按钮既有启动功能，也有停止功能。

按下正转按钮（SB1），电动机正转，此时 HL1 以 2 Hz 的频率闪烁；按下反转按钮（SB2），电动机反转，此时 HL2 以 4 Hz 的频率闪烁；运行过程中可随时停止。运行过程中，不可以在电动机的正反转之间直接切换。

IP 地址分配：

电脑 IP：192.168.2.127。

PLC S7-200 SMART SR40：192.168.2.12。

四、任务实施

本任务的工作任务有：

◆ 制订 I/O 分配表。

◆ 绘制电气原理图。

◆ 接线，电气故障检测。

◆ PLC 程序设计，系统调试运行。

1. I/O 分配表（表 2-1）

表 2-1　I/O 分配表

序号	元器件	功能	地址
1	按钮 SB1	控制 M1 正转启动	I0.0
2	按钮 SB2	控制 M1 反转启动	I0.1
3	按钮 SB3	停止	I0.2
4	接触器 KM1	控制 M1 正转主电路	Q0.3
5	接触器 KM2	控制 M1 反转主电路	Q0.4
6	信号灯 HL1	电动机 M1 运行状态指示	Q0.0
7	信号灯 HL2	电动机 M1 运行状态指示	Q0.1

2. 电气原理图（图 2-1）

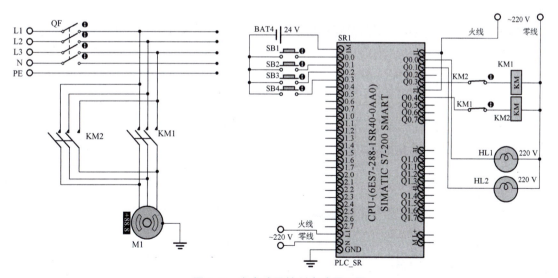

图 2-1　主电路及控制电路原理图

3. 电气接线与电路调试

（1）电气接线工艺

电气接线包含以下步骤：元器件布局、选择合适（颜色、线径）的电缆线、做线和接线，以及电气线路检测。具体要求如图 2-2 所示。

图 2-2　电气接线工艺

（2）做好安全措施（图 2-3）

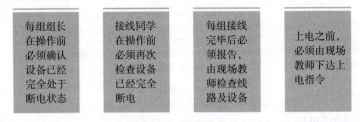

图 2-3　安全措施

4. PLC 程序设计

包含项目创建，硬件组态、通信设置，PLC 程序编辑、编译及下载调试。本任务参考程序如下。

程序段 1（图 2-4）：采用启保停思想设计了电动机正转启动程序，I0.0 为本地（控制柜）启动。10.2 为控制柜上的停止按钮。常闭触点 Q0.4 为反转接触器的互锁。

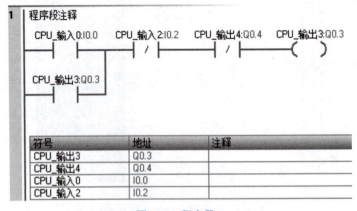

图 2-4　程序段 1

程序段 2（图 2-5）：采用启保停思想设计了电动机反转启动程序，I0.1 为本地（控制柜）启动，10.2 为控制柜上的停止按钮。常闭触点 Q0.3 为反转接触器的互锁。

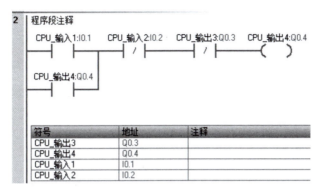

图 2-5　程序段 2

程序段 3（图 2-6）：通过 2 个定时器（T33、T34）设计 2 Hz 的信号。

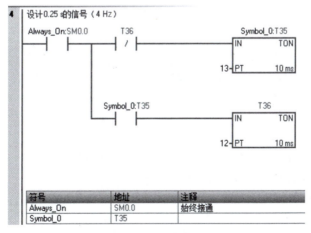

图 2-6　程序段 3

程序段 4（图 2-7）：通过 2 个定时器（T35、T36）设计 4 Hz 的信号。

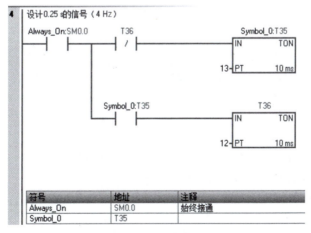

图 2-7　程序段 4

程序段 5（图 2-8）：信号灯 HL1（Q0.0）的运行，正转时（Q0.3＝1），HL1 以 2 Hz 频率闪烁。

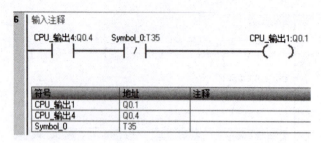

图 2-8　程序段 5

程序段 6（图 2-9）：信号灯 HL2（Q0.1）的运行，反转时（Q0.4＝1），HL2 以 4 Hz 频率闪烁。

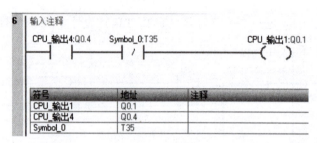

图 2-9　程序段 6

5. PLC 程序调试、运行

① PLC 梯形图程序编辑好后，在 STEP 7-Micro/WIN SMART 软件中进行编译，如有语法错误，根据输出窗口提示进行修改，直到无语法错误为止。

② 设置好 PLC 的 IP 地址，如 192.168.2.12，然后把编译好的 PLC 程序下载到 PLC 中，并且使 PLC 处于运行状态。

③ 操作按钮 SB1、SB2，观察电动机的运行状态和指示灯的状态，查看是否符合本任务的控制要求。

6. 评价测试（表 2-2）

表 2-2　评价测试表

评价载体	评价环节	评价内容	评价主体	评价分值	得分	备注
智慧课堂平台	课前	是否观看学习视频	平台	3		过程评价
		是否进行了课前测试	平台	3		过程评价
		对课前测试结果进行评分	教师	4		结果评价
	课中	出勤（平台或教师点名）	教师/平台	3		结果评价
		课堂活动的参与度（即时问答、讨论、头脑风暴、课堂测试等）	教师/平台	10		过程评价
		绘制电气原理图	教师/学生	4+6		结果/过程评价
		制订 I/O 分配表	教师/学生	4+6		结果/过程评价
	课后	作业完成情况	教师	5		结果评价
		拓展知识的学习和分享	教师/学生	5		过程评价

评价载体	评价环节	评价内容	评价主体	评价分值	得分	备注
实训平台	课中	电气接线工艺、故障排除	教师/学生	5+6		结果/过程评价
		PLC 程序编辑编译、调试运行	教师/学生	5+6		结果/过程评价
	课后	拓展实践项目的实施	教师	5		结果评价
其他	德育元素	安全操作	教师	5		过程评价
		团队合作	教师	5		过程评价
		节能环保	教师	5		过程评价
		职业素养（专注、精益求精、吃苦耐劳等）	教师	5		过程评价
总计				100		

任务3 电动机双速控制

一、实训目标

1. 德育目标
① 树立牢固的安全意识，严格遵循安全操作规程。
② 培养学生团队意识，学会沟通，能理解他人、信任他人。
③ 培养学生谦虚好学、严谨务实的学习态度。

2. 知识目标
① 熟练掌握西门子 PLC 的定时器/计数器指令及其使用。
② 熟练掌握西门子 PLC 的比较指令及其使用。
③ 熟练掌握西门子 PLC 的传送指令及其使用。

3. 技能目标
① 掌握初始化及具备复位功能的 PLC 程序设计。
② 掌握本项目电气原理图设计及接线工艺。
③ 能够应用传送和比较指令设计 PLC 程序。

二、软硬件配置

① YL-158GA1 可编程控制器实训装置一台。
② 西门子 S7-200 SMART SR40 主机单元实训模块一块。
③ 计算机（PC 机）；安装好 PLC 编程软件（STEP 7-Micro/WIN SMART）。
④ 屏蔽双绞线一条；编程电缆一条。
⑤ 三相异步电动机一台；安全连接导线若干。

三、控制要求

本任务通过 PLC 控制三相异步电动机的低速/高速运行，运行规律为：按下启动按钮（SB1），电动机按照低速（4 s）—停止（1 s）—高速（6 s）—停止（1 s）—低速（4 s）的规律自动运行 3 次。电动机高速运行时，HL1 以 1 Hz 的频率闪烁，电动机低速运行时 HL2 以 2 Hz 的频率闪烁，电动机停止时，HL1、HL2 以 4 Hz 的频率闪烁。运行过程中，可随时暂停和复位。

IP 地址分配：
电脑 IP：192.168.2.127。
PLC S7-200 SMART SR40：192.168.2.12。

四、任务实施

本任务的工作任务有：

◆ 制订 I/O 分配表。

◆ 绘制电气原理图。

◆ 接线，电气故障检测。

◆ PLC 程序设计，系统调试运行。

1. I/O 分配表（表 3–1）

表 3–1 I/O 分配表

序号	元器件	功能	地址
1	按钮 SB1	启动	I0.0
2	按钮 SB2	暂停	I0.1
3	按钮 SB3	复位	I0.2
4	接触器 KM5	控制 M3 低速运行	Q0.5
5	接触器 KM6	控制 M3 高速运行	Q0.6
6	信号灯 HL1	电动机 M1 运行状态指示	Q0.0
7	信号灯 HL2	电动机 M1 运行状态指示	Q0.1

2. 电气原理图（图 3–1）

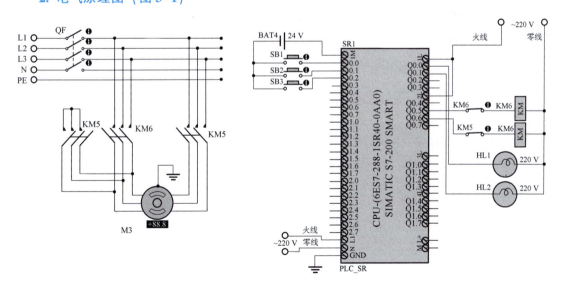

图 3–1 主电路与控制电路原理图

3. 电气接线与电路调试

（1）电气接线工艺

电气接线包含以下步骤：元器件布局、选择合适（颜色、线径）的电缆线、做线和接线，以及电气线路检测。具体要求如图 3-2 所示。

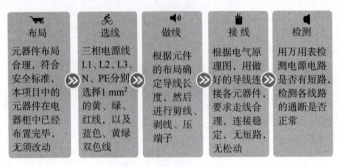

图 3-2　电气接线工艺

（2）做好安全措施（图 3-3）

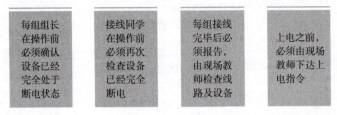

图 3-3　安全措施

4. PLC 程序设计

包含项目创建，硬件组态、通信设置，PLC 程序编辑、编译及下载调试。本任务参考程序如下。

程序段 1（图 3-4）：上电复位及手动复位，对 VW206（运行次数）、定时器 T10 及 PLC 的输出端子进行清零操作。

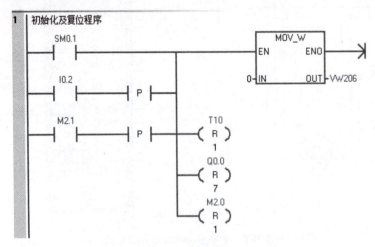

图 3-4　程序段 1

程序段 2（图 3-5）：启动电动机操作，常闭触点 M2.1 表示运行次数达到时自动关闭电动机。

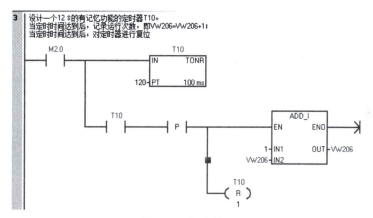

图 3-5　程序段 2

程序段 3（图 3-6）：电动机启动时，定时器 T10 开始工作，该定时器设置的时间为 12 s，当到达设置时间瞬间，立即对该定时器复位，表示电动机运行完一个周期，同时使用 ADD_I 指令进行加 1 运算，记录运行次数，存放在变量 VW206 中。

图 3-6　程序段 3

程序段 4（图 3-7）：电动机启动时，M2.0 接通，电动机运行时间由比较指令确定，当 $0<T10\leq40$ 时，Q0.5 接通，电动机低速运行；当 $50\leq T10\leq110$ 时，Q0.6 接通，电动机高速运行。

图 3-7　程序段 4

程序段 5（图 3-8）：设置运行次数达到标志 M2.1=1。

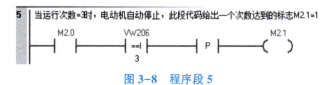

图 3-8　程序段 5

程序段 6（图 3-9）：采用定时器 T33、T34 设计 2 Hz 的信号。

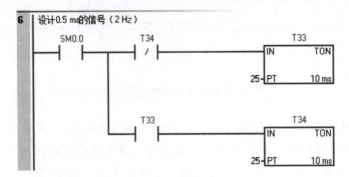

图 3-9　程序段 6

程序段 7（图 3-10）：采用定时器 T35、T36 设计 4 Hz 的信号。

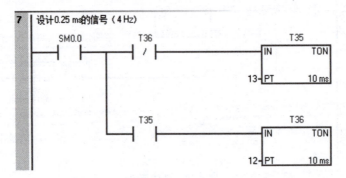

图 3-10　程序段 7

程序段 8（图 3-11）：电动机高速运行时，HL1 以 1 Hz 的频率闪烁；停止时，HL1 以 4 Hz的频率闪烁。

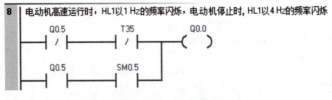

图 3-11　程序段 8

程序段 9（图 3-12）：电动机低速运行时，HL2 以 2 Hz 的频率闪烁；停止时，HL2 以 4 Hz的频率闪烁。

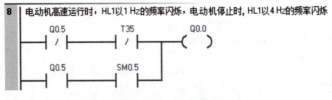

图 3-12　程序段 9

5. PLC 程序调试、运行

① PLC 梯形图程序编辑好后，在 STEP 7-Micro/WIN SMART 软件中进行编译，如有语法错误，根据输出窗口提示进行修改，直到无语法错误为止。

② 设置好 PLC 的 IP 地址，如 192.168.2.12，然后把编译好的 PLC 程序下载到 PLC 中，并且使 PLC 处于运行状态。

③ 操作按钮 SB1、SB2、SB3，观察电动机的运行状态和指示灯的状态，查看是否符合本任务的控制要求。

6. 评价测试（表 3-2）

表 3-2　评价测试表

评价载体	评价环节	评价内容	评价主体	评价分值	得分	备注
智慧课堂平台	课前	是否观看学习视频	平台	3		过程评价
		是否进行了课前测试	平台	3		过程评价
		对课前测试结果进行评分	教师	4		结果评价
	课中	出勤（平台或教师点名）	教师/平台	3		结果评价
		课堂活动的参与度（即时问答、讨论、头脑风暴、课堂测试等）	教师/平台	10		过程评价
智慧课堂平台	课中	绘制电气原理图	教师/学生	4+6		结果/过程评价
		制订 I/O 分配表	教师/学生	4+6		结果/过程评价
	课后	作业完成情况	教师	5		结果评价
		拓展知识的学习和分享	教师/学生	5		过程评价
实训平台	课中	电气接线工艺、故障排除	教师/学生	5+6		结果/过程评价
		PLC 程序编辑编译、调试运行	教师/学生	5+6		结果/过程评价
	课后	拓展实践项目的实施	教师	5		结果评价
其他	德育元素	安全操作	教师	5		过程评价
		团队合作	教师	5		过程评价
		节能环保	教师	5		过程评价
		职业素养（专注、精益求精、吃苦耐劳等）	教师	5		过程评价
		总计		100		

任务4　2个电动机运动控制

一、实训目标

1. 德育目标
① 树立牢固的安全意识，严格遵循安全操作规程。
② 培养学生团队意识，学会沟通，能理解他人、信任他人。
③ 培养学生做事细致，守制度，形成规矩意识，做一个有素质的人。

2. 知识目标
① 熟练掌握西门子 PLC 的比较指令及传送指令的使用。
② 初步学会使用触摸屏创建项目。
③ 掌握西门子 PLC 的整数运算指令中的加法指令的应用。
④ 能够使用触摸屏的标签、标准按钮控件设计静态标签及按钮。

3. 技能目标
① 能够应用 MCGS 软件设计本任务控制界面。
② 能够独立完成本项目电气原理图绘制及接线工艺。
③ 能够完成本任务 PLC 程序编辑编译，下载调试。

二、软硬件配置

① YL-158GA1 可编程控制器实训装置一台。
② 西门子 S7-200 SMART SR40 主机单元实训模块一块。
③ 计算机（PC 机）；安装好 PLC 编程软件（STEP 7-Micro/WIN SMART）。
④ 屏蔽双绞线一条；编程电缆一条。
⑤ 三相异步电动机 2 台；安全连接导线若干。

三、控制要求

触摸屏控制画面按照图 4-1 所示进行设计。

本任务中，控制 2 台电动机的运动，但每次只能让一台电动机运行。需要在触摸屏的下拉框中选择操作哪台电动机。

1. 电动机 M1 的动作

按下启停按钮（触摸屏或柜子上的 SB1），M1 正转 6 s—停 2 s—反转 4 s—停 2 s—正转 6 s—停 2 s—，如此周而复始。

运行过程中，按下启停按钮，M1 停止，再次按下该按钮时，从当前时间继续运行。运行过程中，按下复位按钮，电动机停止，再次按下启停按钮时，电动机重新开始运行。

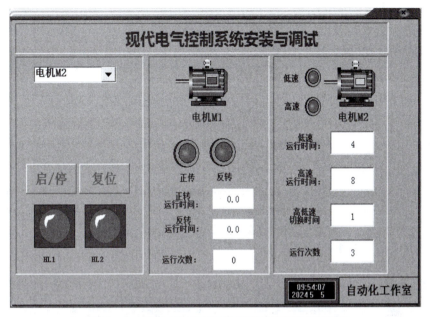

图 4-1　2 个电动机运动控制触摸屏画面设计样图

电动机正转时，触摸屏正转指示灯常亮，同时触摸屏中的 HL1 和柜子上的 HL1 以闪烁 3 次（闪烁频率为 2 Hz）—停 2 s 规律运行；反转时，触摸屏反转指示灯常亮，同时触摸屏中的 HL2 和柜子上的 HL2 以闪烁 4 次（闪烁频率为 4 Hz）—停 2 s 规律运行。

在触摸屏中实时显示正转运行时间、反转运行时间和运行次数。

2. 电动机 M2 的动作

电动机 M2 运行时，先要在触摸屏中设置低速运行时间、高速运行时间及运行次数。

按下启停按钮，电动机 M2 按照低速—停—高速—停的规律反复运行，当运行次数达到时，电动机自动停止。

电动机高速运行时，HL1 以闪烁 4 次（闪烁频率为 2 Hz）—停 2 s 的规律运行，电动机低速运行时，HL2 以闪烁 3 次（闪烁频率为 2 Hz）—停 2 s 的规律运行。运行过程中，可随时暂停和复位。标签"现代电气控制系统安装与调试"能够左右移动。

IP 地址分配：

电脑 IP：192.168.2.127。

触摸屏：192.168.2.11。

PLC S7-200 SMART SR40：192.168.2.12。

四、任务实施

本任务的工作任务有：

◆ 制订 I/O 分配表。

◆ 绘制电气原理图。

◆ 接线，电气故障检测。

◆ PLC 程序设计，系统调试运行。

1. I/O 分配表（表4-1）

表 4-1　I/O 分配表

序号	元器件	功能	地址	触摸屏关联变量
1	按钮 SB1	启动/暂停	I0.0	V10.0
2	按钮 SB2	复位	I0.1	V10.1
3	接触器 KM2	控制 M2 正转	Q0.3	正转
4	接触器 KM3	控制 M2 反转	Q0.4	反转
5	接触器 KM5	控制 M3 低速运行	Q0.5	低速
6	接触器 KM6	控制 M3 高速运行	Q0.6	高速
7	信号灯 HL1	电动机 M1 运行状态指示	Q0.0	HL1
8	信号灯 HL2	电动机 M1 运行状态指示	Q0.1	HL2

2. 电气原理图（图4-2）

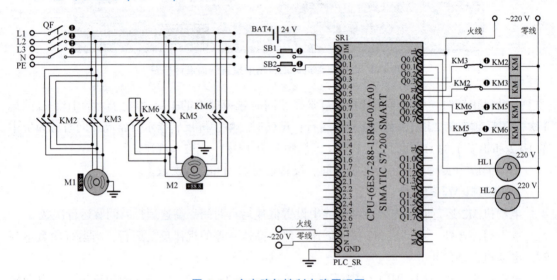

图 4-2　主电路与控制电路原理图

3. 电气接线与电路调试

（1）电气接线工艺

电气接线包含以下步骤：元器件布局、选择合适（颜色、线径）的电缆线、做线和接线，以及电气线路检测。具体要求如图4-3所示。

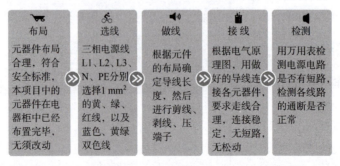

图 4-3　电气接线工艺

（2）做好安全措施（图 4-4）

每组组长在操作前必须确认设备已经完全处于断电状态

接线同学在操作前必须再次检查设备已经完全断电

每组接线完毕后必须报告，由现场教师检查线路及设备

上电之前，必须由现场教师下达上电指令

图 4-4　安全措施

4. 触摸屏设计

（1）画面设计（图 4-1）

（2）变量设计（表 4-2）

表 4-2　触摸屏变量

序号	控件	变量名称	变量类型	与 PLC SR40 关联变量	备注
1	按钮 1	启动/暂停	开关量	V10.0	
2	按钮 2	复位	开关量	V10.1	
3	指示灯 HL1	HL1	开关量	Q0.0	
4	指示灯 HL2	HL2	开关量	Q0.1	
5	指示灯-正转	正转	开关量	Q0.3	
6	指示灯-反转	反转	开关量	Q0.4	
7	指示灯-低速	低速	开关量	Q0.5	
8	指示灯-高速	高速	开关量	Q0.6	
9	电动机 M1	M1	开关量	—	
10	电动机 M2	M2	开关量	—	
11	显示框 1	t11	数值	VW30	正转运行时间
12	显示框 2	t12	数值	VW32	反转运行时间
13	显示框 3	n	数值	VW34	运行次数
14	输入框 1	data1	数值	VW70	设置低速运行时间
15	输入框 2	data2	数值	VW72	设置高速运行时间
16	输入框 3	data3	数值	VW74	设置切换运行时间
17	输入框 4	n1	数值	VW76	设置运行次数
18	下拉框 ID	Count	数值	VW78	
19	标签	flag, move			

（3）策略及脚本语言设计

① "现代电气控制系统安装与调试" 左右循环移动的策略。

策略类型：循环策略。

循环策略的循环时间：100 ms。

脚本语言：

```
IF move=-200    THEN flag=0
IF move=200 THEN flag=1
IF flag=0      THEN move=move+1
IF flag=1      THEN move=move-1
```

② 下拉框设置。

在 "基本属性" 中，设置 "ID 号关联" 为 count，这是一个数值型变量。在 "选项设置" 中，设置为无、电动机 M1、电动机 M2。具体设置如图 4-5 所示。

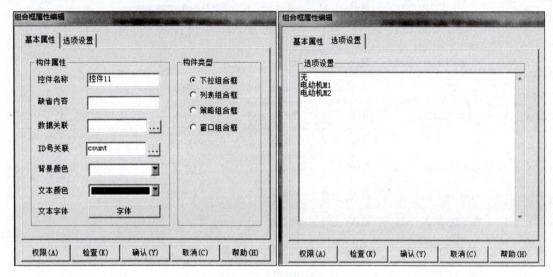

图 4-5　下拉框的设计

③ 电动机矩形窗口颜色动画设计。

当在下拉框中选择电动机 M1/M2 时，触摸屏中的电动机矩形框显示绿色，否则是红色，表示该电动机是需要调试的。其后台运行策略为循环策略，设计如下。

策略类型：循环策略。

循环策略的循环时间：100 ms。

脚本语言：

```
IF count=1 THEN
    M1 =1
ELSE
    M1 =0
ENDIF
```

（4）设备连接（图 4-6）

设备属性名	设备属性值
初始工作状态	1 - 启动
最小采集周期(ms)	100
TCP/IP通讯延时	200
重建TCP/IP连接等待时间[s]	10
机架号[Rack]	0
槽号[Slot]	2
快速采集次数	0
本地IP地址	192.168.2.11
本地端口号	3000
远端IP地址	192.168.2.12
远端端口号	102

索引	连接变量	通道名称	通道处理
0000		通讯状态	
0001		读写I000.0	
0002		读写I000.1	
0003		读写I000.2	
0004		读写I000.3	
0005		读写I000.4	
0006		读写I000.5	
0007		读写I000.6	
0008		读写I000.7	
0009	HL1	读写Q000.0	
0010	HL2	读写Q000.1	
0011	正转	读写Q000.3	
0012	反转	读写Q000.4	
0013	低速	读写Q000.5	
0014	高速	读写Q000.6	
0015	启停	读写V010.0	
0016	复位	读写V010.1	
0017	t11	读写VWUB030	
0018	t12	读写VWUB032	
0019	n	读写VWUB034	
0020	data1	读写VWUB070	
0021	data2	读写VWUB072	
0022	data3	读写VWUB074	
0023	n1	读写VWUB076	
0024	count	读写VWUB078	

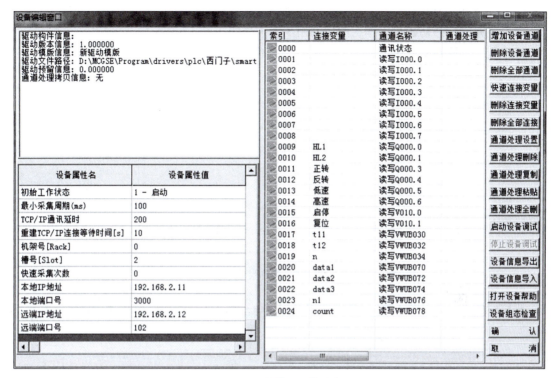

图 4-6　触摸屏设备连接

4. PLC 程序设计

PLC 程序设计主要包含项目创建，硬件组态、通信设置，PLC 程序编辑、编译及下载调试。本任务参考程序如下。

首先创建符号表，如图 4-7 所示。

	符号	地址	注释
1	KM2	V20.0	
2	KM3	V20.1	
3	KM4	V20.3	
4	KM5	V20.4	
5	HL1	V21.0	
6	HL2	V21.1	
7	启停	V10.0	
8	复位	V10.1	
9	正转时间	VW30	
10	反转时间	VW32	
11	M1运行次数	VW34	
12	低速运行时间	VW70	
13	高速运行时间	VW72	
14	切换时间	VW74	
15	M2运行次数	VW76	

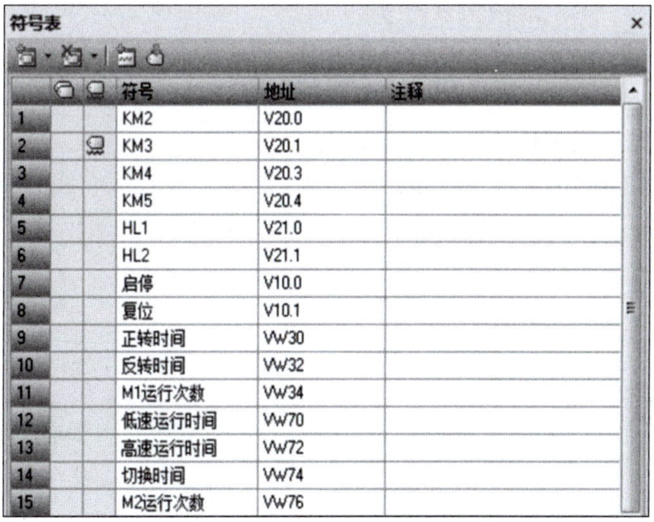

图 4-7　创建符号表

本项目设计了 3 个子程序和 1 个主程序。

（1）主程序：MAIN

主程序完成一些初始化工作，然后调用 3 个子程序。

程序段 1（图 4-8）：复位操作，包含上电复位、手动主动复位，主要对定时器 T5、T6、T7，以及变量 VW300、M1 运行时间、正转时间、反转时间进行清零。

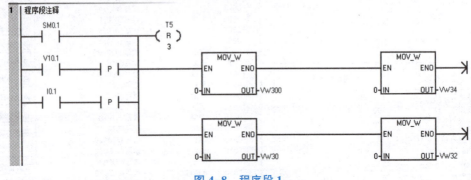

图 4-8　程序段 1

程序段 2、3、4（图 4-9）：分别调用子程序电动机 M1、电动机 M2、指示灯。

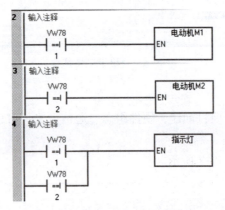

图 4-9　程序段 2、3、4

（2）子程序：电动机 M1

程序段 1、2（图 4-10）：实现一键启停功能，启停状态存放在线圈 M2.1 中。

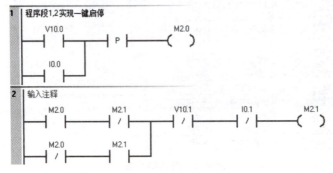

图 4-10　程序段 1、2

程序段 3（图 4-11）：电动机启动时，常开触点 M2.1 接通，定时器 T5 开始工作，该定时器设定时间是 14 s，当设定时间到达瞬间，定时器 T5 立即复位，同时变量 M1 运行次数自动+1，记录电动机运行次数。

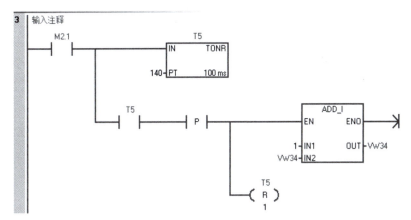

图 4-11　程序段 3

程序段 4（图 4-12）：电动机正转 6 s，用定时器 T6 记录运行时间，并把该时间传送给变量 VW30（正转时间），在触摸屏上实时显示。

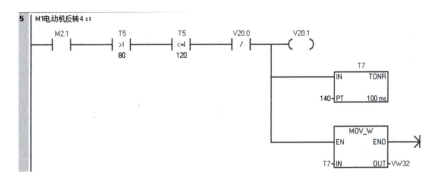

图 4-12　程序段 4

程序段 5（图 4-13）：电动机反转 4 s，用定时器 T7 记录运行时间，并把该时间传送给变量 VW32（反转时间），在触摸屏上实时显示。

图 4-13　程序段 5

程序段 6、7（图 4-14）：PLC 输出端子 Q0.3、Q0.4 得电，电动机正转/反转。

图 4-14   程序段 6、7

（3）子程序：电动机 M2

程序段 1、2（图 4-15）：实现一键启停功能，启停状态存放在线圈 M2.1 中。

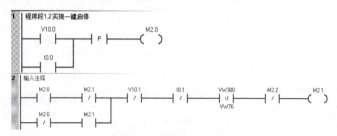

图 4-15   程序段 1、2

程序段 3（图 4-16）：电动机启动瞬间，线圈 M2.1 得电，其常开触点接通，此时，对触摸屏上设置的 3 个时间（低速运行时间 VW70、高低速切换时间 VW74、高速运行时间 VW72）进行加法处理，得到一个总时间 VW206（VW206＝VW70+VW74+VW72+VW74）。

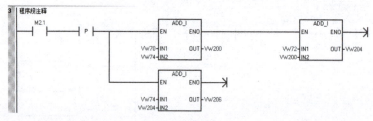

图 4-16   程序段 3

程序段 4（图 4-17）：电动机运行时，即 M2.1＝1，定时器 T6 开始工作，当定时器到达设定的时间时，立即自身复位，同时变量 V300 自动加 1，该变量用于记录电动机运行次数；当实际运行次数与触摸屏设定的运行次数相等时，定时器 T6 复位，线圈瞬间 M2.2 得电，在程序段 2 中常闭触点 M2.2 立即断开程序，线圈 M.1 失电，系统停止运行。

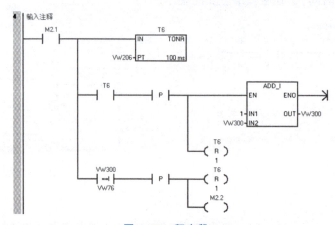

图 4-17   程序段 4

程序段 5（图 4-18）：常开触点 M2.1 接通时，当定时器 0<T6≤VW70 时，线圈 KM4 得电。

图 4-18　程序段 5

程序段 6（图 4-19）：常开触点 M2.1 接通时，当定时器 VW200<T6≤VW204 时，线圈 KM5 得电。

图 4-19　程序段 6

程序段 7、8（图 4-20）：KM4 接通时，电动机低速运行；KM5 接通时，电动机高速运行。

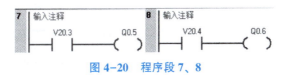

图 4-20　程序段 7、8

（4）子程序：指示灯

程序段 1（图 4-21）：采用定时器 T33、T34 设计 2 Hz 的信号。

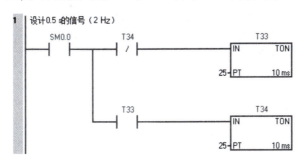

图 4-21　程序段 1

程序段 2（图 4-22）：采用定时器 T35、T36 设计 4 Hz 的信号。

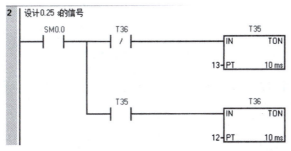

图 4-22　程序段 2

程序段 3（图 4-23）：采用定时器 T37、T38 设计 3.5 s 的信号。

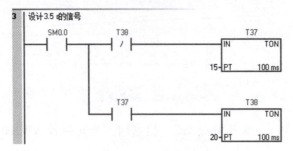

图 4-23　程序段 3

程序段 4（图 4-24）：采用定时器 T39、T40 设计 3 s 的信号。

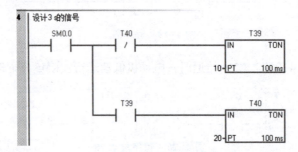

图 4-24　程序段 4

程序段 5（图 4-25）：

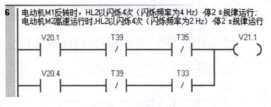

图 4-25　程序段 5

程序段 6（图 4-26）：

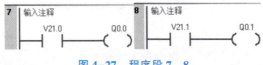

图 4-26　程序段 6

程序段 7、8（图 4-27）：V21.0、V21.1 分别控制 Q0.0、Q0.1 所连接的指示灯的闪烁。

图 4-27　程序段 7、8

5. PLC 程序调试、运行

① PLC 梯形图程序编辑好后，在 STEP 7-Micro/WIN SMART 软件中进行编译，如有语法错误，根据输出窗口提示进行修改，直到无语法错误为止。

② 设置好 PLC 的 IP 地址，如 192.168.2.12，然后把编译好的 PLC 程序下载到 PLC 中，并且使 PLC 处于运行状态。

③ 配合触摸屏上的下拉框、输入框，根据控制要求，操作相关按钮，观察电动机的运行状态和指示灯的状态，查看是否符合本任务的控制要求。

6. 评价测试（表 4-3）

表 4-3　评价测试表

评价载体	评价环节	评价内容	评价主体	评价分值	得分	备注
智慧课堂平台	课前	是否观看学习视频	平台	3		过程评价
		是否进行了课前测试	平台	3		过程评价
		对课前测试结果进行评分	教师	4		结果评价
智慧课堂平台	课中	出勤（平台或教师点名）	教师/平台	3		结果评价
		课堂活动的参与度（即时问答、讨论、头脑风暴、课堂测试等）	教师/平台	10		过程评价
		绘制电气原理图	教师/学生	4+6		结果/过程评价
		制订 I/O 分配表	教师/学生	4+6		结果/过程评价
	课后	作业完成情况	教师	5		结果评价
		拓展知识的学习和分享	教师/学生	5		过程评价
实训平台	课中	电气接线工艺、故障排除	教师/学生	5		结果/过程评价
		触摸屏画面、动画及脚本程序	教师/学生	6		结果/过程评价
		PLC 程序编辑编译、调试运行	教师/学生	5+6		结果/过程评价
	课后	拓展实践项目的实施	教师	5		结果评价
其他	德育元素	安全操作	教师	5		过程评价
		团队合作	教师	5		过程评价
		节能环保	教师	5		过程评价
		职业素养（专注、精益求精、吃苦耐劳等）	教师	5		过程评价
总计				100		

任务 5　3个电动机运动控制 1

一、实训目标

1. 德育目标
① 树立牢固的安全意识，严格遵循安全操作规程。
② 培养学生团队意识，学会沟通，能理解他人、信任他人。
③ 培养学生做事细致、守制度，形成规矩意识，做一个有素质的人。

2. 知识目标
① 熟练掌握西门子 PLC 的比较指令及传送指令的使用。
② 初步学会使用触摸屏创建项目。
③ 掌握西门子 PLC 的整数运算指令中的加法指令的应用。
④ 能够使用触摸屏的标签、标准按钮控件设计静态标签及按钮。

3. 技能目标
① 能够应用 MCGS 软件设计本任务控制界面。
② 能够独立完成本项目电气原理图绘制及接线工艺。
③ 能够完成本任务 PLC 程序编辑编译、下载调试。

二、软硬件配置

① YL-158GA1 可编程控制器实训装置一台。
② 西门子 S7-200 SMART SR40 主机单元实训模块一块。
③ 计算机（PC 机）；安装好 PLC 编程软件（STEP 7-Micro/WIN SMART）。
④ 昆仑通泰触摸屏，电脑安装了 MCGS 软件。
⑤ 屏蔽双绞线一条；编程电缆一条。
⑥ 三相异步电动机 3 台，其中一台为双速电动机；安全连接导线若干。

三、控制要求

触摸屏控制画面按照图 5-1 所示进行设计。
设计一简单的 PLC 控制系统，该系统能实现对 3 台三相异步电动机的运行控制。
M1 为正反转电动机（顺时针为正）；M2 为单向运行电动机；M3 为双速电动机。
具体控制步骤为：
① 按下按钮（SB1）或触摸屏中的启动按钮。
电动机 M1 按照正转 10 s—停 3 s—反转 10 s—停 3 s 的规律运行 2 次后自动停止。
电动机 M2 在电动机 M1 自动停止后，以运行 8 s—停 2 s 的规律运行 3 次后自动停止。

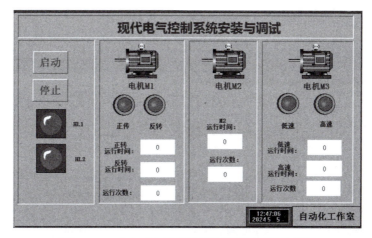

图 5-1 3 个电动机运动控制触摸屏画面设计样图

电动机 M3 在电动机 M2 自动停止后，以低速运行 4 s—高速运行 6 s—低速运行 4 s—高速运行 6 s 这样低高速交替运行 3 次后自动停止。

② 按下按钮（SB2）或触摸屏中的停止按钮，电动机 M1、M2、M3 立即停止。再次按下按钮（SB1）或触摸屏中的停止按钮，控制系统按照步骤①重新运行。

③ 电动机正转时，触摸屏正转指示灯常亮，同时触摸屏中的 HL1 和柜子上的 HL1 以闪烁 3 次（闪烁频率为 2 Hz）—停 2 s 规律运行；反转时，触摸屏反转指示灯常亮，同时触摸屏中的 HL2 和柜子上的 HL2 以闪烁 4 次（闪烁频率为 4 Hz）—停 2 s 规律运行。

④ 电动机高速运行时，触摸屏高速指示灯常亮，HL1 以闪烁 4 次（闪烁频率为 2 Hz）—停 2 s 的规律运行；电动机低速运行时，触摸屏低速指示灯常亮，HL2 以闪烁 2 次（闪烁频率为 2 Hz）—停 2 s 的规律运行。

⑤ 在触摸屏中实时显示 M1 正转运行时间、反转运行时间及运行次数；在触摸屏中实时显示 M2 电动机的运行时间和运行次数；在触摸屏中实时显示 M3 电动机高速和低速运行时间及运行次数。

⑥ 标签"现代电气控制系统安装与调试"能够左右移动。

IP 地址分配：

电脑 IP：192.168.2.127。

触摸屏：192.168.2.11。

PLC S7-200 SMART SR40：192.168.2.12。

四、任务实施

本任务的工作任务有：

◆ 制订 I/O 分配表。

◆ 绘制电气原理图。

◆ 接线，电气故障检测。

◆ 触摸屏界面设计。

◆ PLC 程序设计，系统调试运行。

1. I/O 分配表（表 5-1）

表 5-1 I/O 分配表

序号	元器件	功能	地址	触摸屏关联变量
1	按钮 SB1	启动	I0.2	V10.0
2	按钮 SB2	停止	I0.3	V10.1
3	接触器 KM1	控制 M1 正转	Q0.1	KM1
4	接触器 KM2	控制 M1 反转	Q0.2	KM2
5	接触器 KM3	控制 M2 运行	Q0.0	KM3
6	接触器 KM4	控制 M3 低速运行	Q0.4	KM4
7	接触器 KM5	控制 M3 高速运行	Q0.5	KM5
8	信号灯 HL1	电动机运行状态指示	Q1.0	HL1
9	信号灯 HL2	电动机运行状态指示	Q1.1	HL2

2. 电气原理图（图 5-2、图 5-3）

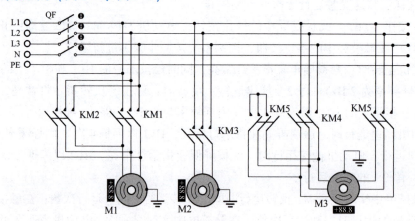

图 5-2 主电路

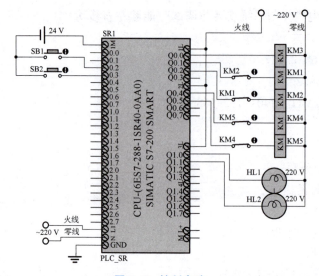

图 5-3 控制电路

3. 电气接线与电路调试

（1）电气接线工艺

电气接线包含以下步骤：元器件布局、选择合适（颜色、线径）的电缆线、做线和接线，以及电气线路检测。具体要求如图5-4所示。

图 5-4　电气接线工艺

（2）做好安全措施（图5-5）

| 每组组长在操作前必须确认设备已经完全处于断电状态 | 接线同学在操作前必须再次检查设备已经完全断电 | 每组接线完毕后必须报告，由现场教师检查线路及设备 | 上电之前，必须由现场教师下达上电指令 |

图 5-5　安全措施

4. 触摸屏设计

（1）画面设计（参考图5-1）

（2）变量设计（表5-2）

表 5-2　触摸屏变量设计表

序号	控件	变量或表达式	变量类型	PLC 关联变量	备注
1	按钮1	启动	开关量	V10.0	
2	按钮2	停止	开关量	V10.1	
3	指示灯 HL1	HL1	开关量	V21.0	
4	指示灯 HL2	HL2	开关量	V21.1	
5	指示灯-正转	KM1	开关量	V20.0	
6	指示灯-反转	KM2	开关量	V20.1	
7	指示灯-低速	KM4	开关量	V20.3	
8	指示灯-高速	KM5	开关量	V20.4	
9	电动机 M1	KM1 或 KM2	开关量		
10	电动机 M2	KM3	开关量	V20.5	
11	电动机 M3	KM4 或 KM5	开关量		
12	显示框1	t11	数值		M1 正转运行时间

续表

序号	控件	变量或表达式	变量类型	PLC 关联变量	备注
13	显示框 2	t12	数值		M1 反转运行时间
14	显示框 3	Count1	数值	VW34	M1 运行次数
15	显示框 4	t13	数值		M2 运行时间
16	显示框 5	Count2	数值	VW36	M2 运行次数
17	显示框 6	t14	数值		M3 低速运行时间
18	显示框 7	t15	数值		M3 高速运行时间
19	显示框 8	Count3	数值	VW38	M3 运行次数
20	标签	flag、move			

（3）策略及脚本语言设计

本任务中 3 个电动机的实时显示时间采用触摸屏中的定时器函数实现。首先在窗口循环脚本（循环时间设置为 20 ms）中设计如下脚本：

```
t11 =！TimerValue(1,0)
t12 =！TimerValue(2,0)
t13 =！TimerValue(3,0)
t14 =！TimerValue(4,0)
t15 =！TimerValue(5,0)
IF 正转 =1 THEN
    ！TimerRun(1)
ELSE
    ！TimerStop(1)
ENDIF
IF 反转 =1 THEN
    ！TimerRun(2)
ELSE
    ！TimerStop(2)
ENDIF
IF km3 =1 THEN
    ！TimerRun(3)
ELSE
    ！TimerStop(3)
ENDIF
IF 低速 =1 THEN
    ！TimerRun(4)
ELSE
    ！TimerStop(4)
ENDIF
IF 高速 =1 THEN
    ！TimerRun(5)
```

```
ELSE
  ！TimerStop(5)
ENDIF
```

其次，在停止按钮中设计如下脚本：

```
！TimerStop(1)
！TimerStop(2)
！TimerStop(3)
！TimerStop(4)
！TimerStop(5)
t11=！TimerReset(1,0)
t12=！TimerReset(1,0)
t13=！TimerReset(1,0)
t14=！TimerReset(1,0)
t15=！TimerReset(1,0)
```

（4）设备连接（图 5-6）

图 5-6　触摸屏 IP 设置及设备通道

5. PLC 程序设计

PLC 程序设计主要包含项目创建、硬件组态、通信设置，PLC 程序编辑、编译及下载调试。本任务参考程序如下。

首先创建符号表，如图 5-7 所示。

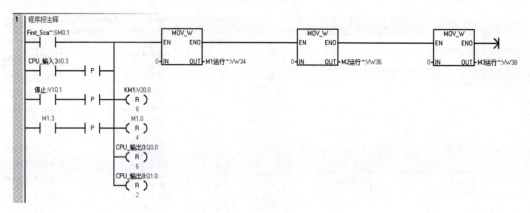

图5-7　符号表

本项目设计了4个子程序和一个主程序。

（1）主程序

程序段1（图5-8），主要功能是进行一些停止操作，有上电初始化、停止按钮及系统运行后的自动停止。

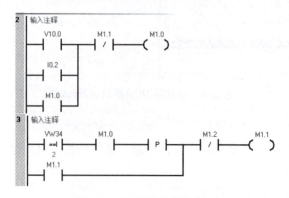

图5-8　程序段1

程序段2~程序段5（图5-9）：为状态切换，有4个状态（M1.0、M1.1、M1.2、M1.3）。M1.0表示启动系统；M1.1主要是M1电动机自动运行2次；M1.2主要是M2电动机自动运行3次；M1.3主要是M3电动机自动运行3次。

图5-9　程序段2~程序段5

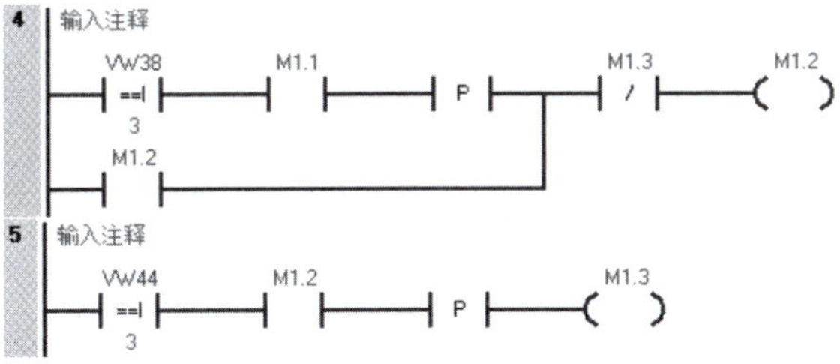

图 5-9   程序段 2~程序段 5（续）

程序段 6、7、8、9（图 5-10）：调用子程序 M1、M2、M3 和指示灯。

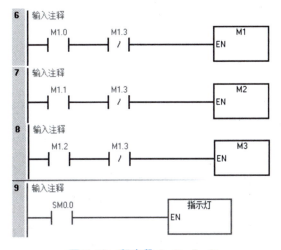

图 5-10   程序段 6、7、8、9

（2）子程序：M1

程序段 1（图 5-11）：设计一个 26 s 定时器，能反复工作，同时记录定时器反复工作次数，作为电动机 M1 运行次数。

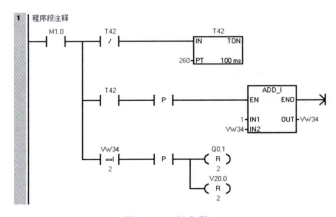

图 5-11   程序段 1

程序段 2（图 5-12）：线圈 KM1 接通 10 s，用于后面控制电动机 M1 正转（Q0.3），注意，要与程序段 3 的线圈 KM2 互锁；线圈 KM2 接通 10 s，用于后面控制电动机 M1 反转（Q0.4），注意，要与程序段 2 的线圈 KM1 互锁。

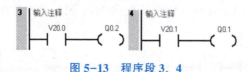

图 5-12　程序段 2

程序段 3、4（图 5-13）：分别应用线圈 KM1、KM2 控制电动机 M1 的正反转

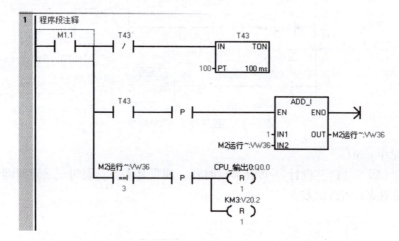

图 5-13　程序段 3、4

（3）子程序：M2

程序段 1（图 5-14）：设计一个 10 s 定时器，能反复工作，同时应用变量 VW36 记录定时器反复工作次数，作为电动机 M2 运行次数。

图 5-14　程序段 1

程序段 2（图 5-15）：应用定时器 T43 通过比较指令控制线圈 KM3 接通 8 s。

程序段 3（图 5-16）：电动机 M2 正转 8 s。

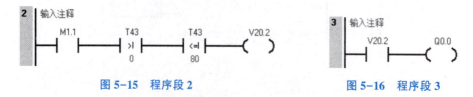

图 5-15　程序段 2　　　　　　　图 5-16　程序段 3

（4）子程序：M3

程序段 1（图 5-17）：设计一个 10 s 定时器，能反复工作，同时使用变量 VW44 记录定时器反复工作次数，作为电动机 M3 运行次数。

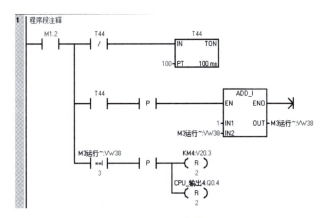

图 5-17   程序段 1

程序段 2（图 5-18）：应用定时器 T44 通过比较指令控制线圈 KM4 接通 4 s；应用定时器 T44 通过比较指令控制线圈 KM5 接通 6 s，注意，线圈 KM4、KM5 之间要互锁。

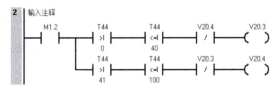

图 5-18   程序段 2

程序段 3（图 5-19）：线圈 KM4 的常开触点控制电动机 M3 低速运行 4 s，Q0.4 接通。

程序段 4（图 5-20）：线圈 KM5 的常开触点控制电动机 M3 低速运行 6 s，Q0.5 接通。

图 5-19   程序段 3   图 5-20   程序段 4

（5）子程序：指示灯

设计思路：根据控制要求，先设计出可能需要的各种周期的信号，下面的程序段 1、程序段 2、程序段 3、程序段 4（图 5-21）分别设计了 0.5 s（2 Hz）、3.5 s、3 s、0.25 s（4 Hz）等 4 种信号，然后根据条件应用这些信号。

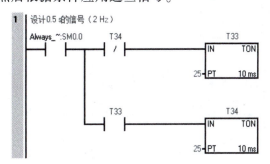

图 5-21   程序段 1~程序段 4

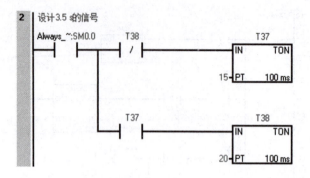

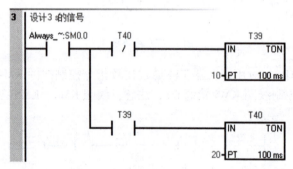

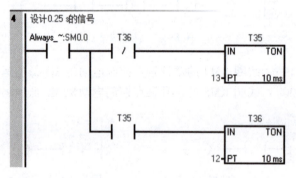

图 5-21　程序段 1~程序段 4（续）

程序段 5、程序段 6：如图 5-22 所示。

图 5-22　程序段 5、程序段 6

程序段7、8（图5-23）：通过变量 V21.0、V21.1 控制信号灯 Q0.0 和 Q0.1。

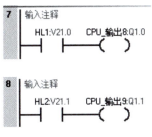

图5-23   程序段7、8

6. PLC 程序调试、运行

① PLC 梯形图程序编辑好后，在 STEP 7-Micro/WIN SMART 软件中进行编译，如有语法错误，根据输出窗口提示进行修改，直到无语法错误为止。

② 设置好 PLC 的 IP 地址，如 192.168.2.12，然后把编译好的 PLC 程序下载到 PLC 中，并且使 PLC 处于运行状态。

③ 配合触摸屏，根据控制要求，操作相关按钮，观察电动机的运行状态和指示灯的状态，查看是否符本任务的控制要求。

7. 评价测试（表5-3）

表5-3   评价测试表

评价载体	评价环节	评价内容	评价主体	评价分值	得分	备注
智慧课堂平台	课前	是否观看学习视频	平台	3		过程评价
		是否进行了课前测试	平台	3		过程评价
		对课前测试结果进行评分	教师	4		结果评价
	课中	出勤（平台或教师点名）	教师/平台	3		结果评价
		课堂活动的参与度（即时问答、讨论、头脑风暴、课堂测试等）	教师/平台	10		过程评价
		绘制电气原理图	教师/学生	4+6		结果/过程评价
		制订 I/O 分配表	教师/学生	4+6		结果/过程评价
	课后	作业完成情况	教师	5		结果评价
		拓展知识的学习和分享	教师/学生	5		过程评价
实训平台	课中	电气接线工艺、故障排除	教师/学生	6		结果/过程评价
		触摸屏画面、动画及脚本程序	教师/学生	6		结果/过程评价
		PLC 程序编辑编译、调试运行	教师/学生	5+6		结果/过程评价
	课后	拓展实践项目的实施	教师	5		结果评价
其他	德育元素	安全操作	教师	5		过程评价
		团队合作	教师	5		过程评价
		节能环保	教师	5		过程评价
		职业素养（专注、精益求精、吃苦耐劳等）	教师	5		过程评价
		总计		100		

任务6　3个电动机运动控制2

一、实训目标

1. 德育目标

① 树立牢固的安全意识，严格遵循安全操作规程。

② 培养学生团队意识，学会沟通，能理解他人、信任他人。

③ 培养学生做事认真细致、一丝不苟、精益求精的工匠精神。

2. 知识目标

① 熟练掌握西门子 PLC 的整数运算指令（加1、减1）。

② 掌握西门子 PLC 的浮点数运算指令（加、减、乘、除）。

③ 会设计触摸屏的显示框、输入框及下拉框。

3. 技能目标

① 能够应用 MCGS 软件设计本任务控制界面。

② 能够独立完成本项目电气原理图绘制及接线工艺。

③ 能够完成本任务 PLC 程序编辑编译、下载调试。

二、软硬件配置

① YL-158GA1 可编程控制器实训装置一台。

② 西门子 S7-200 SMART SR40 主机单元实训模块一块。

③ 计算机（PC 机）；安装好 PLC 编程软件（STEP 7-Micro/WIN SMART）。

④ 昆仑通泰触摸屏，电脑安装了 MCGS 软件。

⑤ 屏蔽双绞线一条；编程电缆一条。

⑥ 三相异步电动机 3 台，其中一台为双速电动机，安全连接导线若干。

三、控制要求

触摸屏控制画面按照图 6-1 所示进行设计。

设计一个简单的 PLC 控制系统，该系统能实现对 3 台三相异步电动机的运行控制。

M1 为正反转电动机（顺时针为正）；M2 为单向运行电动机；M3 为双速电动机。

具体控制步骤为：

控制分为独立调试模式和自动运行模式，当触摸屏上的开关 SA1=0 时，系统为独立调试模式；当触摸屏上的开关 SA1=1 时，系统为自动运行模式。

1. 独立调试模式（首先在触摸屏上使 SA1=0）

进入独立调试模式时，在触摸屏的下拉框中选择需要调试的电动机。

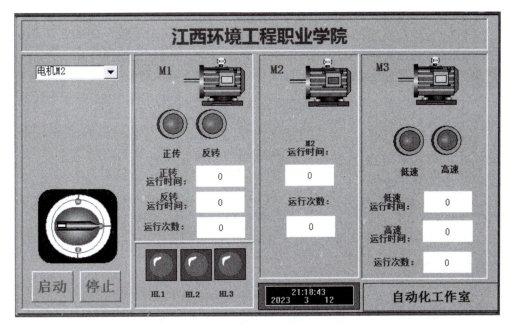

图 6-1　3 个电动机运动控制触摸屏画面设计样图

① 当选择电动机 M1 调试时，按下触摸屏中的启动按钮或柜子上的 SB1 按钮，电动机 M1 按照以下规律运行：正转 5 s—停 2 s—反转 5 s—停 2 s—正转 5 s，反复运行 3 次。同时，在触摸屏中实时显示正转及反转时间，电动机 M1 调试时，HL1 以 1 Hz 频率闪烁。

M1 运行时，按下停止按钮，电动机立即停止，各信号灯也熄灭。

② 当选择电动机 M2 调试时，按下触摸屏中的启动按钮或柜子上的 SB1 按钮，电动机 M2 按照以下规律运行：电动机 M2 运行 10 s，然后停止 4 s，如此反复运行 3 次，M2 调试过程结束。同时，在触摸屏中实时显示 M2 电动机的运行时间，电动机 M2 调试时，HL1 以 4 Hz 频率闪烁。

M2 运行时，按下停止按钮，电动机立即停止，各信号灯也熄灭。

③ 当选择电动机 M3 调试时，按下触摸屏中的启动按钮或柜子上的 SB1 按钮，电动机 M3 按照以下规律运行：低速 5 s—停 2 s—高速 8 s—停 2 s—低速 5 s—停 2 s，反复运行 3 次。同时，在触摸屏中实时显示高速及低速时间，电动机 M3 调试时，HL1 以 2 Hz 频率闪烁。

M3 运行时，按下停止按钮，电动机立即停止，各信号灯也熄灭。

2. 自动运行模式（首先在触摸屏上使 SA1 = 1）

① 按下按钮（SB1）或触摸屏中的启动按钮。

电动机 M1 按照正转运行 10 s—停 3 s—反转 10 s—停 3 s 的规律反复运行 3 次后自动停止。

电动机 M2 在电动机 M1 正转运行时运行，其余时刻停止。

电动机 M3 在 M1 正转时低速运行，在 M1 反转时高速运行；其余时刻停止。

② 按下按钮 SB2 或触摸屏中的停止按钮，电动机 M1、M2、M3 立即停止。按下按钮 SB1 或触摸屏中的启动按钮，控制系统按照步骤①重新运行。

③ 电动机 M1 运行时，信号灯 HL1 以 1 Hz 频率闪烁；停止时，信号灯 HL1 以 2 Hz 频率闪烁；电动机 M2 运行时，信号灯 HL2 以 1 Hz 频率闪烁；停止时，信号灯 HL2 以 4 Hz 频率闪烁；电动机 M3 运行时，信号灯 HL3 以 4 Hz 频率闪烁；停止时，信号灯 HL3 灭。

④ 在触摸屏中实时显示 M1 正转运行时间、M1 反转运行时间及运行次数；在触摸屏中实时显示 M2 电动机的运行时间；在触摸屏中实时显示 M3 电动机高速和低速运行时间。

⑤ 标签"现代电气控制系统安装与调试"能够左右移动。

IP 地址分配：

电脑 IP：192.168.2.127。

触摸屏：192.168.2.11

PLC S7-200 SMART SR40：192.168.2.12。

四、任务实施

本任务的工作任务有：

◆ 制订 I/O 分配表。

◆ 绘制电气原理图。

◆ 接线，电气故障检测。

◆ 触摸屏界面设计。

◆ PLC 程序设计，系统调试运行。

1. I/O 分配表（表 6-1）

表 6-1   I/O 分配表

序号	元器件	功能	地址	与触摸屏关联变量	输入/输出
1	按钮 SB1	启动	I0.2		输入
2	按钮 SB2	停止	I0.3		输入
3	接触器 KM1	控制 M1 正转	Q0.3	正转（V20.3）	输出
4	接触器 KM2	控制 M1 反转	Q0.4	反转（V20.4）	输出
5	接触器 KM3	控制 M2 运行	Q0.2	M02（V20.2）	输出
6	接触器 KM4	控制 M3 低速运行	Q0.5	低速（V20.5）	输出
7	接触器 KM5	控制 M3 高速运行	Q0.6	高速（V20.6）	输出
8	信号灯 HL1	电动机运行状态指示	Q0.0	HL1（V20.0）	输出
9	信号灯 HL2	电动机运行状态指示	Q0.1	HL2（V20.1）	输出
10	信号灯 HL3	电动机运行状态指示	Q0.7	HL3（V20.7）	输出

2. 电路原理图

（1）主电路（图 6-2）

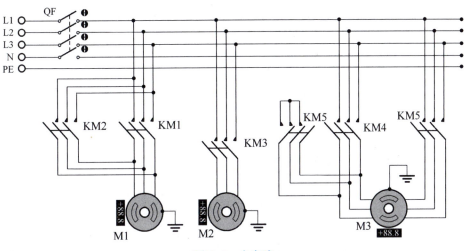

图 6-2　主电路

（2）控制电路（图 6-3）

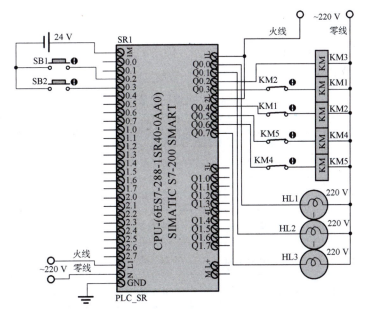

图 6-3　控制电路

3. 电气接线与电路调试

（1）电气接线工艺

电气接线包含以下步骤：元器件布局、选择合适（颜色、线径）的电缆线、做线和接线，以及电气线路检测。具体要求如图 6-4 所示。

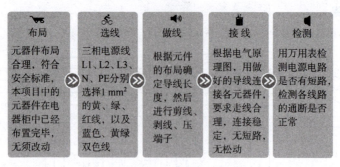

图 6-4　电气接线工艺

（2）做好安全措施（图 6-5）

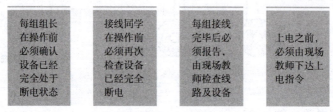

图 6-5　安全措施

4. 触摸屏设计

（1）画面设计（参考图 6-1）

（2）变量设计（表 6-2）

表 6-2　触摸屏变量表

序号	控件	变量名称	变量类型	与 PLC SR40 关联变量	备注
1	按钮 1	启动	开关量	V10.0	
2	按钮 2	停止	开关量	V10.1	
3	开关	模式转换	开关量	V10.2	
4	下拉框 ID	ID_number	数值量	VB70	
5	指示灯 HL1	HL1	开关量	V20.0	
6	指示灯 HL2	HL2	开关量	V20.1	
7	指示灯 HL3	HL3	开关量	V20.7	
8	指示灯-正转	正转	开关量	V20.3	
9	指示灯-反转	反转	开关量	V20.4	
10	指示灯-低速	低速	开关量	V20.5	

续表

序号	控件	变量名称	变量类型	与 PLC SR40 关联变量	备注
11	指示灯–高速	高速	开关量	V20.6	
12	电动机 M1	M1	开关量		
13	电动机 M2	M2	开关量	V20.2	
14	电动机 M3	M3	开关量		
15	显示框 1	t11	数值		
16	显示框 2	t12	数值		
17	显示框 3	Count1	数值	VW34	
18	显示框 4	t13	数值		
19	显示框 5	Count2	数值	VW38	
20	显示框 6	t14	数值		
21	显示框 7	t15	数值		
22	显示框 8	Count3	数值	VW44	
23	标签	flag、move			

（3）策略及脚本语言设计

① 本项目触摸屏中的显示时间采用脚本语言设计，因此会用到触摸屏中的定时器。主要会用到定时器有关的函数。

！TimerRun（ ）：启动定时器。

！TimerStop（ ）：停止定时器（暂停）。

！TimerValue（ ）：获取定时器当前的值，时间单位是秒。

！TimerReset（ ）：对定时器复位。

根据控制要求，本项目中设计了一个用于启动 5 个定时器的循环策略，循环时间为 10 ms，脚本语言如下：

```
电动机 M1 正转时,启动定时器 1,否则该定时器暂停
IF 正转=1 THEN
    ! TimerRun(1)
ELSE
    ! TimerStop(1)
ENDIF
电动机 M1 反转时,启动定时器 2,否则该定时器暂停
```

```
IF 反转=1 THEN
    ！TimerRun(2)
ELSE
    ！TimerStop(2)
ENDIF
```

电动机 M2 运行时,启动定时器 3,否则该定时器暂停

```
IF km3=1 THEN
    ！TimerRun(3)
ELSE
    ！TimerStop(3)
ENDIF
```

电动机 M3 低速运行时,启动定时器 4,否则该定时器暂停

```
IF 低速=1 THEN
    ！TimerRun(4)
ELSE
    ！TimerStop(4)
ENDIF
```

电动机 M3 高速运行时,启动定时器 5,否则该定时器暂停

```
IF 高速=1 THEN
    ！TimerRun(5)
ELSE
    ！TimerStop(5)
ENDIF
```

②为实时获取各个定时器的当前值,设计了一个循环策略,循环时间为 10 ms,脚本语言如下:

```
t11=！TimerValue(1,0)
t12=！TimerValue(2,0)
t13=！TimerValue(3,0)
t14=！TimerValue(4,0)
t15=！TimerValue(5,0)
```

考虑到定时器的复位,在停止按钮中设计以下脚本程序:

```
t11=！TimerReset(1,0)
t12=！TimerReset(2,0)
t13=！TimerReset(3,0)
t14=！TimerReset(4,0)
t15=！TimerReset(5,0)
```

③ 关于下拉框相关脚本设计:

在下拉框编辑属性对话框中设计一个 ID 号关联变量,属性设置如图 6-6 所示。

另外,变量 ID_number 清零在停止按钮的脚本中设计。

图 6-6　下拉框属性设置

（4）设备连接（图 6-7）

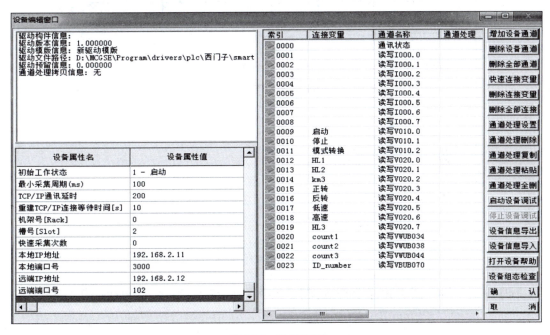

图 6-7　设备连接

5. PLC 程序设计

符号表设计，可参考图 6-8。

本项目在 ST 中设计了 6 个子程序和 1 个主程序，具体程序参考如下。

（1）主程序：MAIN

程序段 1（图 6-9）：上电初始化及按钮复位操作。

		符号 ▲	地址	注释
1		HL1	V20.0	
2		HL2	V20.1	
3		HL3	V20.7	
4		KM1	V20.3	
5		KM2	V20.4	
6		KM3	V20.2	
7		KM4	V20.5	
8		KM5	V20.6	
9		M1运行次数	VW34	
10		M2运行次数	VW38	
11		M3运行次数	VW44	
12		模式转换	V10.2	
13		启动	V10.0	
14		停止	V10.1	
15		选择电机	VB70	

图 6-8　符号表设计

图 6-9　程序段 1

程序段 2、3、4（图 6-10）：调用指示灯子程序、调试模式子程序、自动运行模式子程序。

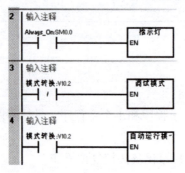

图 6-10　程序段 2、3、4

（2）子程序：调试模式

程序段 1（图 6-11）：启动停止，其状态用 M4.0 标识。

程序段 2（图 6-12）：当各个电动机的运行次数达到时，M1.0、M1.1、M1.2 断开，电动机停止。

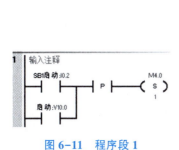

图 6-11　程序段 1

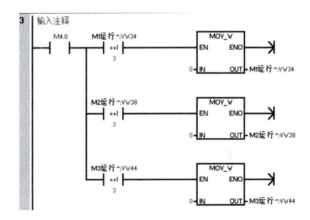

图 6-12　程序段 2

程序段 3（图 6-13）：当在触摸屏下拉框中选择 M1 电动机时（ID_number = 1），调用 M1 子程序。

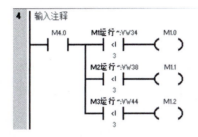

图 6-13　程序段 3

程序段 4（图 6-14）：当在触摸屏下拉框中选择 M2 电动机时（ID_number = 2），调用 M2 子程序。

图 6-14　程序段 4

程序段 5（图 6-15）：当在触摸屏下拉框中选择 M3 电动机时（ID_number = 3），调用

M3 子程序。

注：ID_number 与 VB70 关联。

程序段 6：如图 6-16 所示。

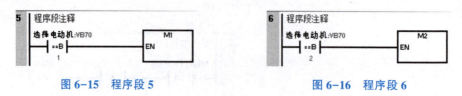

图 6-15　程序段 5　　　　　　　图 6-16　程序段 6

程序段 7：如图 6-17 所示。

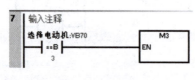

图 6-17　程序段 7

（3）子程序：M1

程序段 1（图 6-18）：当系统选择调试模式时（模式转换=0），且按下启动按钮，定时器 T42 开始工作，根据控制要求，T42 设置为 14 s。另外，用 ADD_I 指令记录 M1 运行次数，存放在变量 VW34 中。

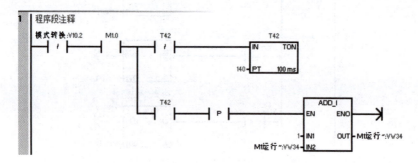

图 6-18　程序段 1

程序段 2（图 6-19）：当系统选择自动运行模式时（模式转换=1），且按下启动按钮，定时器 T45 开始工作，根据控制要求，T45 设置为 26 s。另外，用 ADD_I 指令记录 M1 运行次数，存放在变量 VW34 中。

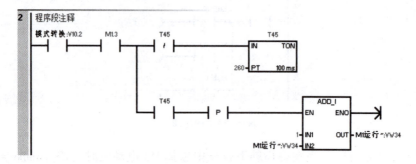

图 6-19　程序段 2

程序段 3（图 6-20）：调试模式及自动模式下，通过定时器比较指令控制线圈 KM1 的通断。

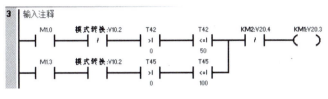

图 6-20　程序段 3

程序段 4（图 6-21）：调试模式及自动模式下，通过定时器比较指令控制线圈 KM2 的通断。

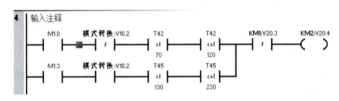

图 6-21　程序段 4

程序段 5（图 6-22）：KM1 控制 M1 电动机正转。

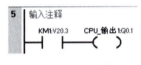

图 6-22　程序段 5

程序段 6（图 6-23）：KM2 控制 M1 电动机反转。

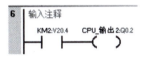

图 6-23　程序段 6

（4）子程序：M2

程序段 1（图 6-24）：调试模式下，启动定时器 T43，并记录 M2 运行次数。

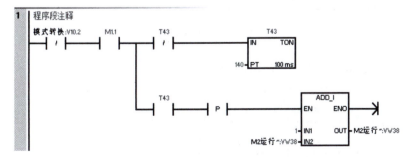

图 6-24　程序段 1

程序段 2（图 6-25）：M2 电动机运行，第 1、2 行分别表示调试模式、自动模式下 M2 电动机的运行。

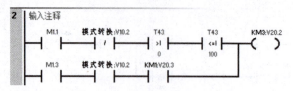

图 6-25　程序段 2

程序段 3：如图 6-26 所示。

图 6-26　程序段 3

（5）子程序：M3

程序段 1（图 6-27）：当系统选择调试模式时（模式转换 = 0），且按下启动按钮，定时器 T44 开始工作，根据控制要求，T44 设置为 17 s。另外，用 ADD_I 指令记录 M3 运行次数，存放在变量 VW44 中。

图 6-27　程序段 1

程序段 2（图 6-28）：M3 电动机低速运行。

图 6-28　程序段 2

程序段 3（图 6-29）：M3 电动机高速运行。

图 6-29　程序段 3

程序段 4、程序段 5：如图 6-30 所示。

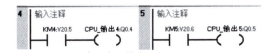

图 6-30　程序段 4、程序段 5

（6）子程序：自动模式

程序段 1（图 6-31）：启动停止操作。

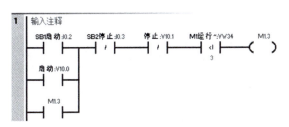

图 6-31　程序段 1

程序段 2（图 6-32）：调用 3 个子程序。

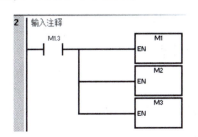

图 6-32　程序段 2

（7）子程序：指示灯

程序段 1（图 6-33）：应用定时器 T33，T34 产生 2 Hz 信号。

程序段 2（图 6-34）：应用定时器 T35，T36 产生 4 Hz 信号。

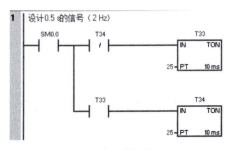

图 6-33　程序段 1

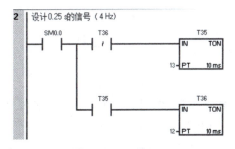

图 6-34　程序段 2

程序段 3（图 6-35）：调试模式下，线圈 M5.0 的得电、失电情况。

程序段 4（图 6-36）：自动模式下，线圈 M5.1 的得电、失电情况。

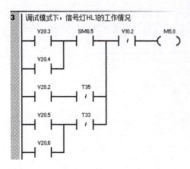

图 6-35　程序段 3

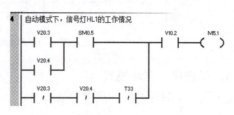

图 6-36　程序段 4

程序段 5（图 6-37）：调试模式及自动模式下，通过常开触点 M5.0 和 M5.1 控制线圈 HL1。

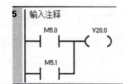

图 6-37　程序段 5

程序段 6（图 6-38）：线圈 HL2 的得电、失电情况。

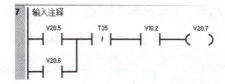

图 6-38　程序段 6

程序段 7（图 6-39）：线圈 HL3 的得电、失电情况。

图 6-39　程序段 7

程序段 8、9、10（图 6-40）：通过常开触点 HL1、HL2、HL3 分别控制信号灯 Q0.0、Q0.1、Q0.7。

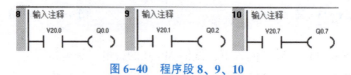

图 6-40　程序段 8、9、10

6. PLC 程序调试、运行

①PLC 梯形图程序编辑好后，在 STEP 7-Micro/WIN SMART 软件中进行编译，如有语法错误，根据输出窗口提示进行修改，直到无语法错误为止。

②设置好 PLC 的 IP 地址，如 192.168.2.12，然后把编译好的 PLC 程序下载到 PLC 中，并且使 PLC 处于运行状态。

③配合触摸屏，根据控制要求，操作相关按钮，观察电动机的运行状态和指示灯的状态，查看是否符合本任务的控制要求。

7. 评价测试（表6-3）

表6-3 评价测试表

评价载体	评价环节	评价内容	评价主体	评价分值	得分	备注
智慧课堂平台	课前	是否观看学习视频	平台	3		过程评价
		是否进行了课前测试	平台	3		过程评价
		对课前测试结果进行评分	教师	4		结果评价
	课中	出勤（平台或教师点名）	教师/平台	3		结果评价
		课堂活动的参与度（即时问答、讨论、头脑风暴、课堂测试等）	教师/平台	10		过程评价
		绘制电气原理图	教师/学生	4+6		结果/过程评价
		制订 I/O 分配表	教师/学生	4+6		结果/过程评价
	课后	作业完成情况	教师	5		结果评价
		拓展知识的学习和分享	教师/学生	5		过程评价
实训平台	课中	电气接线工艺、故障排除	教师/学生	5		结果/过程评价
		触摸屏画面、动画及脚本程序	教师/学生	6		结果/过程评价
		PLC 程序编辑编译、调试运行	教师/学生	5+6		结果/过程评价
	课后	拓展实践项目的实施	教师	5		结果评价
其他	德育元素	安全操作	教师	5		过程评价
		团队合作	教师	5		过程评价
		节能环保	教师	5		过程评价
		职业素养（专注、精益求精、吃苦耐劳等）	教师	5		过程评价
总计				100		

任务 7　变频器多段速控制

一、实训目标

1. 德育目标

① 树立牢固的安全意识，严格遵循安全操作规程。

② 培养学生团队意识，学会沟通，能理解他人、信任他人。

③ 培养学生独立思考能力、分析问题解决问题能力。

2. 知识目标

① 掌握西门子 PLC 子程序创建与应用。

② 掌握西门子 PLC 的移位指令及应用。

③ 会使用触摸屏的循环策略设计脚本程序。

3. 技能目标

① 能够应用 MCGS 软件设计本任务控制界面。

② 能够独立完成本项目电气原理图绘制及接线工艺。

③ 能够独立设置本任务变频器的参数。

④ 能够完成本任务 PLC 程序编辑编译、下载调试。

二、软硬件配置

① YL-158GA1 可编程控制器实训装置一台。

② 西门子 S7-200 SMART SR40 主机单元实训模块一块。

③ 计算机（PC 机），并安装好 PLC 编程软件（STEP 7-Micro/WIN SMART）。

④ 昆仑通泰触摸屏，电脑安装了 MCGS 软件。

⑤ MM420 变频器 1 台，三相异步电动机 1 台，安全连接导线若干。

⑥ 屏蔽双绞线一条，编程电缆一条。

三、控制要求

触摸屏控制画面按照图 7-1 所示进行设计。

M 为三相异步电动机，由变频器进行多段速控制，变频器参数设置为：第一段速为 10 Hz，第二段速为 20 Hz，第三段速为 30 Hz、第四段速为 50 Hz，第五段速为-30 Hz，第六段速为-40 Hz，第七段速为-50 Hz，加速时间 0.6 s，减速时间 0.4 s。

按下触摸屏中的启停按钮或柜子上的按钮 SB1 后，变频电动机 M 以 10 Hz 启动；5 s 后，M 电动机以 20 Hz 运行；又过 5 s 后，M 电动机以 30 Hz 运行；又过 5 s 后，M 电动机以 50 Hz 运行；又过 5 s 后，M 电动机以-30 Hz 运行；又过 5 s 后，M 电动机以-40 Hz 运行；又过 5 s 后，M 电动机以-50 Hz 运行；10 s 后，电动机自动停止。

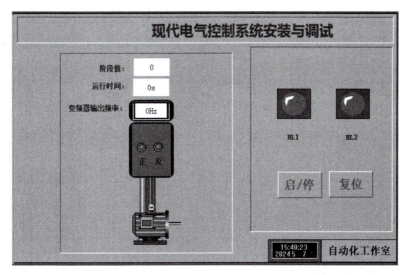

图 7-1　2 个电动机运动控制触摸屏画面设计样图

在运行过程中，若再次按下触摸屏中的启停按钮或柜子上的按钮 SB1，变频电动机停止；再次按下该按钮时，电动机从当前位置继续运行。

M 电动机正转时，触摸屏正转指示灯常亮，同时触摸屏中的 HL1 和柜子上的 HL1 以闪烁 3 次（闪烁频率为 2 Hz）—停 2 s 规律运行；反转时，触摸屏反转指示灯常亮，同时触摸屏中的 HL2 和柜子上的 HL2 以闪烁 4 次（闪烁频率为 4 Hz）—停 2 s 规律运行。

在触摸屏中实时显示阶段值、运行时间。系统可反复运行。

标签"现代电气控制系统安装与调试"能够左右移动。

四、任务实施

本任务的工作任务有：

◆ 制订 I/O 分配表。

◆ 绘制电气原理图。

◆ 接线，电气故障检测。

◆ 变频器参数设置。

◆ 触摸屏界面设计。

◆ PLC 程序设计，系统调试运行。

1. I/O 分配表（表 7-1）

表 7-1　I/O 分配表

序号	元器件	功能	地址
1	SB1	控制电动机启动和停止	I0. 2
2	SB1	复位	I0. 3
3	HL1	指示灯 1	Q1. 0
4	HL2	指示灯 2	Q1. 1

续表

序号	元器件	功能	地址
5	DIN1	变频器数字输入端 DIN1	Q1.0
6	DIN2	变频器数字输入端 DIN2	Q1.1
7	DIN3	变频器数字输入端 DIN3	Q1.2

2. 电气原理图（图 7-2）

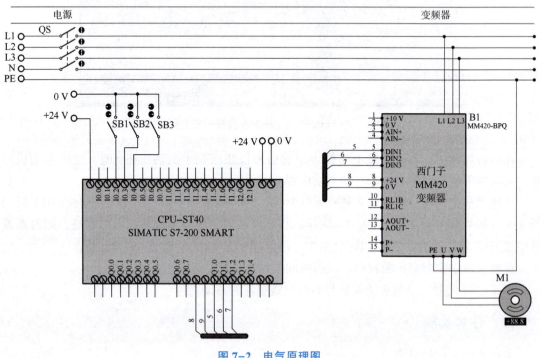

图 7-2　电气原理图

3. 电气接线与电路调试

（1）电气接线工艺

电气接线包含以下步骤：元器件布局、选择合适（颜色、线径）的电缆线、做线和接线，以及电气线路检测。具体要求如图 7-3 所示。

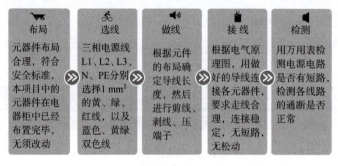

图 7-3　电气接线工艺

（2）做好安全措施（图7-4）

| 每组组长在操作前必须确认设备已经完全处于断电状态 | 接线同学在操作前必须再次检查设备已经完全断电 | 每组接线完毕后必须报告，由现场教师检查线路及设备 | 上电之前，必须由现场教师下达上电指令 |

图7-4 安全措施

4. 触摸屏设计

（1）画面设计（参考图7-1）

（2）变量设计（表7-2）

表7-2 触摸屏变量表

序号	控件	变量名称	变量类型	在ST30中地址
1	显示输出框1	阶段值	数值量	VW30
2	显示输出框2	time	数值量	VW32
3	显示输出框3	频率	数值量	VW34
4	指示灯1	正转	开关量	V20.2
5	指示灯2	反转	开关量	V20.3
6	指示灯3	HL1	开关量	V21.0
7	指示灯4	HL2	开关量	V21.1
8	按钮1	启停	开关量	M10.0
9	按钮2	复位	开关量	M10.1

（3）策略及脚本语言设计

① 触摸屏中阶段值显示框的设计：双击显示框，弹出"标签动画组态属性设置"对话框，单击"属性设置"选项卡，在"输入输出连接"选项中勾选"显示输出"，如图7-5 (a) 所示。然后单击"显示输出"选项卡，设置表达式变量为"阶段值"，输出值类型为"数值量输出"，输出格式选中"十进制"，如图7-5 (b) 所示。

(a)

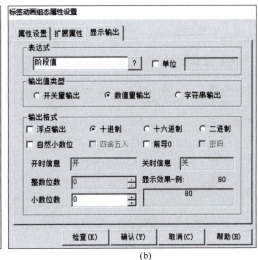

(b)

图7-5 阶段值显示框的设置

② 运行时间显示框的设计：双击显示框，弹出"标签动画组态属性设置"对话框，单击"属性设置"选项卡，在"输入输出连接"选项中勾选"显示输出"，如图 7-6（a）所示。然后单击"显示输出"选项卡，设置表达式变量为"time"，输出值类型为"数值量输出"，输出格式选中"十进制"，如图 7-6（b）所示。

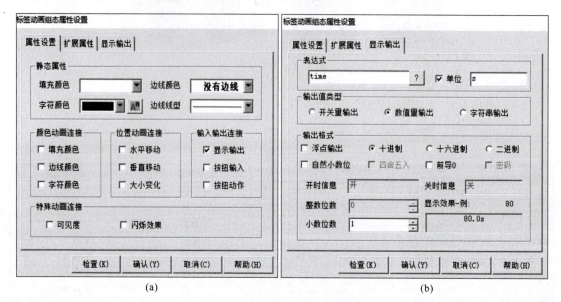

图 7-6　运行时间显示框的设置

③ 输出频率显示框的设计：双击显示框，弹出"标签动画组态属性设置"对话框，单击"属性设置"选项卡，在"输入输出连接"选项中勾选"显示输出"，如图 7-7（a）所示。然后单击"显示输出"选项，设置表达式变量为"频率"，输出值类型为"数值量输出"，输出格式选中"十进制"，如图 7-7（b）所示。

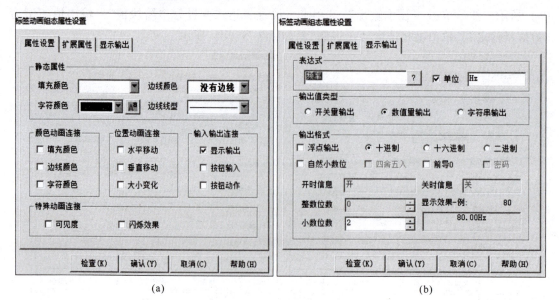

图 7-7　输出频率显示框的设置

④ 窗口循环脚本程序设计。上述 3 个显示框中的变量要实现实时显示，还需要在窗口循环脚本中设计相应的脚步程序，参考如下：

```
time=! TimerValue(1,0)
IF 阶段值=0 THEN
    频率 =0
ENDIF
IF 阶段值=1 THEN
    频率 =10
ENDIF
IF 阶段值=2 THEN
    频率 =20
ENDIF
IF 阶段值=3 THEN
    频率 =30
ENDIF
IF 阶段值=4 THEN
    频率 =50
ENDIF
IF 阶段值=5 THEN
    频率 =- 30
ENDIF
IF 阶段值=6 THEN
    频率 =- 40
ENDIF
IF 阶段值=7 THEN
    频率 =- 50
ENDIF
IF 阶段值=8 THEN
    频率 =- 50
ENDIF
```

⑤ 启停按钮脚本。在启停按钮的抬起脚本中设计了一段启动定时器的脚本语言：!TimerRun(1)。

⑥ 复位按钮脚本，在复位按钮的抬起脚本中设计了 2 段停止定时器的脚本语言：!TimerStop(1)、!TimerReset(1,0)。

（4）设备连接（图7-8）

5. 变频器参数设置

（1）复位成出厂的缺省设定值

当变频器的参数设定错误时，将影响变频器的正常运行，可以使用基本面板或高级面板操作，将变频器的所有参数恢复到工厂默认值，步骤如下：

■ 设定 P0003=1。

■ 设定 P0010=30。

■ 设定 P0970=1。

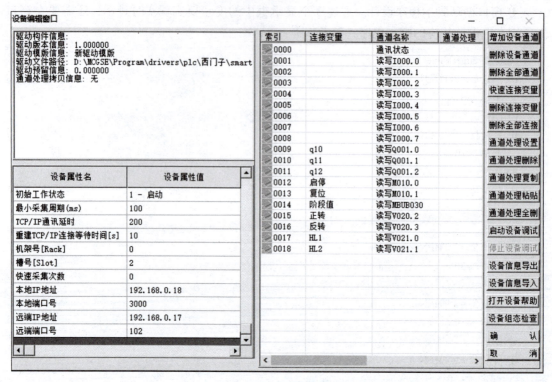

图 7-8　设备连接

当显示 P-结束后，完成复位。

（2）设置电动机参数

该实训电动机采用 60 W 电动机，启动快速调试面板后，需要设定的参数见表 7-3。

表 7-3　设置电动机参数

序号	参数	数值	含义	备注
1	P0010	1	快速调试	
2	P0100	0	功率单位为 kW；F 的缺省值为 50 Hz	
3	P0304	380	电动机的额定电压	
4	P0305	0.39	电动机的额定电流	
5	P0307	0.06	电动机的额定功率	
6	P0310	50	电动机的额定频率	
7	P0311	1400	电动机的额定速度	
8	P0700	2	选择命令源	
9	P1080	5.00	电动机最小频率	
10	P1082	50.00	电动机最大频率	
11	P1120	0.6	斜坡上升时间	
12	P1121	0.6	斜坡下降时间；0 为自由停车	
13	P3900	3	结束快速调试	

（3）直接选择的固定频率控制（表7-4）

表7-4　直接选择的固定频率控制

序号	参数	数值	含义	备注
1	P1000	3	选择固定频率设定值	
2	P0010	0	准备运行	
3	P0003	3	用户访问级选择"专家级"	
4	P0004	7	选择"命令和数字I/O"	
5	P0701	17	固定频率设置（二进制编码选择+启动命令）	
6	P0702	17	固定频率设置（二进制编码选择+启动命令）	
7	P0703	17	固定频率设置（二进制编码选择+启动命令）	
8	P0004	10	选择"设定值通道和斜坡发生器"	
9	P1001	5	第一段固定频率为5 Hz	
10	P1002	10	第二段固定频率为10 Hz	
11	P1003	20	第三段固定频率为20 Hz	
12	P1004	30	第四段固定频率为30 Hz	
13	P1005	40	第五段固定频率为40 Hz	
14	P1006	50	第六段固定频率为50 Hz	
15	P1007	−20	第七段固定频率为−20 Hz	

以上设置最多可以选择7个固定频率。各个固定频率的数值根据表7-5选择。

表7-5　各个固定频率的数值

参数	设定参数值	设定参数值	DIN3	DIN2	DIN1
	FF0		0	0	0
P1001	FF1	5	0	0	1
P1002	FF2	10	0	1	0
P1003	FF3	20	0	1	1
P1004	FF4	30	1	0	0
P1005	FF5	40	1	0	1
P1006	FF6	50	1	1	0
P1007	FF7	−30	1	1	1

参数设置完成后，将变频器重新上电，激活变频器数字信号输入端DIN1，变频器由此根据设定的参数值输出5 Hz驱动信号给电动机，电动机依此运行。断开数字信号输入端DIN1，变频器无信号输出，电动机停止运转；激活变频器数字信号输入端DIN2，变频器由此根据设定的参数值输出10 Hz驱动信号给电动机，电动机依此频率运行；断开数字信号输入端DIN2，变频器无信号输出，电动机停止运转。对3个数字输入端（DIN1、DIN2、DIN3）的不同组合方式，选择P1001~P1007所设置的频率，可构成7种速度。

6. PLC程序设计

包含项目创建，通信设置，PLC程序编辑、编译及下载调试。

本任务根据控制要求，采用"启保停"设计思想实现变频器的 7 段速度按照时间顺序依次运行，在主程序（MAIN）中设计了 9 段程序。另外，设计了一个子程序，用来控制 2 个指示灯的运行，有 6 段程序。

（1）主程序

程序段 1（图 7-9）：初始化，主要对变量 VB300 清零。

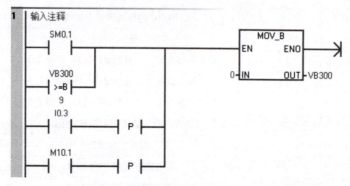

图 7-9　程序段 1

程序段 2（图 7-10）：VB300 传送给 MB30；VB21 传送给 MB21；MB30 及 MB21 与触摸屏变量连接。

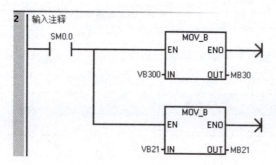

图 7-10　程序段 2

程序段 3、程序段 4（图 7-11）：设计一键启停功能的 PLC 程序。

图 7-11　程序段 3、程序段 4

程序段 5（图 7-12）：用定时器 T42 制造一个 5 s 的信号；用 INC_B 指令对 T42 动作进行计数。

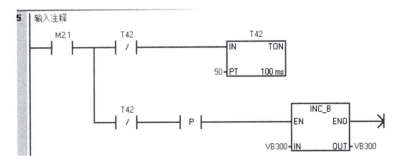

图 7-12　程序段 5

程序段 6、程序段 7、程序段 8（图 7-13）：通过 VB300 控制 Q1.0、Q1.1、Q1.2 的通断。

当 VB300 = 1 时，Q1.2 = 0，Q1.1 = 0，Q1.0 = 1，变频器第一段速度运行。

当 VB300 = 2 时，Q1.2 = 0，Q1.1 = 1，Q1.0 = 0，变频器第二段速度运行。

当 VB300 = 3 时，Q1.2 = 0，Q1.1 = 1，Q1.0 = 1，变频器第三段速度运行。

当 VB300 = 4 时，Q1.2 = 1，Q1.1 = 0，Q1.0 = 0，变频器第四段速度运行。

当 VB300 = 5 时，Q1.2 = 1，Q1.1 = 0，Q1.0 = 1，变频器第五段速度运行。

当 VB300 = 6 时，Q1.2 = 1，Q1.1 = 1，Q1.0 = 0，变频器第六段速度运行。

当 VB300 = 7 时，Q1.2 = 1，Q1.1 = 1，Q1.0 = 1，变频器第七段速度运行。

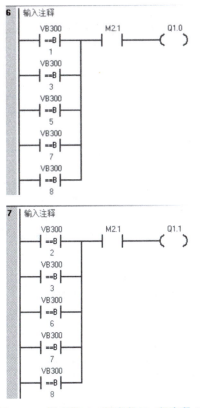

图 7-13　程序段 6、程序段 7、程序段 8

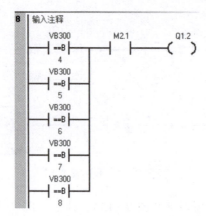

图 7-13　程序段 6、程序段 7、程序段 8（续）

程序段 9（图 7-14）：调用子程序——指示灯。

图 7-14　程序段 9

（2）指示灯子程序

程序段 1（图 7-15）：采用定时器 T37、T38 设计 1.5 s+2 s 的信号。

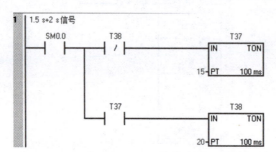

图 7-15　程序段 1

程序段 2（图 7-16）：采用定时器 T39、T40 设计 1 s+2 s 的信号。

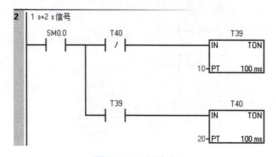

图 7-16　程序段 2

程序段 3（图 7-17）：采用定时器 T33、T34 设计 2 Hz 的信号。

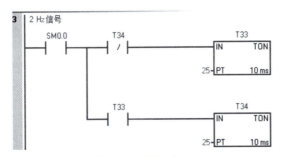

图 7-17　程序段 3

程序段 4（图 7-18）：采用定时器 T35、T36 设计 4 Hz 的信号。

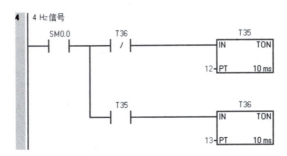

图 7-18　程序段 4

程序段 5（图 7-19）：当变频器正转时，HL1 按照闪烁 3 次（闪烁频率为 2 Hz）—停 2 s 规律运行。

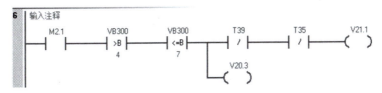

图 7-19　程序段 5

程序段 6（图 7-20）：当变频器反转时，HL2 按照闪烁 4 次（闪烁频率为 4 Hz）—停 2 s 规律运行。

图 7-20　程序段 6

7. PLC 程序调试、运行

① PLC 梯形图程序编辑好后，在 STEP 7-Micro/WIN SMART 软件中进行编译，如有语法错误，根据输出窗口提示进行修改，直到无语法错误为止。

② 设置好 PLC 的 IP 地址，如 192.168.2.12，然后把编译好的 PLC 程序下载到 PLC 中，并且使 PLC 处于运行状态。

③ 分别操控触摸屏上的启停按钮和实训柜子上的启停按钮，观察电动机的运行状态和指示灯的状态，查看是否符合本任务的控制要求。

8. 评价测试（表 7-6）

表 7-6　评价测试表

评价载体	评价环节	评价内容	评价主体	评价分值	得分	备注
智慧课堂平台	课前	是否观看学习视频	平台	3		过程评价
		是否进行了课前测试	平台	3		过程评价
		对课前测试结果进行评分	教师	4		结果评价
	课中	出勤（平台或教师点名）	教师/平台	3		结果评价
		课堂活动的参与度（即时问答、讨论、头脑风暴、课堂测试等）	教师/平台	10		过程评价
		绘制电气原理图	教师/学生	4+6		结果/过程评价
		制订 I/O 分配表	教师/学生	4+6		结果/过程评价
	课后	作业完成情况	教师	5		结果评价
		拓展知识的学习和分享	教师/学生	5		过程评价
实训平台	课中	电气接线工艺、故障排除	教师/学生	5		结果/过程评价
		触摸屏画面、动画及脚本程序	教师/学生	6		结果/过程评价
		变频器参数设置	教师/学生	5		结果/过程评价
		PLC 程序编辑编译、调试运行	教师/学生	6		结果/过程评价
	课后	拓展实践项目的实施	教师	5		结果评价
其他	德育元素	安全操作	教师	5		过程评价
		团队合作	教师	5		过程评价
		节能环保	教师	5		过程评价
		职业素养（专注、精益求精、吃苦耐劳等）	教师	5		过程评价
总计				100		

任务 8　模拟量方式的变频调速控制

一、实训目标

1. 德育目标

① 树立牢固的安全意识，严格遵循安全操作规程。

② 培养学生团队意识，学会沟通，能理解他人、信任他人。

③ 培养学生吃苦耐劳、认真负责的工作态度。

2. 知识目标

① 掌握西门子软件 STEP 7-Micro/WIN SMART 中状态图标的使用。

② 掌握西门子 PLC 的逻辑运算指令及应用。

③ 会使用触摸屏中的定时器函数实现时间控制功能。

3. 技能目标

① 能够应用 MCGS 软件设计本任务控制界面。

② 能够独立完成本项目电气原理图绘制及接线工艺。

③ 能够独立设置本任务变频器的参数。

④ 能够完成本任务 PLC 程序编辑编译，下载调试。

二、软硬件配置

① YL-158GA1 可编程控制器实训装置一台。

② 西门子 S7-200 SMART SR40 主机单元模块一块及扩展单元 AM06 一块。

③ 计算机（PC 机），并安装好 PLC 编程软件（STEP 7-Micro/WIN SMART）。

④ 昆仑通泰触摸屏，电脑安装了 MCGS 软件。

⑤ MM420 变频器 1 台，三相异步电动机 1 台，安全连接导线若干。

⑥ 屏蔽双绞线一条，编程电缆一条。

三、控制要求

触摸屏控制画面按照图 8-1 所示进行设计。变频电动机按照以下规律运行。

本任务采用模拟量进行变频器的控制。首先通过触摸屏上的选择开关，选择控制方式，有两种控制方式：一是本地控制，也就是将柜子上的 0~10 V 的电压源作为变频器输入的模拟量，达到控制电动机无极调速的要求；二是远程控制，通过触摸屏上的滑动输入器替代真正的 0~10 V 电压源，作为变频器输入的模拟量，达到控制电动机无极调速的要求。

确定好控制方式后，首先按下柜子上的启停按钮 SB1（或触摸屏上的启停按钮），然后按下正转或反转按钮，电动机开始以一定的频率运行，变频器的频率由触摸屏上的滑动输入

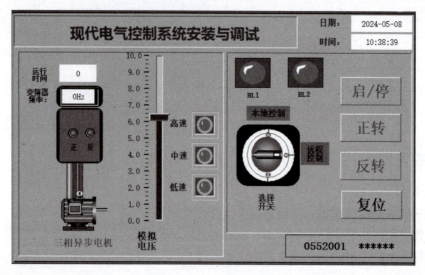

图 8-1　电动机运动控制触摸屏画面设计样图

器控制（该控件用来模拟真正的 0~10 V 电压源）或者柜子上的 0~10 V 的电压源控制。在运行过程中，按下按钮 SB1（或触摸屏中的启停按钮），三相异步电动机停止，再次按下启动按钮，三相异步电动机重新运动。触摸屏中实时显示电动机的运行频率及运行时间。

　　M 电动机正转时，触摸屏正转指示灯常亮，同时触摸屏中的 HL1 和柜子上的 HL1 以 2 Hz 的频率闪烁；反转时，触摸屏反转指示灯常亮，同时触摸屏中的 HL2 和柜子上的 HL2 以 4 Hz 的频率闪烁；其余时间段，HL1 和 HL2 熄灭。标签"现代电气控制系统安装与调试"能够左右移动；画面应当显示当前时间、日期等基本信息。

四、任务实施

本任务的工作任务有：

◆ 制订 I/O 分配表。
◆ 绘制电气原理图。
◆ 接线，电气故障检测。
◆ 变频器参数设置。
◆ 触摸屏界面设计。
◆ PLC 程序设计，系统调试运行。

1. I/O 分配表（表 8-1）

表 8-1　I/O 分配表

序号	元器件	功能	地址
1	SB1	启停	I0.2
2	SB2	正转	I0.3
3	SB3	反转	I0.4
4	SB4	复位	I0.5

续表

序号	元器件	功能	地址
5	HL1	正转指示灯 1	Q1.0
6	HL2	反转指示灯 2	Q1.1
7	DIN1	变频器数字输入端 DIN1	Q1.0
8	DIN2	变频器数字输入端 DIN2	Q1.1

2. 电气原理图（图 8-2）

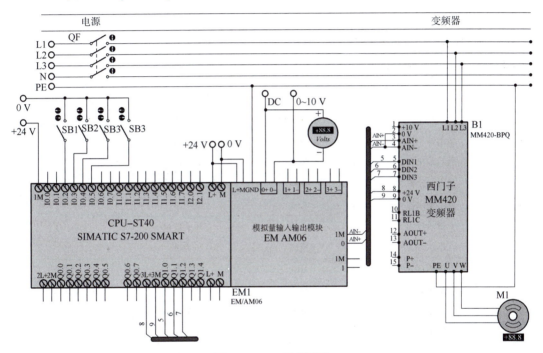

图 8-2　PLC 控制电路

3. 电气接线与电路调试

（1）电气接线工艺

电气接线包含以下步骤：元器件布局、选择合适（颜色、线径）的电缆线、做线和接线，以及电气线路检测。具体要求如图 8-3 所示。

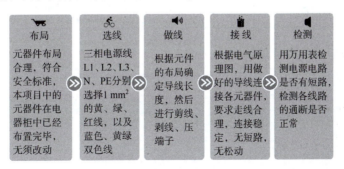

图 8-3　电气接线工艺

（2）做好安全措施（图8-4）

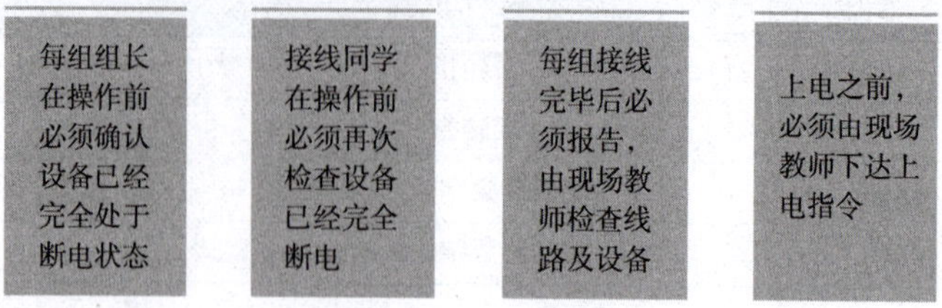

图 8-4　安全措施

4. 触摸屏设计

（1）画面设计（参考图8-1）

（2）变量设计（表8-2）

表 8-2　触摸屏变量设计表

序号	控件	变量名称	变量类型	与PLC关联
1	显示输出框1	t1	数值量	
2	显示输出框2	频率	数值量	
3	显示输出框3	Date	字符串	
4	显示输出框4	Time	字符串	
5	指示灯1	正转	开关量	Q1.0
6	指示灯2	反转	开关量	Q1.1
7	指示灯3	HL1	开关量	V21.0
8	指示灯4	HL2	开关量	V21.1
9	指示灯5	低速	开关量	
10	指示灯6	中速	开关量	
11	指示灯7	高速	开关量	
12	标准按钮1	启/停	开关量	M10.0
13	标准按钮2	正转	开关量	M10.1
14	标准按钮3	反转	开关量	M10.2
15	标准按钮4	复位	开关量	M10.3
16	开关	M4	数值量	MB4
17	输入滑动器	模拟电压	数值量	VW34

（3）脚本设计

① 窗口循环脚本（循环时间50 ms）：

```
运行时间 =! TimerValue(1,0)
IF m4=1 THEN
    本地控制颜色=1
ENDIF
IF m4 <> 1 THEN
```

```
        本地控制颜色＝0
    ENDIF
    IF m4＝2 THEN
        远程控制颜色＝1
    ENDIF
    IF m4 <> 2 THEN
        远程控制颜色＝0
    ENDIF
    电压＝模拟电压 ＊ 2764
    频率 ＝ （50 ＊ vw30） / 27648
    IF 正转＝1  OR 反转＝1 THEN
        ! TimerRun(1)
    ENDIF
    IF    频率 ＞0  AND 频率  <=  25 THEN
        高速＝0
        中速＝0
        低速＝1
    ENDIF
    IF   频率 ＞ 25 AND  频率  <= 35 THEN
        高速＝0
        中速＝1
        低速＝0
    ENDIF
    IF     频率 >35 AND 频率 <=  50 THEN
        高速＝1
        中速＝0
        低速＝0
    ENDIF
    IF   频率 ＝0 THEN
        高速＝0
        中速＝0
        低速＝0
    ENDIF
```

② 启停按钮抬起脚本：

```
IF count＝0 THEN ! TimerStop(1)
```

③ 启停按钮"click"事件脚本：

```
count＝ not count
```

④ 复位按钮抬起脚本：

```
! TimerStop(1)
! TimerReset(1,0)
count＝0
频率＝0
```

⑤ 选择开关"click"事件脚本：

```
m4=m4+1
IF m4 > 3 THEN m4=0
```

（4）设备连接（图8-5）

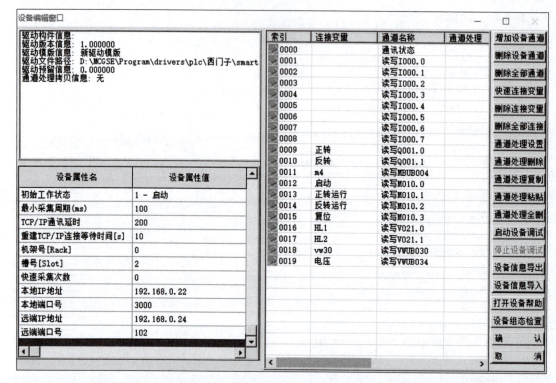

图8-5　设备连接

5. 变频器参数设置

（1）复位成出厂的缺省设定值

当变频器的参数设定错误时，将影响变频器的正常运行，可以使用基本面板或高级面板操作，将变频器的所有参数恢复到工厂默认值，步骤如下：

■ 设定 P0003=1。

■ 设定 P0010=30。

■ 设定 P0970=1。

当显示 P-结束后，完成复位。

（2）设置电动机参数

该实训电动机采用 60 W 电动机，启动快速调试面板后，需要设定的参数见表8-3。

表8-3　快速调试参数表

序号	参数	数值	含义	备注
1	P0010	1	快速调试	
2	P0100	0	功率单位为 kW；F 的缺省值为 50 Hz	
3	P0304	380	电动机的额定电压	

续表

序号	参数	数值	含义	备注
4	P0305	0.39	电动机的额定电流	
5	P0307	0.06	电动机的额定功率	
6	P0310	50	电动机的额定频率	
7	P0311	1400	电动机的额定速度	
8	P0700	2	选择命令源；1 为基本操作面板（BOP）	
9	P1000	2	选择频率设定值；1 为用 BOP 控制频率的升降	
10	P1080	5.0	电动机最小频率	
11	P1082	50	电动机最大频率	
12	P1120	0.6	斜坡上升时间	
13	P1121	0.6	斜坡下降时间；0 为自由停车	
14	P3900	3	结束快速调试	

（3）设置模拟信号操作控制参数（表 8-4）

表 8-4　模拟信号操作控制参数

序号	变频器参数	设定值	功能说明
1	P0003	2	设定用户访问级为扩展级
2	P0004	7	命令和数字 I/O
3	P0700	2	选择命令源（由端子排控制）
4	P0701	1	ON/OFF（接通正转/停车命令 1）
5	P0702	2	ON/OFF（接通反转/停车命令 2）
6	P0003	1	设定用户访问级为标准级
7	P0004	10	设定通道和斜坡函数发生器
8	P1000	2	频率设定为模拟量输入

6. PLC 程序设计

本任务 PLC 程序参考如下。

（1）主程序（图 8-6）

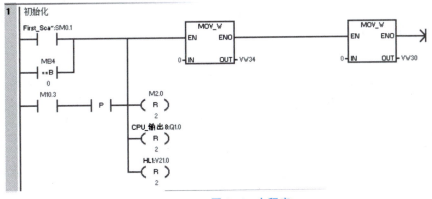

图 8-6　主程序

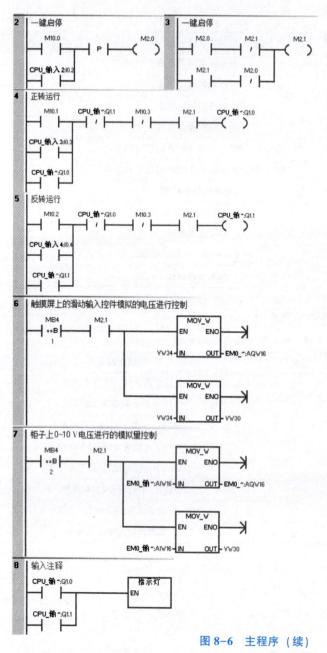

图 8-6 主程序（续）

（2）指示灯子程序（图 8-7）

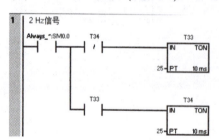

图 8-7 指示灯子程序

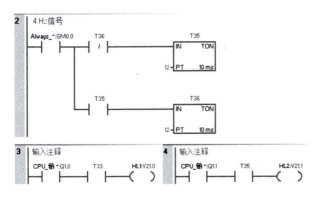

图 8-7　指示灯子程序（续）

7. PLC 程序调试、运行

① PLC 梯形图程序编辑好后，在 STEP 7-Micro/WIN SMART 软件中进行编译，如有语法错误，根据输出窗口提示进行修改，直到无语法错误为止。

② 设置好 PLC 的 IP 地址，如 192.168.2.12，然后把编译好的 PLC 程序下载到 PLC 中，并且使 PLC 处于运行状态。

③ 分别操控触摸屏上的相关按钮或实训柜子上的按钮，观察电动机的运行状态和指示灯的状态，查看是否符合本任务的控制要求。

8. 评价测试（表 8-5）

表 8-5　评价测试表

评价载体	评价环节	评价内容	评价主体	评价分值	得分	备注
智慧课堂平台	课前	是否观看学习视频	平台	3		过程评价
		是否进行了课前测试	平台	3		过程评价
		对课前测试结果进行评分	教师	4		结果评价
	课中	出勤（平台或教师点名）	教师/平台	3		结果评价
		课堂活动的参与度（即时问答、讨论、头脑风暴、课堂测试等）	教师/平台	10		过程评价
		绘制电气原理图	教师/学生	4+6		结果/过程评价
		制订 I/O 分配表	教师/学生	4+6		结果/过程评价
	课后	作业完成情况	教师	5		结果评价
		拓展知识的学习和分享	教师/学生	5		过程评价
实训平台	课中	电气接线工艺、故障排除	教师/学生	5		结果/过程评价
		触摸屏画面、动画及脚本程序	教师/学生	6		结果/过程评价
		变频器参数设置	教师/学生	5		结果/过程评价
		PLC 程序编辑编译、调试运行	教师/学生	6		结果/过程评价
	课后	拓展实践项目的实施	教师	5		结果评价
其他	德育元素	安全操作	教师	5		过程评价
		团队合作	教师	5		过程评价
		节能环保	教师	5		过程评价
		职业素养（专注、精益求精、吃苦耐劳等）	教师	5		过程评价
		总计		100		

任务 9　USS 通信方式的变频器调速控制

一、实训目标

1. 德育目标
① 树立牢固的安全意识，严格遵循安全操作规程。
② 培养学生团队意识，学会沟通，能理解他人、信任他人。
③ 培养学生具备敢于担当，善于作为的品格

2. 知识目标
① 掌握在变频器与 PLC 之间使用 USS 协议通信。
② 学会基于 PLC 通信方式的变频器参数的设置。
③ 了解触摸屏中循环策略的应用。

3. 技能目标
① 能够应用 MCGS 软件设计本任务控制界面。
② 能够独立完成本项目电气原理图绘制及接线工艺。
③ 能够独立设置本任务变频器的参数。
④ 能够完成本任务 PLC 程序编辑编译、下载调试。

二、软硬件配置

① YL-158GA1 可编程控制器实训装置一台。
② 西门子 S7-200 SMART SR40 主机单元模块一块及扩展单元 AM06 一块。
③ 计算机（PC 机），并安装好 PLC 编程软件（STEP 7-Micro/WIN SMART）。
④ 昆仑通泰触摸屏，电脑安装了 MCGS 软件。
⑤ MM420 变频器 1 台，三相异步电动机 1 台，安全连接导线若干。
⑥ 屏蔽双绞线一条，编程电缆一条。

三、控制要求

触摸屏控制画面按照图 9-1 所示进行设计。

设计一个简单的 PLC 控制系统，PLC 能够通过 RS485 接口，利用 USS 协议对变频器进行控制。系统设置 5 个按钮，分别是实现启动、电动机运行方向、电动机自由停止、急停、故障复位。该系统具有对变频电动机实施调速功能，该功能通过触摸屏上的调速按钮实现，可实现 ±1 Hz 的频率调速。同时，变频电动机运行时，触摸屏能够实施显示运行频率及运行电压，两个指示灯 HL1、HL2 用来表征电动机不同运行方向下的闪烁，还设置 3 个指示灯用来指示电动机当前处于的速度状态（高速、中速和低速）。

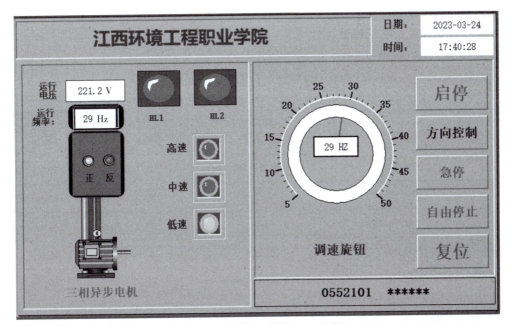

图 9-1　电动机运动控制触摸屏画面设计图

具体控制策略可描述为：

① 当按下启动按钮时，电动机按照调速旋钮设置的频率进行运行，运行过程中，当按下"自由停止"按钮时，电动机滑行（惯性）停止；当按下"急停"按钮时，电动机立即停止；当按下"方向控制"按钮时，电动机改变当前运行方向。运行过程中，随时可以通过触摸屏中的调速旋钮改变变频电动机的运行速度。

② 变频电动机 M1 正转时，正转指示灯绿色常亮，信号灯 HL1 以 2 Hz 频率闪烁，HL2 熄灭；反转时，反转指示灯绿色常亮，信号灯 HL2 以 4 Hz 频率闪烁，HL1 熄灭。

③ 在触摸屏中实时显示变频电动机的运行频率及电压，同时指示电动机的速度状态。规定：当频率小于等于 30 Hz 时，为低速；当频率大于 30 Hz 且小于等于 45 Hz 时，为中速；当频率大于 45 Hz 时，为高速。

标签"现代电气控制系统安装与调试"能够左右移动。

IP 地址分配：

电脑 IP：192.168.2.127。

触摸屏：192.168.2.11。

PLC S7-200 SMART SR40：192.168.2.12。

四、任务实施

本任务的工作任务有：

◆ 制订 I/O 分配表。

◆ 绘制电气原理图。

◆ 接线，电气故障检测。

◆ 变频器参数设置。

◆ 触摸屏界面设计。

◆ PLC 程序设计，系统调试运行。

1. I/O 分配表（表 9-1）

表 9-1　I/O 分配表

序号	元器件	功能	地址	输入/输出
1	按钮 SB1	启动	I0.0	输入
2	按钮 SB2	正反转控制	I0.1	输入
3	按钮 SB3	自由停止	I0.2	输入
4	按钮 SB4	急停	I0.3	输入
5	按钮 SB5	复位	I0.4	输入
6	信号灯 HL1	电动机运行状态指示	Q0.0	输出
7	信号灯 HL2	电动机运行状态指示	Q0.1	输出

2. 电路原理图

主电路与控制电路如图 9-2 所示。

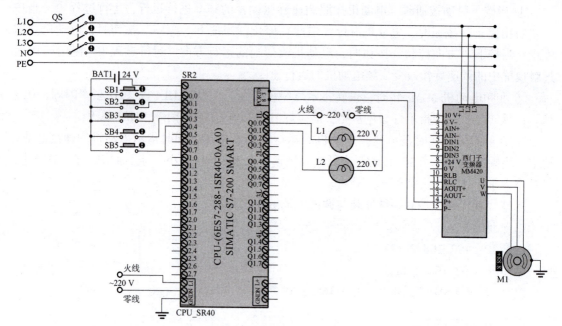

图 9-2　主电路与控制电路

3. 电气接线与电路调试

（1）电气接线工艺

电气接线包含以下步骤：元器件布局、选择合适（颜色、线径）的电缆线、做线和接线，以及电气线路检测。具体要求如图 9-3 所示。

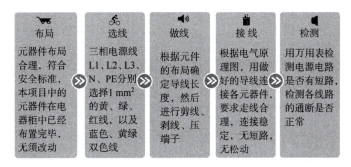

图 9-3　电气接线工艺

（2）做好安全措施（图 9-4）

| 每组组长在操作前必须确认设备已经完全处于断电状态 | 接线同学在操作前必须再次检查设备已经完全断电 | 每组接线完毕后必须报告，由现场教师检查线路及设备 | 上电之前，必须由现场教师下达上电指令 |

图 9-4　安全措施

4. 触摸屏设计

（1）画面设计（参考图 9-1）

（2）变量设计（表 9-2）

表 9-2　触摸屏变量表

序号	控件	变量名称	变量类型	与 PLC SR40 关联变量	备注
1	标准按钮 1	启动	开关量	V10.0	
2	标准按钮 2	方向	开关量	V10.1	
3	标准按钮 3	自由停止	开关量	V10.2	
4	标准按钮 4	急停	开关量	V10.3	
5	标准按钮 5	复位	开关量	V10.4	
6	旋钮输入器	调速	数值量	VDF100	浮点型
7	指示灯 HL1	HL1	开关量	V20.0	
8	指示灯 HL2	HL2	开关量	V20.1	
9	指示灯-正转	正转	开关量	V20.2	
10	指示灯-反转	反转	开关量	V20.3	
11	指示灯-低速	低速	开关量	V20.4	
13	指示灯-低速	中速	开关量	V20.5	
14	指示灯-高速	高速	开关量	V20.6	
15	显示框 1	调速	数值	VDF100	浮点型
16	显示框 2	运行电压	数值	VDF104	浮点型
17	显示框 3	频率	数值	VDF108	浮点型
18	标签	flag、move			

（3）策略及脚本语言设计

① 窗口循环脚本（循环时间 20 ms）如下。

```
IF    频率 < 30  AND 频率 >= 5 THEN
    高速 = 0
    中速 = 0
    低速 = 1
ENDIF
IF   频率 < 45  AND  频率 >= 30 THEN
    高速 = 0
    中速 = 1
    低速 = 0
ENDIF
IF     频率 >45 AND 频率 <=  50 THEN
    高速 = 1
    中速 = 0
    低速 = 0
ENDIF
IF   频率 < 5 THEN
    高速 = 0
    中速 = 0
    低速 = 0
ENDIF
```

② 旋钮输入器的设计。

在工具箱中，把旋钮输入器拖入编辑窗口中，然后双击"旋钮输入器"，弹出"旋钮输入器构件属性设置"对话框，在该对话框中主要对"基本属性""操作属性""刻度与标注属性"进行设置，如图 9-5 所示。

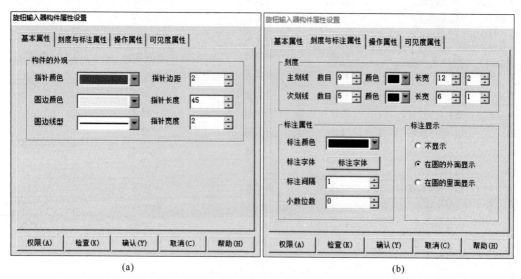

(a)   (b)

图 9-5 旋钮输入器的设置

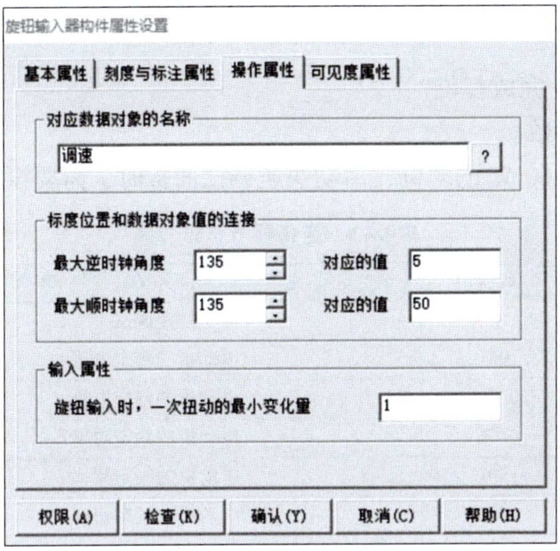

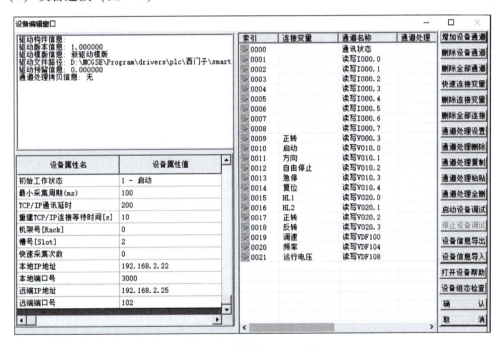

图 9-5　旋钮输入器的设置（续）

（4）设备连接（图 9-6）

图 9-6　触摸屏设备连接

5. 变频器参数设置

（1）复位成出厂的缺省设定值

当变频器的参数设定错误时，将影响变频器的正常运行，可以使用基本面板或高级面板操作，将变频器的所有参数恢复到工厂默认值。步骤如下：

■ 设定 P0003 = 1。

- 设定 P0010=30。
- 设定 P0970=1。

当显示 P-结束后，完成复位。

（2）设置电动机参数

该实训电动机采用 60 W 电动机，启动快速调试面板时，需要设定的参数见表 9-3。

表 9-3　变频器参赛设置表

序号	参数	数值	含义	备注
1	P0010	1	快速调试	
2	P0304	380	电动机的额定电压	
3	P0305	0.39	电动机的额定电流	
4	P0307	0.06	电动机的额定功率	
5	P0310	50	电动机的额定频率	
6	P0311	1400	电动机的额定速度	
7	P0700	5	（通过 COM 链路 28、29）（RS485）	
8	P0100	5	（COM 链路的 USS）端子 28、29	
9	P1080	5.00	电动机最小频率	
10	P1082	50.00	电动机最大频率	
11	P1120	0.6	斜坡上升时间	
12	P1121	0.6	斜坡下降时间；0 为自由停车	
13	P0003	3	参数设定为专家级	
14	P0010	0	变频器进入运行状态	
15	P2010	6	波特率设置为 9 600 b/s	
16	P2011	3	设置变频器为 3 号站	
17	P3900	3	结束快速调试	

6. PLC 程序设计

本项目包含一个主程序和一个子程序，具体程序参考如下。

（1）主程序：MAIN

程序段 1（图 9-7）：上电初始化。

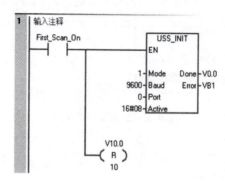

图 9-7　程序段 1

程序段 2（图 9-8）：调用指示灯子程序及一些数据处理工作。

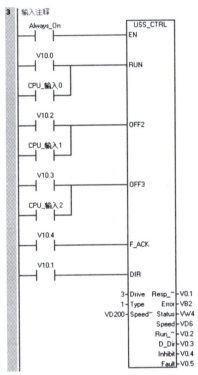

图 9-8　程序段 2

程序段 3（图 9-9）：变频器控制指令 USS_CTRL 的应用，包含运行、急停、自由停止、方向控制。

图 9-9　程序段 3

程序段 4（图 9-10）：启保停程序，用 M2.0 存储启动和存储信息。

符号	地址	注释
CPU_输入 1	I0.1	
CPU_输入 2	I0.2	

图 9-10　程序段 4

程序段5（图9-11）：设置正转/反转标志，可用于触摸屏显示。

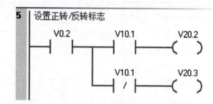

图9-11　程序段5

程序段6（图9-12）：设置读取变频器电压、频率的刷新频率。

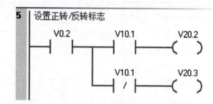

图9-12　程序段6

程序段7（图9-13）：读取电动机运行频率。

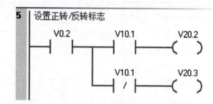

图9-13　程序段7

程序段8（图9-14）：读取变频器输出电压。

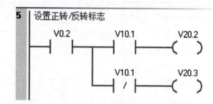

图9-14　程序段8

（2）子程序：指示灯

程序段 1（图 9-15）：应用定时器 T33、T34 制作 2 Hz 的信号。

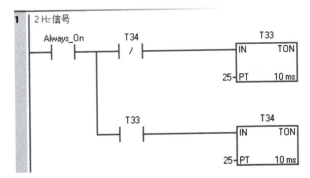

图 9-15 程序段 1

程序段 2（图 9-16）：应用定时器 T35、T36 制作 4 Hz 的信号。

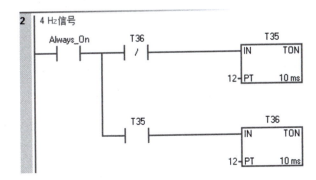

图 9-16 程序段 2

程序段 3（图 9-17）：电动机运行状态下，HL1、HL2 的运行规律。

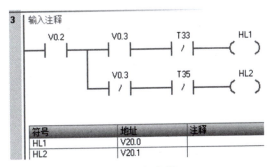

图 9-17 程序段 3

7. PLC 程序调试、运行

① PLC 梯形图程序编辑好后，在 STEP 7-Micro/WIN SMART 软件中进行编译，如有语法错误，根据输出窗口提示进行修改，直到无语法错误为止。

② 设置好 PLC 的 IP 地址，如 192.168.2.12，然后把编译好的 PLC 程序下载到 PLC 中，并且使 PLC 处于运行状态。

③ 分别操控触摸屏上的相关按钮或实训柜子上的按钮，观察电动机的运行状态和指示灯的状态，查看是否符合本任务的控制要求。

8. 评价测试（表9-4）

表9-4　评价测试表

评价载体	评价环节	评价内容	评价主体	评价分值	得分	备注
智慧课堂平台	课前	是否观看学习视频	平台	3		过程评价
		是否进行了课前测试	平台	3		过程评价
		对课前测试结果进行评分	教师	4		结果评价
	课中	出勤（平台或教师点名）	教师/平台	3		结果评价
		课堂活动的参与度（即时问答、讨论、头脑风暴、课堂测试等）	教师/平台	10		过程评价
		绘制电气原理图	教师/学生	4+6		结果/过程评价
		制订I/O分配表	教师/学生	4+6		结果/过程评价
	课后	作业完成情况	教师	5		结果评价
		拓展知识的学习和分享	教师/学生	5		过程评价
实训平台	课中	电气接线工艺、故障排除	教师/学生	5		结果/过程评价
		触摸屏画面、动画及脚本程序	教师/学生	6		结果/过程评价
		变频器参数设置	教师/学生	5		结果/过程评价
		PLC程序编辑编译、调试运行	教师/学生	6		结果/过程评价
	课后	拓展实践项目的实施	教师	5		结果评价
其他	德育元素	安全操作	教师	5		过程评价
		团队合作	教师	5		过程评价
		节能环保	教师	5		过程评价
		职业素养（专注、精益求精、吃苦耐劳等）	教师	5		过程评价
总计				100